主　编：邢占军

编委会成员（以姓氏笔画为序）：
于　萍　王　怡　石绍斌　邢占军　汤玉刚　吴东民　褚　雷

主 编 邢占军

中国幸福指数报告

（2011~2015）

Report on
Wellbeing Index in China

（2011-2015）

社会科学文献出版社
SOCIAL SCIENCES ACADEMIC PRESS (CHINA)

目　录

总报告

分报告

总 报 告

2011～2015年中国客观福祉的
走势与区域差异

2011～2015年，中国实施了国民经济和社会发展第十二个五年规划（以下简称"十二五"规划）。"十二五"期间，中国妥善应对国际金融危机持续影响和国内改革发展任务艰巨繁重等一系列重大风险挑战，紧紧围绕"五位一体"总体布局和"四个全面"战略布局，不断创新宏观调控政策、思路、方式，大力推进结构调整和转型升级，着力开拓发展新空间、激发新动力，经济发展步入新常态，"十二五"规划主要目标任务全面完成。五年里，中国国内生产总值年均增长7.8%，经济总量稳居世界第二位，居民收入增长快于经济增长，城乡收入差距持续缩小，人民生活水平显著提高。本部分对2011～2015年中国客观福祉的走势和区域差异进行考察，在探讨分析宏观政策如何影响居民客观福祉的基础上，全面评价"十二五"期间中国社会的进步与居民生活的改善情况，提出相关的政策建议。

一　中国客观福祉评价指标体系的构建与完善

本报告所采用的中国客观福祉评价指标体系是山东大学生活质量与公

共政策研究中心课题组在过去十年研究成果的基础上①，经过新一轮的定性和定量分析，并结合"十二五"期间社会经济发展的新特点、新要求，调整完善后构建形成的。按照所构建的生活质量概念框架的核心内容进行分工，"2011～2015年中国幸福指数报告"课题组又划分了客观生活质量、健康与基本生存质量、经济生活质量、社会生活质量、文化生活质量、生存环境质量六个子课题组，分别进行中国居民客观福祉、健康与基本生存福祉、经济福祉、社会福祉、文化福祉、环境福祉的评价。

（一）指标的调整与确定

鉴于指标数据的可得性和解释力，课题组经过多轮定性和定量分析，对2014年中国客观福祉评价指标体系（共44个指标）进行了调整，去除了人均住房面积、5岁以下儿童平均死亡率、彩色电视机普及率、失业保险覆盖率4个指标，并将工业废水排放达标率替换为工业废水排放处理率，确定了表1所呈现的由40个指标构成的中国居民客观福祉评价指标体系（2017年版）。

表1 中国居民客观福祉评价指标体系（2017年版）

一级指标	二级指标	三级指标名称及编号		数据来源
健康与基本生存福祉	健康质量	1	千人拥有医生数	《中国统计年鉴》
		2	围产儿死亡率	《中国卫生和计划生育统计年鉴》
		3	平均预期寿命	国家统计局数据
	基本生存质量	4	城市燃气普及率	《中国城市建设统计年鉴》
		5	农村自来水普及率	《中国卫生和计划生育统计年鉴》
		6	农村卫生厕所普及率	《中国统计年鉴》
		7	千人民用载客汽车拥有量	《中国统计年鉴》
		8	万车车祸死亡率	《中国统计年鉴》

---

① 上一轮客观福祉评价指标体系及相关研究成果可参见邢占军等《公共政策导向的生活质量评价研究》，山东大学出版社，2011；参见邢占军等《中国幸福指数报告（2006～2011）》，社会科学文献出版社，2014。

续表

一级指标	二级指标	三级指标名称及编号		数据来源
经济福祉	收入	9	居民人均收入	《中国统计年鉴》
		10	基尼系数	《中国统计年鉴》
	消费	11	城乡居民人均生活消费支出	《中国统计年鉴》
		12	居民消费价格指数	《中国统计年鉴》
		13	城乡居民家庭恩格尔系数	《中国统计年鉴》
	劳动就业	14	城镇登记失业率	《中国统计年鉴》
		15	第三产业增加值占 GDP 的比重	《中国统计年鉴》
		16	工资收入占 GDP 的比重	《中国统计年鉴》
环境福祉	资源与环境	17	单位 GDP 能耗	国家统计局数据
		18	城市空气质量达标率	《中国统计年鉴》
		19	城市人均绿化覆盖面积	《中国城市建设统计年鉴》
	环境污染及治理	20	工业废气排放总量	《中国环境统计年鉴》
		21	工业废水排放处理率	《中国环境统计年鉴》
		22	工业固体废物综合利用率	《中国统计年鉴》
		23	环境污染治理投资占 GDP 的比重	《中国统计年鉴》、国家统计局数据
		24	城市生活垃圾无害化处理率	《中国城市建设统计年鉴》
文化福祉	教育水平	25	初、中、高等教育生师比	《中国统计年鉴》
		26	成人识字率	《中国统计年鉴》
		27	平均受教育年限	《中国统计年鉴》
		28	文教娱乐消费占总消费性支出的比重	《中国统计年鉴》
	文化休闲资源	29	人均文化事业费	《中国文化文物统计年鉴》
		30	万人接入互联网的用户数	《中国统计年鉴》
		31	万人拥有图书、报纸、期刊的数目	《中国统计年鉴》
社会福祉	保障救济	32	基本社会保险覆盖率	《中国统计年鉴》
		33	城镇低保平均支出水平	《中国统计年鉴》
		34	农村低保平均支出水平	《中国统计年鉴》
		35	人均民政事业费支出	《中国统计年鉴》
	社会互助	36	人均社会捐赠款数	《中国民政统计年鉴》
		37	万人社会组织数	《中国民政统计年鉴》

续表

一级指标	二级指标	三级指标名称及编号		数据来源
社会福祉	福利性服务	38	千人医疗机构床位数	《中国统计年鉴》
		39	社区服务设施覆盖率	《中国统计年鉴》
		40	城镇每万人公共厕所数	《中国统计年鉴》

（二）指标权重及评价函数的调整与确定

对于评价指标权重确定的方法，本报告继续使用主客观结合的构权法：层次－主成分分析法[①]。该方法的基本思路是首先应用层次分析法对专家评价进行量化分析，确定各指标的初步权重，然后采用主成分分析法对无量纲化处理和初步加权处理后的指标统计数据进行分析，利用因素载荷信息确定各指标的最终权重，在此基础上形成评价函数。鉴于本轮评价指标体系有所调整，同时保证评价结果更加符合社会经济发展实际形势，课题组重新进行了权重分析。为便于进行年度间的趋势分析，并解决主客观构权法分别存在的制约性问题，提高评价函数的科学性，课题组在以下三个方面做了新的实证探索。

第一，使用新的数据标准化/无量纲化方法来消除量纲的影响，使得不同单位的单项指标可以加总，同时各年度得分可以进行纵向比较[②]。如果该指标数值与客观福祉评价呈正相关关系，则按照公式（1）处理；如果该指标数值与客观福祉评价呈负相关关系，则按照公式（2）处理。在处理过程中采用每个指标 2011 年的最小值（最大值）进行计算，为方便，记第 i 个指标的最小值和最大值分别为 X_{min}^i 和 X_{max}^i，C 为常数：

$$Z_i = \frac{X_i - X_{min}^i}{X_{max}^i - X_{min}^i} + C \tag{1}$$

$$Z_i = \frac{X_{max}^i - X_i}{X_{max}^i - X_{min}^i} + C \tag{2}$$

[①] Z. Xing, L. Chu, "Research on Constructing Composite Index of Objective Well – being from China Mainland," *Statistics in Transition* 13：2（2012）：419 – 438.

[②] 卢洪友、祁毓：《中国教育基本公共服务均等化进程研究报告》，《学习与实践》2013 年第 2 期，第 129～140 页。

第二，课题组过去十年来逐步建立了相对稳定可靠的幸福指数和生活质量评价研究专家库，入库专家一部分是20世纪80年代中期以来，参与和从事幸福指数相关领域研究的知名专家（通过文献检索进行选取和联系），另一部分则是选取了2010年中宣部主办的哲学社会科学骨干研修班中的第33期和第34期学员（学员都来自国内各相关高校和科研机构，具有广泛代表性）。本轮参与层次分析的77名专家都来自专家库中，共回收有效问卷73份，用于权重向量计算。

第三，在主成分分析中选用的数据全部来自国家公开发布的统计年鉴数据，保障了数据的可靠性和质量。在层次分析步骤中，层次结构依次分为一级领域、二级层次和具体指标三个层次，其中层与层之间的连线表示上、下级之间各元素的相关关系。由于采用了多人评判，在进行权重计算时采用了专家加权几何平均法。

在主成分分析层面，首先对已经进行无量纲化处理的各指标数据进行初步加权（依据层次分析法获得的初步权重），然后进行主成分分析，得到最终的客观福祉评价函数：

$$Y = 0.3603 \times A + 0.1978 \times B + 0.2613 \times C + 0.0787 \times D + 0.1019 \times F \tag{3}$$

公式（3）中 Y 为客观福祉评价函数，A、B、C、D、F 分别代表健康与基本生存福祉、经济福祉、环境福祉、文化福祉和社会福祉的评价分数，字母前的系数则为分析获取的各部分权重。健康与基本生存福祉、经济福祉、环境福祉、文化福祉和社会福祉五个评价函数的获取同样采用上述方法[①]。

二 2011～2015年中国客观福祉总体走势

依据本次调整完善后的中国居民客观福祉指标体系，可以分别得到2006～2010年和2011～2015年中国客观福祉评价指数（见图1）。从图1和

---

① 由于进行了新一轮的权重分析，本报告比较2014年的指标权重系数，对各指标权重系数的变化进行了分析，探讨了权重系数变化的依据，具体见本报告相应章节。

表 2 可以看出：2011～2015 年中国客观福祉有明显的提升，评价得分从 2011 年的 0.3398 提升到 2015 年的 0.4112，增幅为 21.01%。相较于 2006～2010 年 42% 的增幅，2011～2015 年中国客观福祉的增速有所放缓，但依然保持了较高的增速。

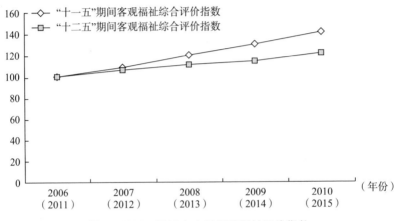

图 1　2006～2015 年中国客观福祉评价指数

对五个具体领域的分析显示（见表 3），五年间除环境福祉外均有不同程度的提升，但表现有所不同：社会福祉增幅最大，为 34.09%；经济福祉、健康与基本生存福祉、文化福祉增幅稳步提升；环境福祉则是在经历了明显下降后，有小幅回升。

表 2　2011～2015 年中国客观福祉评价得分

	健康与基本生存福祉	经济福祉	环境福祉	文化福祉	社会福祉	客观福祉综合评价
2011 年	0.3274	0.4758	0.2318	0.3331	0.4025	0.3398
2012 年	0.3488	0.5076	0.2392	0.3520	0.4505	0.3622
2013 年	0.3699	0.5470	0.2070	0.3654	0.4826	0.3735
2014 年	0.3886	0.5742	0.2138	0.3727	0.4543	0.3850
2015 年	0.4079	0.6031	0.2257	0.3944	0.5397	0.4112

表3　2011～2015 年中国客观福祉评价指数

	健康与基本生存福祉	经济福祉	环境福祉	文化福祉	社会福祉	客观福祉综合评价
2011 年	100.00	100.00	100.00	100.00	100.00	100.00
2012 年	106.54	106.68	103.19	105.67	111.93	106.58
2013 年	112.98	114.96	89.30	109.70	119.90	109.91
2014 年	118.69	120.68	92.23	111.89	112.87	113.31
2015 年	124.59	126.75	97.37	118.40	134.09	121.01

　　社会福祉的评价维度包括保障救济、社会互助和福利性服务三个方面，共9个指标。表4是社会福祉评价2011～2015年各指标指数走势。与上个五年人均社会捐赠款数的显著带动效应不同，2011～2015年对社会福祉增长带动最大的社区服务设施覆盖率，五年间指数翻了一番多。2011年，国务院办公厅印发《社区服务体系建设规划（2011–2015年）》（以下称"规划"），以合理配置社区服务设施、优化社区服务内容、壮大社区服务队伍和完善社区服务体制机制等为建设目标，指导社区服务体系建设，充分体现共享互助的理念，为提升居民生活质量提供了重要保障。截至2015年年底，全国共有各类城乡社区服务机构27.4万个[1]，比2010年增长79%，从实际数据分析可以发现"十二五"期间我国政府在社区服务体系建设中的投入，为"依托社区综合服务设施，为社区居民提供高效便捷的社区服务"目标的实现奠定了基础。城镇每万人公共厕所数则出现了小幅的下降，这一结果反映出，随着城镇化建设步伐加快，综合服务设施建设速度未能与城镇人口的增长速度相匹配（2011年年末，城镇人口首次超过农村人口，城镇化率突破50%，2015年进一步提高到56.1%[2]），而城市社区服务设施覆盖率在"十二五"期间虽然有一定增长，但未能如期达到"规划"预期的90%的目标，这都在一定程度上提醒各级政府继续加大投入，积极应对城市棚户区改造、城乡接合部改造等难度逐年加大的现实，同时通过完善社区综合服务设施和逐步推动"开放式小区"建

---

① 《2015年社会服务发展统计公报》，来源：中华人民共和国民政部门户网站。
② 《2016中国统计年鉴》，来源：中华人民共和国国家统计局门户网站。

设等措施，开源与节流并举，提高资源使用效益，保障服务水平。此外，需要指出的是，由于2006～2010年我国数度面临重大自然灾害，人均社会捐赠款数增长幅度较大，而2011～2015年趋于平稳，甚至出现一定程度的下降。2011年轰动全国的"郭美美事件"，对中国慈善互助体系造成了较大的负面影响，也在一定程度上反映了我国社会慈善互助体系存在的问题。有关部门要加强社会捐赠基金的使用管理和信息公开，重塑公信力，进一步吸引社会各界积极参与社会慈善互助，逐步推动慈善捐赠常态化、体系化。

表4　2011～2015年中国社会福祉各指标指数

	2011 年	2012 年	2013 年	2014 年	2015 年
基本社会保险覆盖率	100.00	111.76	113.56	113.17	113.48
城镇低保平均支出水平	100.00	108.53	126.47	132.65	142.84
农村低保平均支出水平	100.00	106.75	127.85	132.80	148.99
人均民政事业费支出	100.00	113.51	131.13	134.34	138.95
人均社会捐赠款数	100.00	116.22	114.43	74.11	130.87
万人社会组织数	100.00	107.58	117.20	129.15	140.52
千人医疗机构床位数	100.00	110.40	118.63	126.02	133.26
社区服务设施覆盖率	100.00	125.00	156.36	156.36	224.58
城镇每万人公共厕所数	100.00	97.97	95.93	94.58	93.22

经济福祉的评价维度包括收入、消费和劳动就业三个方面，共8个指标。2011～2015年中国经济福祉次于社会福祉，增长了26.75%，与上个五年的增幅类似，稳中有升。其中居民人均收入和城乡居民人均生活消费支出带动最显著（见表5）。2015年全国居民人均可支配收入从2011年的14581.91元增加到22514.43元[①]，呈持续增长趋势。而随着居民人均生活消费支出的快速增长，消费成为支撑经济增长的主要力量。值得一提的是，基尼系数比2006～2010年有所改善，收入差距持续扩大的趋势得到初步遏

---

① 《2011 中国统计年鉴》《2016 中国统计年鉴》，来源：中华人民共和国国家统计局门户网站。

制。央企负责人薪酬改革、机关事业单位人员工资调整以及养老"双轨制"的取消等一系列改革措施效果逐步显现，下一阶段应继续深化分配制度改革，逐步缩小收入差距。

表5　2011～2015 年中国经济福祉各指标指数

	2011 年	2012 年	2013 年	2014 年	2015 年
居民人均收入	100.00	113.46	125.84	138.60	150.95
基尼系数	100.00	100.63	100.85	101.71	103.25
城乡居民人均生活消费支出	100.00	112.44	124.13	146.12	159.23
居民消费价格指数	100.00	102.73	102.73	103.33	103.90
城乡居民家庭恩格尔系数	100.00	100.72	114.17	114.87	116.26
城镇登记失业率	100.00	100.00	101.23	100.24	101.23
第三产业增加值占 GDP 的比重	100.00	102.87	106.34	110.98	116.28
工资收入占 GDP 的比重	100.00	107.78	129.04	12 7.48	128.87

　　健康与基本生存福祉的评价维度包括健康质量和基本生存质量两个方面，共 8 个指标。表6 显示了 2011～2015 年我国居民健康与基本生存福祉各评价指标的指数走势，可以发现，千人民用载客汽车拥有量与万车车祸死亡率这两个体现交通出行质量的指标指数变化明显。"十二五"期间，中国铁路营业里程达到 12.1 万公里（高速铁路超过 1.9 万公里，占世界 60%以上），高速公路通车里程超过 12 万公里，居民交通出行舒适度和安全性持续提升①。需要注意的是，一方面，虽然中国千人民用载客汽车拥有量已经超过 100 辆，增长迅速，但与欧美国家（美国千人民用载客汽车拥有量超过 800 辆）相比还有一定差距；另一方面，各地城市交通管理水平未伴随着居民车辆拥有量的增加而改善，道路拥堵的经常性发生已经严重影响了居民基本生存福祉的提升。"十二五"期间，中国不断完善重大疾病防控，实施国民健康行动计划，全面推行公共场所禁烟，解决了 3 亿多农村人口饮水安全问题，使得居民健康状况持续改善。

---

　　①　《政府工作报告（全文）》，http://www.gov.cn/premier/2016－03/17/content_5054901.htm。

表6　2011～2015年中国健康与基本生存福祉各指标指数

	2011 年	2012 年	2013 年	2014 年	2015 年
千人拥有医生数	100.00	106.40	112.38	116.55	120.95
围产儿死亡率	100.00	93.20	87.50	84.97	78.96
平均预期寿命	100.00	100.40	100.80	101.21	101.61
农村自来水普及率	100.00	103.47	105.96	109.57	109.57
城市燃气普及率	100.00	100.80	101.99	102.34	103.13
农村卫生厕所普及率	100.00	103.61	107.08	109.97	113.29
千人民用载客汽车拥有量	100.00	118.99	139.84	162.36	184.75
万车车祸死亡率	100.00	82.30	69.29	60.12	53.43

　　文化福祉的评价维度包括教育水平和文化休闲资源两个方面，共7个指标。2011～2015年，中国居民文化福祉指数提升了18.40%，与2006～2010年23.84%的增幅相比，有所放缓。其中万人接入互联网的用户数和人均文化事业费增幅较大（见表7）。"十二五"期间，随着4G网络的建设、智能手机的普及以及各地智慧城市建设的推动，网络已经成为中国老百姓生活中不可或缺的要素，对提升居民福祉发挥着重要的作用。值得注意的是，2014年、2015年成人识字率有所下降。成人识字率反映的是一个国家教育普及的程度，与国民义务教育的实施等有着密切关联。2011年，我国全面普及九年义务教育，这是中国教育史上的一个里程碑，2015年，小学学龄儿童净入学率达到99.88%，初中阶段毛入学率达到104%，九年义务教育巩固率达到93%，中国义务教育普及成果得到有效巩固。① 然而在网络日益普及、电子媒体大行其道的当下，如何提升义务教育阶段青少年的阅读兴趣，防范阅读和书写能力退步，政府和社会应加以关注。

　　环境福祉的评价维度包括资源与环境和环境污染及治理两个方面，共8个指标。"十二五"期间，我国环境福祉经历了较为明显的下降，其中城市空气质量达标率和工业废气排放总量这两个与大气质量紧密关

---

　　① 《2016中国统计年鉴》，来源：中华人民共和国国家统计局门户网站。

联的监测指标指数下降明显（见表 8）。与五年间居民的主观感受较为一致，这一改变反映了一段时间内我国相当部分地区空气质量面临的严峻挑战。与此同时，也应当看到环境福祉在一些方面的提升，其中工业废水排放处理率提升了近 13%，城市生活垃圾无害化处理率达到 94.1%。总体而言，我国居民环境福祉提升空间仍然很大，各级政府在资源保护和环境治理方面仍面临着巨大的压力，人与自然和谐共生和绿色发展的理念仍需进一步强化。

表 7　2011～2015 年中国文化福祉各指标指数

	2011 年	2012 年	2013 年	2014 年	2015 年
初、中、高等教育生师比	100.00	102.85	107.18	108.43	108.49
成人识字率	100.00	100.26	100.64	100.31	99.78
平均受教育年限	100.00	101.09	102.28	102.16	103.19
文教娱乐消费占总消费性支出的比重	100.00	99.72	101.66	101.65	105.03
人均文化事业费	100.00	121.68	133.79	146.38	170.50
万人接入互联网的用户数	100.00	137.48	153.15	171.86	243.40
万人拥有图书、报纸、期刊的数目	100.00	111.12	118.47	118.91	125.36

表 8　2011～2015 年中国环境福祉各指标指数

	2011 年	2012 年	2013 年	2014 年	2015 年
单位 GDP 能耗	100.00	95.35	91.86	87.21	82.86
城市空气质量达标率	100.00	100.47	64.88	70.23	77.44
城市人均绿化覆盖面积	100.00	101.18	104.50	107.82	110.19
工业废气排放总量	100.00	106.47	101.08	97.48	98.56
工业废水排放处理率	100.00	105.71	107.25	103.30	112.97
工业固体废物综合利用率	100.00	101.63	103.80	103.80	100.54
环境污染治理投资占 GDP 的比重	100.00	123.53	111.76	117.65	100.00
城市生活垃圾无害化处理率	100.00	106.67	113.33	113.33	120.00

三 2011～2015 年中国客观福祉省际和区域比较

（一）总体客观福祉省际和区域比较

采用中国客观福祉评价函数，分别对 2011～2015 年全国除西藏、港澳台外 30 个省（区、市）的客观福祉进行核算，评价结果见表 9。五年间所有省份的客观福祉都有不同程度的提升：增幅排名前三位的依次为贵州、广西和甘肃，分别提升了 2.51%、2.44% 和 2.38%；省际排名上升最快的两省为广西和宁夏，分别上升了 5 位，新疆、甘肃和海南则都上升了 3 个位次。部分省份五年间省际排名出现了较大下滑，如黑龙江下降了 9 位，河南下降了 8 位，河北下降了 6 位，主要原因是这三省五年里的增幅相比其他省份较小（分别为 0.83%、0.92%、1.11%）。总体来看，西部地区省份 2011～2015 年客观生活质量改善程度较大；省际居民客观福祉仍存一定差距，但差距呈现缩小趋势。

表 9　2011～2015 年各省（区、市）客观福祉评价结果

地区	2011 年	排序	2012 年	排序	2013 年	排序	2014 年	排序	2015 年	排序
北京	2.2881	1	2.2977	1	2.3011	1	2.3128	1	2.3268	1
天津	2.2327	3	2.2409	3	2.2314	3	2.2427	3	2.2541	4
河北	2.1498	19	2.1661	20	2.1284	29	2.1486	29	2.1736	25
山西	2.1476	20	2.1678	17	2.1524	20	2.1709	19	2.1868	18
内蒙古	2.1563	15	2.1706	15	2.1553	18	2.1776	15	2.1939	14
辽宁	2.1703	12	2.1872	11	2.1764	11	2.1836	11	2.1975	11
吉林	2.1738	10	2.1837	12	2.1773	10	2.1926	10	2.2018	10
黑龙江	2.1619	13	2.1749	13	2.1703	14	2.1744	18	2.1798	22
上海	2.2614	2	2.2856	2	2.2888	2	2.3002	2	2.3087	2
江苏	2.1995	5	2.2168	5	2.2129	6	2.2203	5	2.2391	5
浙江	2.2188	4	2.2391	4	2.2303	4	2.2406	4	2.2595	3
安徽	2.1348	25	2.1597	23	2.1461	23	2.1541	26	2.1766	23
福建	2.1833	7	2.2029	7	2.2135	5	2.2149	7	2.2287	7

地区	2011 年	排序	2012 年	排序	2013 年	排序	2014 年	排序	2015 年	排序
江西	2.1568	14	2.1665	19	2.1603	17	2.1771	16	2.1890	15
山东	2.1828	8	2.2022	8	2.1737	12	2.1816	13	2.1941	12
河南	2.1453	22	2.1650	21	2.1446	24	2.1575	25	2.1651	30
湖北	2.1519	17	2.1730	14	2.1609	16	2.1761	17	2.1875	16
湖南	2.1475	21	2.1644	22	2.1491	21	2.1674	22	2.1821	20
广东	2.1908	6	2.2075	6	2.2094	7	2.2171	6	2.2390	6
广西	2.1294	26	2.1514	26	2.1539	19	2.1675	21	2.1814	21
海南	2.1719	11	2.1897	10	2.1972	8	2.2061	8	2.2210	8
重庆	2.1769	9	2.1934	9	2.1848	9	2.2018	9	2.2187	9
四川	2.1382	23	2.1524	25	2.1389	25	2.1599	23	2.1711	26
贵州	2.1139	30	2.1352	29	2.1353	26	2.1493	28	2.1670	28
云南	2.1199	28	2.1368	28	2.1319	27	2.1536	27	2.1662	29
陕西	2.1512	18	2.1687	16	2.1724	13	2.1782	14	2.1872	17
甘肃	2.1232	27	2.1427	27	2.1311	28	2.1484	30	2.1738	24
青海	2.1174	29	2.1349	30	2.1284	30	2.1585	24	2.1672	27
宁夏	2.1348	24	2.1557	24	2.1486	22	2.1696	20	2.1866	19
新疆	2.1535	16	2.1673	18	2.1634	15	2.1828	12	2.1940	13

注：海南缺社会福祉部分指标 2013 年数据，取 2012 年和 2014 年指标数据平均数进行处理；西藏缺少指标数据过多，因此未进行评价。

为进一步考察中国客观福祉的区域差异，根据我国区域间经济发展水平差异的传统划分，我们分析了四个区域居民客观福祉的差异情况（见表10）。其中，东部地区包括北京、天津、河北、上海、江苏、浙江、福建、山东、广东和海南；东北地区包括辽宁、吉林和黑龙江；中部地区包括山西、安徽、江西、河南、湖北和湖南；西部地区包括内蒙古、广西、重庆、四川、贵州、云南、陕西、甘肃、青海、宁夏和新疆。五年间东部地区的得分一直领先于其他地区，且增长幅度仅次于西部地区；西部地区的增长幅度优于其他三大区域，反映了西部省份近年来发展的势头加快；东北地区的增长幅度最低，比增长幅度最高的西部地区相差接近一个百分点，说明东北地区居民的客观福祉提升已经落后于其他区域，值得加以关注。

表 10　2011～2015 年四大区域客观福祉评价结果

地区	2011 年	2012 年	2013 年	2014 年	2015 年
东部地区	2.2079	2.2248	2.2187	2.2285	2.2445
东北地区	2.1687	2.1819	2.1746	2.1835	2.1930
中部地区	2.1473	2.1661	2.1522	2.1672	2.1812
西部地区	2.1377	2.1554	2.1494	2.1679	2.1824

进一步分析区域间客观福祉的差异（见图 2），可以发现以下三点。第一，东部地区与西部地区、东部地区与中部地区的差距较大，其次为东部地区和东北地区的差距；东北地区与西部地区、中部地区也存在一定差距；中部地区与西部地区的差距相对较小。第二，除东部地区与东北地区的客观福祉差距有逐年增大趋势外，其他各地区之间的差距基本上呈现逐年减小的趋势；东部地区与西部地区、东部地区与中部地区的差距变化有一定波动。第三，从 2014 年开始，中部地区与西部地区之间的差距有逆转趋势，西部地区的客观福祉评价指数开始超越中部地区。总体来看，"十二五"期间，东部地区居民客观福祉水平继续领先于其他地区，而西部地区整体增幅较大。需要注意的是，东北地区居民客观福祉与东部地区的差距有逐年增大的趋势，且由于东北地区增幅不及西部地区和中部地区，原有优势也开始减弱。

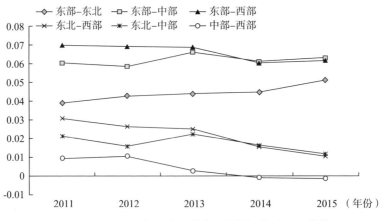

图 2　2011～2015 年四大区域客观福祉评价差距及趋势

（二）2011～2015年中国健康与基本生存福祉的省际和区域比较

从地区横向比较来看，2011～2015 年全国除西藏、港澳台外 30 个省（区、市）的居民健康与基本生存质量指数的分布比较均匀（见表 11）。以 2015 年的数据为例，居民健康与基本生存质量指数在 2.25 以上的省份有 4 个，居民健康与基本生存质量指数在 2.15 以下的仅有 1 个，其余 25 个省份得分均分布在 2.15～2.25，差值不超过 0.1。这主要得益于"十二五"时期党和政府高度重视对人民健康的维护，深化医药卫生体制改革，积极推进健康卫生事业发展，各地政府加快落实基本公共服务体系建设的要求，推进新农村建设，促进区域协调发展，成效显著。但也应看到，我国居民健康与基本生存质量地区不平衡问题仍然存在。从纵向分析来看，2011～2015 年 30 个省（区、市）的居民健康与基本生存质量指数整体排名较稳定，但有个别省份波动较大。

表 11　2011～2015 年各省（区、市）健康与基本生存福祉评价结果

地区	2011 年	排序	2012 年	排序	2013 年	排序	2014 年	排序	2015 年	排序
北京	2.3028	1	2.2829	1	2.3114	1	2.2883	1	2.2929	1
天津	2.2418	3	2.2388	3	2.2570	3	2.2484	3	2.2521	4
河北	2.1833	10	2.1918	10	2.1970	10	2.2034	11	2.2130	10
山西	2.1679	15	2.1757	15	2.1798	15	2.1886	15	2.1930	15
内蒙古	2.1445	23	2.1591	22	2.1632	24	2.1731	24	2.1828	23
辽宁	2.1718	13	2.1863	12	2.1950	13	2.2003	13	2.2088	12
吉林	2.1771	11	2.1886	11	2.1980	9	2.2080	9	2.2146	9
黑龙江	2.1650	16	2.1700	16	2.1759	16	2.1813	21	2.1845	22
上海	2.2718	2	2.2596	2	2.2827	2	2.2682	2	2.2744	2
江苏	2.2218	5	2.2298	5	2.2376	5	2.2434	5	2.2494	5
浙江	2.2283	4	2.2324	4	2.2442	4	2.2477	4	2.2554	3
安徽	2.1372	25	2.1486	27	2.1574	25	2.1708	25	2.1761	25
福建	2.1944	8	2.2024	8	2.2145	8	2.2188	8	2.2239	8
江西	2.1590	17	2.1670	17	2.1723	18	2.1775	23	2.1791	24
山东	2.2172	6	2.2235	6	2.2324	6	2.2365	6	2.2415	6

地区	2011 年	排序	2012 年	排序	2013 年	排序	2014 年	排序	2015 年	排序
河南	2.1556	18	2.1658	18	2.1683	22	2.1835	16	2.1870	20
湖北	2.1690	14	2.1807	14	2.1884	14	2.1955	14	2.2008	14
湖南	2.1539	19	2.1655	19	2.1715	20	2.1822	19	2.1920	16
广东	2.2027	7	2.2066	7	2.2194	7	2.2192	7	2.2240	7
广西	2.1354	26	2.1536	24	2.1644	23	2.1789	22	2.1853	21
海南	2.1736	12	2.1838	13	2.1951	12	2.2005	12	2.2078	13
重庆	2.1862	9	2.1930	9	2.1961	11	2.2041	10	2.2094	11
四川	2.1502	20	2.1632	21	2.1709	21	2.1828	17	2.1889	18
贵州	2.1160	29	2.1298	29	2.1417	27	2.1481	28	2.1589	27
云南	2.1160	29	2.1234	30	2.1057	30	2.1397	30	2.1458	30
陕西	2.1428	24	2.1505	25	2.1410	28	2.1476	29	2.1535	29
甘肃	2.1207	28	2.1316	28	2.1392	29	2.1523	27	2.1580	28
青海	2.1350	27	2.1498	26	2.1574	25	2.1662	26	2.1707	26
宁夏	2.1488	21	2.1549	23	2.1723	18	2.1820	20	2.1891	17
新疆	2.1462	22	2.1648	20	2.1728	17	2.1827	18	2.1881	19

2011～2015 年，中国居民健康与基本生存福祉地区差异在一定程度上有所减小，但中西部地区和东部地区之间的差距依然较大，"健康中国"战略建设任重道远（见图 3）。2015 年东部地区健康与基本生存福祉评价指数

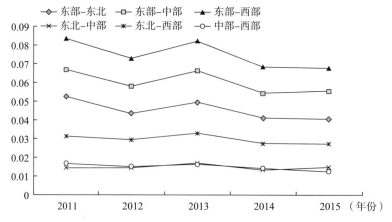

图 3 2011～2015 年四大区域健康与基本生存福祉评价差距及趋势

均在 2.22 以上，东北地区在 2015 年则突破 2.20，而中西部地区在 2.140～
2.188，四个区域呈现"东部—东北—中部—西部"阶梯式递减的格局。

（三）2011～2015 年中国经济福祉的省际和区域比较

2011～2015 年各省（区、市）经济福祉综合评价结果的分布比较均匀，
呈稳定增长趋势（见表 12）。以 2015 年的数据为例，居民经济福祉综合评
价得分均在 3 以上，在 3.10～3.72。这说明对大多数省份而言，居民经济
福祉的差距在不断缩小。各省份的居民经济福祉综合评价得分均呈上升趋
势，其中增长最多的是北京、上海、浙江和江苏，增长值都在 0.2 以上，且
都是东部地区省份；增长最慢的是黑龙江、吉林、青海、贵州和四川，但
增长值也都在 0.11 以上。

表 12 2011～2015 年各省（区、市）经济福祉评价结果

地区	2011 年	排序	2012 年	排序	2013 年	排序	2014 年	排序	2015 年	排序
北京	3.4255	1	3.4991	1	3.5482	1	3.6646	1	3.7161	1
天津	3.2503	3	3.3150	3	3.3503	3	3.3828	3	3.4143	4
河北	3.0348	17	3.0934	18	3.1093	19	3.1596	16	3.1959	17
山西	3.0345	18	3.0997	15	3.1212	14	3.1667	12	3.2064	13
内蒙古	3.0412	16	3.0887	20	3.1056	20	3.1628	15	3.1981	15
辽宁	3.0990	7	3.1383	10	3.1609	10	3.2139	8	3.2555	8
吉林	3.0576	12	3.1004	13	3.1102	18	3.1527	19	3.1777	22
黑龙江	3.0608	11	3.1003	14	3.1189	16	3.1458	22	3.1718	23
上海	3.3857	2	3.4733	2	3.5346	2	3.6054	2	3.6505	2
江苏	3.1317	6	3.1980	6	3.2538	6	3.2905	6	3.3326	6
浙江	3.2201	4	3.2953	4	3.3277	4	3.3819	4	3.4382	3
安徽	3.0207	20	3.0894	19	3.1184	17	3.1567	18	3.1872	19
福建	3.0966	8	3.1778	7	3.2205	7	3.2450	7	3.2758	7
江西	3.0495	13	3.1050	11	3.1351	11	3.1648	13	3.2034	14
山东	3.0817	9	3.1495	8	3.1833	8	3.2003	10	3.2375	10
河南	3.0280	19	3.0964	16	3.1201	15	3.1590	17	3.1878	18
湖北	3.0425	14	3.1008	12	3.1307	12	3.1860	11	3.2164	11

续表

地区	2011年	排序	2012年	排序	2013年	排序	2014年	排序	2015年	排序
湖南	3.0176	21	3.0837	21	3.1004	23	3.1527	19	3.1797	21
广东	3.1554	5	3.2313	5	3.2955	5	3.3022	5	3.3500	5
广西	2.9790	27	3.0462	26	3.0946	24	3.1194	26	3.1498	27
海南	3.0415	15	3.0960	17	3.1280	13	3.1642	14	3.2099	12
重庆	3.0746	10	3.1418	9	3.1743	9	3.2059	9	3.2377	9
四川	3.0127	23	3.0718	23	3.1006	22	3.1299	25	3.1649	25
贵州	2.9698	28	3.0321	27	3.0628	27	3.0873	28	3.1149	30
云南	2.9659	29	3.0249	30	3.0522	30	3.0781	31	3.1181	29
西藏	2.9933	24	3.0289	28	3.0548	29	3.0831	30	3.1506	26
陕西	2.9905	25	3.0675	24	3.1055	21	3.1491	21	3.1827	20
甘肃	2.9575	31	3.0279	29	3.0560	28	3.1087	27	3.1477	28
青海	2.9658	30	3.0198	31	3.0186	31	3.0849	29	3.1032	31
宁夏	2.9847	26	3.0773	22	3.0897	25	3.1427	23	3.1710	24
新疆	3.0160	22	3.0587	25	3.0721	26	3.1426	24	3.1961	16

2011～2015年，各地区经济福祉评价得分总体呈现不断增长的趋势，但东部、东北、中部、西部依次递减（见图4）。东部地区的得分明显高于其他地区。其次是东北地区和中部地区，这两个地区的居民经济福祉虽然落后于东部地区，但与西部地区相比具有领先的优势，而且在所有四个区域中，只有这两个地区差距比较小。经济福祉评价得分最低的是西部地区。

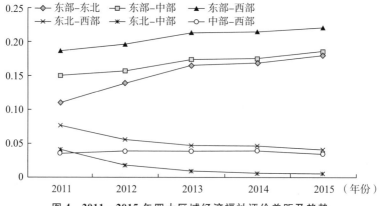

图4　2011～2015年四大区域经济福祉评价差距及趋势

为了更好地实现居民经济福祉持续健康增长，各级政府应在以下方面开展有针对性的并且行之有效的工作：第一，大力推进"富民"政策，构建并完善居民收入合理增长的动力机制，逐步形成居民长效增收"动力源"，努力实现居民收入增长，同时调整分配结构，按照"增加低收入者收入，调节过高收入，取缔非法收入"这一党的十九大报告的基本方向，逐步缩小居民收入差距，保障社会公平；第二，继续激发居民消费动力，要适度扩大需求总量，积极调整改革需求结构，促进供给需求有效对接；第三，实施积极的就业政策，按照"就业就是最大的民生"的要求，实现社会就业更高质量和更加充分，降低失业率；第四，在就业、分配、创业等一系列领域加大对落后和欠发达地区的政策扶持力度，尤其要鼓励创新创业，也要积极推进东北地区振兴战略，实现区域经济平稳增长，并最终实现共享发展的目标。

（四）2011～2015年中国文化福祉的省际和区域比较

2011～2015 年我国各省（区、市）文化福祉综合评价结果排名中（见表 13），排名始终比较靠前的省份包括北京、上海、天津、浙江、江苏、辽宁和吉林。2015 年居民文化福祉综合评价结果前六名分别是北京、上海、浙江、辽宁、江苏和天津。排名靠前的省份与排名相对靠后的省份得分差距较大。各省（区、市）文化福祉得分呈上升趋势，综合排名总体变化不大，但个别省份波动幅度较大。

表 13 2011～2015 年各省（区、市）文化福祉评价结果

地区	2011 年	排序	2012 年	排序	2013 年	排序	2014 年	排序	2015 年	排序
北京	2.4440	1	2.5035	2	2.5247	1	2.5107	2	2.5821	1
天津	2.3435	3	2.3648	3	2.3438	6	2.3544	5	2.3812	6
河北	2.2158	18	2.2410	20	2.2653	18	2.2734	20	2.3072	20
山西	2.2580	11	2.2771	13	2.3025	11	2.3117	12	2.3542	12
内蒙古	2.2757	8	2.3023	9	2.3179	8	2.3316	9	2.3681	10
辽宁	2.2817	6	2.3169	6	2.3494	4	2.3801	3	2.4239	4
吉林	2.2876	5	2.3161	7	2.3313	7	2.3529	7	2.3797	7

续表

地区	2011年	排序	2012年	排序	2013年	排序	2014年	排序	2015年	排序
黑龙江	2.2567	12	2.2702	15	2.2942	13	2.3134	11	2.3396	14
上海	2.4064	2	2.5187	1	2.5010	2	2.5142	1	2.5376	2
江苏	2.2908	4	2.3317	5	2.3489	5	2.3538	6	2.4048	5
浙江	2.2774	7	2.3413	4	2.3554	3	2.3605	4	2.4874	3
安徽	2.1842	26	2.2150	24	2.2205	28	2.2294	28	2.2836	25
福建	2.2627	9	2.3000	10	2.3047	10	2.3184	10	2.3782	8
江西	2.1912	24	2.2058	26	2.2336	25	2.2358	27	2.2847	24
山东	2.2294	16	2.2471	19	2.2688	16	2.2818	18	2.3170	19
河南	2.1754	28	2.1909	29	2.2212	26	2.2374	25	2.2746	27
湖北	2.2151	19	2.2497	16	2.2640	20	2.2733	21	2.3218	17
湖南	2.2056	21	2.2218	23	2.2364	24	2.2551	23	2.2818	26
广东	2.2517	13	2.2779	11	2.2879	15	2.2976	15	2.3391	15
广西	2.1884	25	2.2058	26	2.2211	27	2.2365	26	2.2630	28
海南	2.2374	15	2.2750	14	2.2942	13	2.3032	14	2.3541	13
重庆	2.2281	17	2.2480	17	2.2642	19	2.2922	16	2.3377	16
四川	2.1840	27	2.2127	25	2.2398	23	2.2567	22	2.2956	23
贵州	2.1508	30	2.1668	30	2.1839	30	2.2011	30	2.2230	31
云南	2.1709	29	2.1951	28	2.2054	29	2.2118	29	2.2457	29
西藏	2.1347	31	2.1483	31	2.1443	31	2.1851	31	2.2296	30
陕西	2.2464	14	2.2777	12	2.3010	12	2.3108	13	2.3588	11
甘肃	2.1958	22	2.2276	22	2.2449	22	2.2543	24	2.2987	22
青海	2.1943	23	2.2333	21	2.2512	21	2.2739	19	2.3040	21
宁夏	2.2119	20	2.2480	17	2.2668	17	2.2865	17	2.3186	18
新疆	2.2609	10	2.3028	8	2.3173	9	2.3388	8	2.3730	9

　　从文化福祉评价的得分来看，呈现东部、东北、中部、西部递减的规律（见图5）。东部地区得分最高，其次是东北地区，中部和西部地区得分相当，2013年之后西部地区得分高于中部地区。从总体上看，东部地区、东北地区文化福祉得分高于平均得分，而中部地区、西部地区文化福祉的得分普遍低于平均得分。总的来说，文化福祉在"十二五"期间实现了较

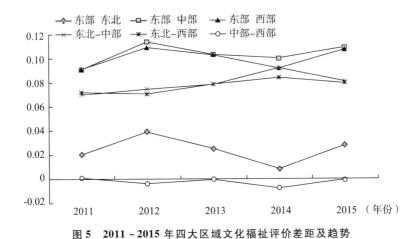

图5　2011～2015年四大区域文化福祉评价差距及趋势

大的发展，体现了各级政府在促进教育、文化事业上的努力，但地区之间显著的差异仍是制约居民文化福祉共同提高的瓶颈。为了应对挑战，各级政府应进一步加大对文化教育事业的投入：第一，完善符合公共财政要求的教育投入机制，确保教育经费投入足额到位，按照党的十九大报告的要求，"优先发展教育"；第二，按照"培养高素质教师队伍，倡导全社会尊师重教"的要求，重点是逐步落实好城市优秀师资向农村定期、定量流动的机制，在各方面提供保障，消除参与流动的优秀教师的后顾之忧，促进城乡教育水平的同步提升；第三，促进文化休闲事业良性健康发展，一方面关注农村居民的文化休闲需求，构建农村文化市场，另一方面应注重城市文化休闲产业内涵的积累，积极引导。

（五）2011～2015年中国社会福祉的省际和区域比较

在社会福祉评价方面，一些西部地区省份的评价得分较高，如宁夏、新疆、青海、内蒙古等。归因于民族地区享受的政策优势，国家相应的优惠政策对提高当地居民生活的社会福祉有很大影响。另外，这些地区的社会组织比较多，社会互助水平相对较高。从表14和图6可以看出，2011～2015年在社会福祉方面排名前十的省（区、市）中除了东部地区，其余的均是西部地区的省份；东北地区相比"十一五"时期排名倒退，居于中间水平；而中部地区的多数省份参考"十一五"时期排名，依旧徘徊在最后方阵。社会福祉在"十二五"期间实现了较快的增长，说明我国社会保障体系无论在覆盖面还是深度上都取得了坚实的进步。

表14　2011～2015年各省（区、市）社会福祉评价结果

地区	2011年	排序	2012年	排序	2013年	排序	2014年	排序	2015年	排序
北京	3.1516	1	3.2856	1	3.3715	1	3.4178	1	3.6236	1
天津	2.6418	7	2.6793	10	2.7572	6	2.8292	5	2.8459	6
河北	2.5078	30	2.5571	28	2.5830	28	2.5888	30	2.6006	30
山西	2.5609	22	2.5556	29	2.6179	25	2.6172	27	2.6348	28
内蒙古	2.6126	12	2.6518	12	2.7060	11	2.7172	11	2.7343	12
辽宁	2.6233	10	2.6864	8	2.7278	7	2.7423	8	2.7299	13
吉林	2.5641	19	2.5968	19	2.6501	14	2.6349	21	2.6805	19
黑龙江	2.5424	26	2.5700	25	2.6374	19	2.6201	26	2.6497	24
上海	2.7338	4	3.1107	2	3.0689	2	3.2277	2	3.2148	2
江苏	2.7622	3	2.9207	4	2.9945	4	3.0578	3	3.1548	3
浙江	2.9779	2	3.0043	3	3.0596	3	3.0078	4	2.9801	4
安徽	2.5611	21	2.6009	18	2.6304	21	2.6423	19	2.6697	22
福建	2.6173	11	2.6207	15	2.6452	16	2.6525	17	2.6889	16
江西	2.5396	27	2.5638	27	2.5827	29	2.6113	28	2.6387	27
山东	2.6537	5	2.7083	5	2.7254	8	2.7212	10	2.7540	11
河南	2.5079	29	2.5496	30	2.5677	31	2.5805	31	2.5962	31
湖北	2.5915	15	2.6012	17	2.6377	18	2.6508	18	2.7161	15
湖南	2.5699	18	2.6220	14	2.6500	15	2.6587	15	2.6699	21
广东	2.6468	6	2.6880	7	2.7899	5	2.8165	6	2.8471	5
广西	2.4918	31	2.5415	31	2.5693	30	2.5900	29	2.6190	29
海南	2.5607	23	2.5791	24	2.6360	20	2.6532	16	2.6836	17
重庆	2.6415	8	2.6956	6	2.7180	9	2.7789	7	2.7702	8
四川	2.5545	24	2.5853	22	2.6299	23	2.6207	25	2.6422	26
贵州	2.5322	28	2.5678	26	2.5959	27	2.6242	24	2.6708	20
云南	2.5454	25	2.5861	21	2.5981	26	2.6669	14	2.6525	23
西藏	2.5624	20	2.6164	16	2.6302	22	2.6266	23	2.7607	9
陕西	2.6009	13	2.6339	13	2.7089	10	2.6862	13	2.7218	14

地区	2011 年	排序	2012 年	排序	2013 年	排序	2014 年	排序	2015 年	排序
甘肃	2.5721	17	2.5825	23	2.6405	17	2.6387	20	2.6823	18
青海	2.6415	9	2.6682	11	2.6971	13	2.7308	9	2.7894	7
宁夏	2.5941	14	2.6853	9	2.7003	12	2.6895	12	2.7574	10
新疆	2.5789	16	2.5943	20	2.6288	24	2.6291	22	2.6495	25

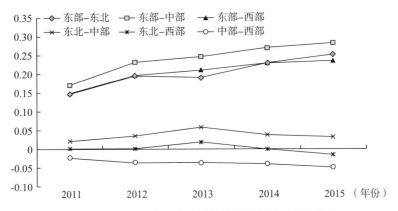

图 6　2011～2015 年四大区域社会福祉评价差距及趋势

为此，应当按照党的十九大报告的方略，进一步改善我国居民的社会福祉。第一，深化已有改革，发挥低保在精准扶贫中的作用。规范管理、分类施保，健全低保标准动态调整机制，做好城乡低保与最低工资、失业保险和扶贫开发等政策的衔接，进而完善城乡最低生活保障制度。继续做好社会救助工作，引导社会力量参与精准扶贫。切实落实脱贫攻坚责任制，实施最严格的评估考核，确保脱贫得到群众认可，经得起历史检验。第二，在法律、制度层面下功夫，加强社会监督，提高社会捐赠透明度和公信度。重点要建立多元化的监督体系，通过规范募捐行为、慈善服务的活动项目等，对慈善事业的发展进行监管。加强社会监督力度，积极推行慈善信息公开透明制度，建立和完善以慈善业务年审为主要手段的监管制度。第三，促进城乡公共服务资源均衡配置，健全农村基础设施投入长效机制，把社会事业发展重点放在农村和接纳农业转移人口较多的城镇，推动城镇公共服务向农村延伸。加大对农村社会福祉的财政性建设资金支持，倾斜对农村的政策优惠，缩小城乡财富差距以及收入分配差距，改善农村基本公共服务将是增进农村福祉的重点。第四，积极发展城镇化的同时，逐步解决并防治"城市病"。加强市政公用设施和公共服务设施建设，增加基本公共服务供给，增强对人口集聚和服务的支撑能力。

（六）2011～2015年中国环境福祉的省际和区域比较

在环境福祉评价省际层面（见表15），总体来说稳中向好，区域差异与省际差异正在逐步缩小，政策支持与财政投入力度越来越大，"十二五"期间所采取的一系列公共政策成效显著。从综合评价结果可以看出，海南、广东、福建的环境福祉稳定性强且一直保持在较高的水平，西藏的环境福祉综合评价高，同时，与2011年相比，贵州、云南、甘肃等省份的环境福祉有明显的提升。山东、河南、天津三个省份情况相似，均是在2013年环境福祉综合评价排名和得分下降明显；西部地区的贵州和青海两省环境福祉排名不降反升，尤其从2013年开始得分和排名上升明显；陕西省在2015年综合评价排名上升了11个名次。从区域层面来看（见图7），东部地区明显优于中部地区和东北地区。主要原因还是2013年国家出台政策文件严格控制空气质量，导致东部地区空气质量达标率下降明显，这对环境福祉整体评价得分影响较大，其他年份波动不大。

表15 2011～2015年各省（区、市）环境福祉评价结果

地区	2011年	排序	2012年	排序	2013年	排序	2014年	排序	2015年	排序
北京	1.5240	23	1.5240	23	1.4360	20	1.4383	22	1.4414	25
天津	1.5558	9	1.5434	17	1.4156	22	1.4407	21	1.4715	19
河北	1.5121	28	1.5181	26	1.3016	31	1.3439	31	1.4187	29
山西	1.5036	29	1.5223	24	1.3964	27	1.4280	24	1.4559	23
内蒙古	1.5463	14	1.5483	15	1.4465	17	1.4719	13	1.4998	11
辽宁	1.5321	19	1.5357	19	1.4466	16	1.4266	25	1.4410	26
吉林	1.5383	17	1.5341	20	1.4589	14	1.4648	16	1.4720	18
黑龙江	1.5133	26	1.5185	25	1.4595	13	1.4620	17	1.4584	22

地区	2011 年	排序	2012 年	排序	2013 年	排序	2014 年	排序	2015 年	排序
上海	1.5515	11	1.5667	5	1.4935	7	1.5247	5	1.5036	10
江苏	1.5475	13	1.5474	16	1.4549	15	1.4466	20	1.4828	17
浙江	1.5628	6	1.5667	6	1.4689	10	1.4728	12	1.4937	14
安徽	1.5285	21	1.5536	10	1.4386	19	1.4158	28	1.4864	16
福建	1.5781	1	1.5873	1	1.5728	1	1.5454	3	1.5714	2
江西	1.5621	7	1.5489	14	1.4711	9	1.5229	6	1.5376	7
山东	1.5438	16	1.5500	11	1.3569	30	1.3800	30	1.3925	31
河南	1.5335	18	1.5365	18	1.3921	28	1.3947	29	1.3982	30
湖北	1.5159	24	1.5324	21	1.4135	23	1.4294	23	1.4380	27
湖南	1.5532	10	1.5497	12	1.4444	18	1.4693	15	1.4983	12
广东	1.5721	3	1.5746	3	1.4978	6	1.5175	8	1.5456	6
广西	1.5647	5	1.5683	4	1.5091	5	1.5218	7	1.5493	5
海南	1.5775	2	1.5848	2	1.5667	2	1.5670	1	1.5722	1
重庆	1.5501	12	1.5635	8	1.4610	12	1.4927	10	1.5299	8
四川	1.5317	20	1.5088	29	1.3901	29	1.4535	19	1.4516	24
贵州	1.5438	15	1.5494	13	1.4928	8	1.5155	9	1.5495	4
云南	1.5586	8	1.5625	9	1.5405	4	1.5590	2	1.5597	3
西藏	1.5680	4	1.5642	7	1.5509	3	1.5353	4	1.5286	9
陕西	1.5259	22	1.5262	22	1.4126	24	1.4249	26	1.4896	15
甘肃	1.4426	31	1.4654	31	1.4071	25	1.4591	18	1.4652	21
青海	1.5128	27	1.5112	28	1.4285	21	1.4696	14	1.4972	13
宁夏	1.5148	25	1.5164	27	1.4661	11	1.4737	11	1.4715	20
新疆	1.4836	30	1.4940	30	1.4063	26	1.4237	27	1.4368	28

环境福祉是近年来社会关注度较高的领域，也是需要着力加强的民生领域，党的十九大"加快生态文明体制改革，建设美丽中国"的基本方略，为改善居民环境福祉指明了方向。今后需从以下方面进一步开展工作。第

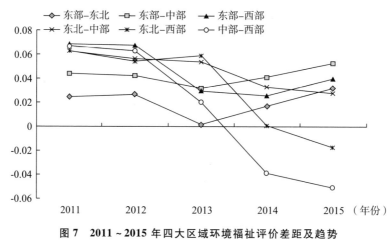

图7　2011～2015年四大区域环境福祉评价差距及趋势

一，鉴于环境质量的特色属性，开展好跨领域治理合作是大趋势。环境污染具有很强的"负外部性"，应以灵活的治理横向网络代替单一僵化的管理模式，吸纳区域内其他非营利组织、商业社团和公民组织参与整体治理，强调通过跨区域各级政府或政府部门间的合作来实现跨区域污染治理资源的最佳配置。第二，完善政策措施，创造良好条件。各级财政要把环保投入列入年度预算，保持合理增长。完善中央财政转移支付制度，加大对中西部地区、民族自治地方和重点生态功能区环境保护的转移支付力度。建立健全有利于环境保护的价格、税收、贸易、信贷、土地和政府采购等政策体系。完善生态补偿政策，建立生态补偿机制。落实政府责任，发挥主导作用。地方政府要对环境质量负责，把环境保护摆上议事日程。建立环境保护目标管理责任制，制定生态文明建设的目标指标体系，纳入地方经济社会发展评价范围和干部政绩考核，实行环境保护一票否决制。第三，建立相关部门各负其责、环保部门统一监管的管理体系。要在明确职能的基础上，加大环保部门的职能和权力，把污染防治、资源保护和生态建设等工作进行统一管理、科学规划、全面保护、生态优先、综合治理，同时界定其他相关部门具体责任和权力，形成依法、有序、科学的管理体系。第四，健全监测体系，织密防控网络，科学预警。完善环境监测网络，强化监测站标准化建设，扩大监测范围。建立快速高效的环境事故应急监控和突发事件预警体系。科学预警，建立环境风险管理与应急系统。第五，健全环境信息披露体系，动员全社会参与环境保护。要降低社会组织的门槛，加大政策激励力度，推动环保组织的成熟壮大，建立和改善公民有效参与环保事业的平台，让普通民众在环境监管与污染治理中有足够的发言权。

（执笔人：褚雷）

分　报　告

中国居民健康与基本生存福祉报告

"十二五"期间，为适应人民日益增长的健康需求，满足人们多样化的基本生存需求，国家通过实施一系列政策措施，加快医疗卫生服务体系建设、健全全民医疗保障体系、加强妇幼保健工作、推进基本公共服务均等化，着力提高居民生活水平，使得居民健康与基本生存质量得以改善。本报告将对 2011～2015 年我国居民健康与基本生存福祉的客观结果做出评价，并分析其仍存在的主要问题进而提出有针对性的对策建议。

一　中国居民健康与基本生存福祉
指标体系的调整

（一）中国居民健康与基本生存福祉指标的调整

在先前的研究中，我们将健康与基本生存质量界定为：社会所提供的、能够满足居民健康和衣食住行等基本生存需要的条件，以及居民对这类基本生存条件的满足程度和评价状况，体现的是居民所享有的健康和基本生存福祉。[1] 延

---

① 邢占军：《中国幸福指数报告（2006～2010）》，社会科学文献出版社，2014，第 47～48 页。

续之前的思路，我们仍然将健康与基本生存福祉评价分为健康质量和基本生存质量两部分评价因素。其中，健康质量反映的是居民可以获得的健康医疗条件和所达到的健康水平，包括千人拥有医生数、围产儿死亡率以及平均预期寿命三项指标；基本生存质量反映的是社会所提供的、能够满足居民衣食住行等基本生存需要的条件，包括农村自来水普及率、城市燃气普及率、农村卫生厕所普及率、千人民用载客汽车拥有量以及万车车祸死亡率五项指标。

在综合考虑各指标解释度以及"十二五"期间统计数据获取具体情况的基础上，我们对健康与基本生存福祉指标体系进行了调整。其中，健康质量部分删除了"5 岁以下儿童平均死亡率"这一指标，主要原因是 2011年以后，全国妇幼监测网不再对外公布 5 岁以下儿童平均死亡率这一指标的省级层面数据，数据无法获取，加之考虑到围产儿死亡率这一指标反映的信息与 5 岁以下儿童平均死亡率反映的信息存在高度相关，因此，本报告我们暂时删除了 5 岁以下儿童平均死亡率这一指标。基本生存质量部分删除了"人均住房使用面积"这一指标，主要考虑到以下两个原因：一是人均住房使用面积这一指标只反映居住面积大小，存在不能反映生活方便程度、卫生条件好坏等其他居住质量的缺陷；二是根据统计年鉴公布的数据结果，我国人均住房使用面积已基本达到发达国家水平，但现实情况是我国正处于城市化加速发展时期，大量人口涌入城市，对住房的刚性需求强烈，房源短缺、一房难求的现象普遍存在，房价更是一直居高不下，统计结果与现实状况偏差较大。李昕、徐滇庆[1]对统计年鉴中的相关指标（城镇人均住房使用面积）的实际含义进行了考察，指出其实际反映的是有户籍并且有住房的居民人均住房面积，与城市实际人均住房面积存在较大差异，这一数据高估了我国城市实际人均住房面积，不能真实地反映我国居民的住房情况，综合以上因素我们删除了这一指标。最终，确定了由 8 项指标构成的中国居民健康与基本生存福祉指标体系（见表1）。

---

① 李昕、徐滇庆：《房地产供求与演变趋势：澄清一种统计口径》，《改革》2014 年第 1 期，第 33~42 页。

表 1　中国居民健康与基本生存福祉评价指标体系

评价因素	评价指标编号与名称	单位	数据来源
健康质量	a_1 千人拥有医生数	人	《中国统计年鉴》
	a_2 围产儿死亡率	‰	《中国卫生与计划生育统计年鉴》
	a_3 平均预期寿命	岁	国家统计局
基本生存质量	a_4 农村自来水普及率	%	《中国卫生与计划生育统计年鉴》
	a_5 城市燃气普及率	%	《中国城市建设统计年鉴》
	a_6 农村卫生厕所普及率	%	《中国卫生与计划生育统计年鉴》
	a_7 千人民用载客汽车拥有量	辆	《中国统计年鉴》
	a_8 万车车祸死亡率	%	《中国统计年鉴》

（二）中国居民健康与基本生存福祉评价函数的调整

本研究采用层次－主成分分析法来构建健康与基本生存福祉评价函数。在层次分析阶段，从专家库中抽取了 26 位专家进行问卷调查，实际回收有效问卷 20 份，得到健康与基本生存福祉各个指标对应的首轮权重 W_i（见表 2）。

表 2　健康与基本生存福祉指标体系的权重

评价指标编号与名称	权重 W_i
a_1　千人拥有医生数（＋）	$W_1 = 0.1683$
a_2　围产儿死亡率（－）	$W_2 = 0.1073$
a_3　平均预期寿命（＋）	$W_3 = 0.1446$
a_4　农村自来水普及率（＋）	$W_4 = 0.2435$
a_5　城市燃气普及率（＋）	$W_5 = 0.0674$
a_6　农村卫生厕所普及率（＋）	$W_6 = 0.1225$
a_7　千人民用载客汽车拥有量（＋）	$W_7 = 0.0426$
a_8　万车车祸死亡率（－）	$W_8 = 0.1038$

注：表中（＋）表示正指标，（－）表示逆指标。

本研究计算健康与基本生存质量指数的目的是对我国各地生活质量水平进行横向和纵向的比较，因此我们在上一轮研究基础上，对数据无量纲化处理方法做了进一步完善，以 2006 年为基年，选取基年各指标最大（最小）值，以后年份各指标值与基年最大（最小）值做减法，再与基年各指标极差相比，具体公式如下。

正指标的无量纲化方法计算公式为：

$$Z_i = \frac{X_i - X_{min}^{2006}}{X_{max}^{2006} - X_{min}^{2006}}$$

逆指标的无量纲化方法计算公式为：

$$Z_i = \frac{X_{max}^{2006} - X_i}{X_{max}^{2006} - X_{min}^{2006}}$$

以上数据标准化处理方法，不但能够消除量纲的影响，将不同单位数据统一成可比较的单位加总为综合指数，同时使年份间可进行纵向比较。经过上述处理方法，基年数据结果在 0~1，以后年份单项指标水平提高直至高于基年最大值水平，结果将大于 1；单项指标水平下降直至低于基年最小值水平，则结果将小于 0。因此，为使最终评价结果均以正值呈现，结合数据处理的具体情况，我们对数据无量纲化处理公式进行了调整。

正指标的无量纲化方法计算公式为：

$$Z_i = \frac{X_i - X_{min}^{2006}}{X_{max}^{2006} - X_{min}^{2006}} + 6$$

逆指标的无量纲化方法计算公式为：

$$Z_i = \frac{X_{max}^{2006} - X_i}{X_{max}^{2006} - X_{min}^{2006}} + 6$$

选取相关指标 2006~2015 年十年的公开数据，无量纲化处理后使用表 2 中的首轮权重 W_i 进行加权转换，再进行主成分分析的操作。按照特征值大于 0.5 以及累计贡献率大于 85% 的原则对健康与基本生存福祉的两个部分分别提取主成分因子。健康质量评价指数因素分析显示，健康质量可得特征根大于 0.5 的因子有 2 个，且能够解释整体变异的 92.48%，从而得到健康质量部分各个主成分的载荷矩阵，如表 3 所示。

表3 健康质量加权处理后的主成分载荷矩阵

	成分	
	1	2
1（a_1）	0.795	− 0.554
2（a_2）	0.737	0.650
3（a_3）	0.932	− 0.041

使用表3中的数据除以主成分相对应的特征值开平方根便得到健康质量两个主成分每个指标对应的系数，即可得到特征向量，再将特征向量与使用首轮权重 W_i 加权转换后的指标数据相乘，得到健康质量两个主成分的表达式：

$$F_1 = 0.5561W_1X_1 + 0.5135W_2X_2 + 0.6521W_3X_3$$
$$F_2 = -0.6482W_1X_1 + 0.7600W_2X_2 - 0.0478W_3X_3$$

为了得到较好的综合评价，以每个成分对应的方差贡献率为系数，加权求和后得到健康质量评价函数：

$$Y_1 = 0.2210W_1X_1 + 0.5361W_2X_2 + 0.4327W_3X_3$$

根据同样的计算方法，可以得到基本生存质量评价函数：

$$Y_2 = 0.2742W_4X_4 + 0.3439W_5X_5 + 0.2254W_6X_6 + $$
$$0.2896W_7X_7 + 0.3877W_8X_8$$

将以上健康质量评价函数与基本生存质量评价函数相加可得到健康与基本生存福祉评价指数：

$$Y = 0.2210W_1X_1 + 0.5361W_2X_2 + 0.4327W_3X_3 + 0.2742W_4X_4 + 0.3439W_5X_5 + $$
$$0.2254W_6X_6 + 0.2896W_7X_7 + 0.3877W_8X_8$$

从评价公式来看，由于本轮指标体系有所变化，因此各指标权重较 2006～2010 年各指标权重也相应产生变化，具体变化见表4。

表 4　健康与基本生存福祉各指标权重比较

二级指标	三级指标	上轮系数	本轮系数	变动差
健康质量	a₁ 千人拥有医生数	0.4379	0.2210 ↓	− 0.2169
	a₂ 围产儿死亡率	0.2225	0.5361 ↑	0.3136
	a₃ 平均预期寿命	0.4115	0.4327 ↑	0.0212
	5 岁以下儿童平均死亡率	0.3012	删除	—
基本生存质量	a₄ 农村自来水普及率	0.1859	0.2748 ↑	0.0889
	a₅ 城市燃气普及率	0.1999	0.3757 ↑	0.1758
	a₆ 农村卫生厕所普及率	0.2326	0.2094 ↓	− 0.0232
	a₇ 千人民用载客汽车拥有量	0.0885	0.2635 ↑	0.1750
	a₈ 万车车祸死亡率	0.2588	0.3978 ↑	0.1390
	人均住房使用面积	0.3328	删除	—

　　健康质量部分除千人拥有医生数这一指标权重稍有下降外，其他两项指标权重均有所提高。其中围产儿死亡率这一指标权重显著增加，主要原因有两方面：其一，从研究方法方面来看，我们在对本轮健康质量指标体系进行重构时，删除了 5 岁以下儿童平均死亡率指标，而围产儿死亡率在反映妇幼保健状况的同时又与 5 岁以下儿童平均死亡率包含的信息高度重合，因而在进行主成分分析时，其载荷较大，最终的权重有了较大的提高；其二，从客观现实因素分析，2015 年国家实施全面二孩政策，国家、社会以及普通民众对妇幼保健工作的重视程度进一步提高，围产儿死亡率权重增加也与实际情况相符。

　　基本生存质量部分除农村卫生厕所普及率这一指标权重有所下降，其他指标的权重均有不同程度的增加。其中，农村自来水普及率权重大幅度提高主要是因为随着我国国民经济的发展，城市污染逐渐向农村扩散，尤其是饮用水污染情况严重，而且由于农村自来水普及和饮用水安全监测力度不足，农村饮水安全存在极大隐患，同时农村居民对饮水质量要求有所提升，农村饮水安全事关农村居民身体健康和农村人居环境的改善，使其必然成为社会关注焦点问题；千人民用载客汽车拥有量以及万车车祸死亡率权重上升主要是基于我国机动车保有量逐年增加，交通安全事故成为造成我国人员伤亡主因的现实。近年来，交通事故引发的人员伤亡惨重，造成的直接财产损失巨大，已成为威胁我国居民出行安全和社会安定的重要因素。居民道路安全意识提升，对道路安全出行的关注度、重视度日益增加，交通安全问题引发了全社会的广泛关注。另外，专家调查的主观赋权结果显示，基本生存质量整体主观权重较上一轮增加 0.1543，主要是因为随着我国医疗水平的提升，居民整体健康状况得到了极大改善，在生命健康得到保障的前提下，人们更加关注各项基本生存需要。

二 2011～2015 年中国居民健康与基本生存福祉分析

根据健康与基本生存福祉评价函数，选取我国 2011～2015 年的公开统计数据，对 31 个省（区、市）的健康与基本生存福祉进行综合评价，得到各省（区、市）健康与基本生存质量状况。以下将分别对 2011～2015 年各省（区、市）健康与基本生存福祉、健康质量以及基本生存质量的评价结果进行分析。

（一）2011～2015 年我国居民健康与基本生存福祉综合评价

1. 2011～2015 年我国居民健康与基本生存福祉省际分析

由健康与基本生存质量综合评价函数，得到各省份最终的健康与基本生存质量综合得分以及排序，结果如表 5 所示。从地区横向比较来看，2011～2015 年全国除西藏、港澳台外 30 个省（区、市）的居民健康与基本生存质量指数的分布比较均匀。以 2015 年的数据为例，居民健康与基本生存质量指数在 2.25 以上的省份有 4 个，即北京、上海、浙江、天津；居民健康与基本生存质量指数在 2.15 以下的仅有 1 个，即得分最低的云南；其余 25 个省份得分均分布在 2.15～2.25，差值不超过 0.1。这主要得益于"十二五"时期党和政府高度重视对人民健康的维护，深化医药卫生体制改革，积极推进健康卫生事业发展，各地政府加快落实基本公共服务体系建设的要求，推进新农村建设，促进区域协调发展，成效显著。按照健康与基本生存质量指数高低排序，排名前 8 位的省（区、市）均是来自东部地区，而排名后 5 位的都是西部地区的省（区、市）。这说明我国居民健康与基本生存质量地区不平衡问题仍然存在。同时，2011～2015 年排名第一位的北京市的居民健康与基本生存质量指数最低为 2.2883，而其他 29 个省（区、市）2011～2015 年的居民健康与基本生存质量指数均达不到北京市的最低水平，排名最后一位的云南省的居民健康与基本生存质量指数最高仅为 2.1458，说明省际居民健康与基本生存质量仍存在一定差距。

表 5　2011～2015 年各省（区、市）健康与基本生存质量指数年度评价

地区	2011 年	排序	2012 年	排序	2013 年	排序	2014 年	排序	2015 年	排序
北京	2.3028	1	2.2829	1	2.3114	1	2.2883	1	2.2929	1
天津	2.2418	3	2.2388	3	2.2570	3	2.2484	3	2.2521	4
河北	2.1833	10	2.1918	10	2.1970	10	2.2034	11	2.2130	10
山西	2.1679	15	2.1757	15	2.1798	15	2.1886	15	2.1930	15
内蒙古	2.1445	23	2.1591	22	2.1632	24	2.1731	24	2.1828	23
辽宁	2.1718	13	2.1863	12	2.1950	13	2.2003	13	2.2088	12
吉林	2.1771	11	2.1886	11	2.1980	9	2.2080	9	2.2146	9
黑龙江	2.1650	16	2.1700	16	2.1759	16	2.1813	21	2.1845	22
上海	2.2718	2	2.2596	2	2.2827	2	2.2682	2	2.2744	2
江苏	2.2218	5	2.2298	5	2.2376	5	2.2434	5	2.2494	5
浙江	2.2283	4	2.2324	4	2.2442	4	2.2477	4	2.2554	3
安徽	2.1372	25	2.1486	27	2.1574	25	2.1708	25	2.1761	25
福建	2.1944	8	2.2024	8	2.2145	8	2.2188	8	2.2239	8
江西	2.1590	17	2.1670	17	2.1723	18	2.1775	23	2.1791	24
山东	2.2172	6	2.2235	6	2.2324	6	2.2365	6	2.2415	6
河南	2.1556	18	2.1658	18	2.1683	22	2.1835	16	2.1870	20
湖北	2.1690	14	2.1807	14	2.1884	14	2.1955	14	2.2008	14
湖南	2.1539	19	2.1655	19	2.1715	20	2.1822	19	2.1920	16
广东	2.2027	7	2.2066	7	2.2194	7	2.2192	7	2.2240	7
广西	2.1354	26	2.1536	24	2.1644	23	2.1789	22	2.1853	21
海南	2.1736	12	2.1838	13	2.1951	12	2.2005	12	2.2078	13
重庆	2.1862	9	2.1930	9	2.1961	11	2.2041	10	2.2094	11
四川	2.1502	20	2.1632	21	2.1709	21	2.1828	17	2.1889	18
贵州	2.1160	29	2.1298	29	2.1417	27	2.1481	28	2.1589	27

续表

地区	2011 年	排序	2012 年	排序	2013 年	排序	2014 年	排序	2015 年	排序
云南	2.1160	29	2.1234	30	2.1057	30	2.1397	30	2.1458	30
陕西	2.1428	24	2.1505	25	2.1410	28	2.1476	29	2.1535	29
甘肃	2.1207	28	2.1316	28	2.1392	29	2.1523	27	2.1580	28
青海	2.1350	27	2.1498	26	2.1574	25	2.1662	26	2.1707	26
宁夏	2.1488	21	2.1549	23	2.1723	18	2.1820	20	2.1891	17
新疆	2.1462	22	2.1648	20	2.1728	17	2.1827	18	2.1881	19

注：西藏部分指标数据缺失，故未计入综合评价。

从纵向分析来看，2011～2015 年全国除西藏、港澳台外 30 个省（区、市）健康与基本生存质量指数整体排名较稳定，但有个别省份波动较大，如宁夏回族自治区和广西壮族自治区近年来排名上升较快，宁夏由 2011 年的 21 位变为 2015 年的 17 位，上升了 4 位；广西由 2011 年的 26 位上升到 2015 年的 21 位，上升了 5 位。以上升最快的广西为例，分析其政策对健康与基本生存福祉的影响。2011 年，广西卫计委印发《基本公共卫生服务项目实施方案》，将人均公共卫生服务经费标准由 15 元提升到 25 元，新增经费用于加强儿童、孕产妇、老年人等特殊人群的保健管理工作以及提升基层医疗卫生机构的公共卫生事件应急处理能力和卫生监督服务协管能力，制定并实施建立居民健康档案、健康教育、老年人保健、传染病及突发公共卫生事件报告与处理等 10 项项目方案[①]，"十二五"期间，国家和自治区加大基层医疗卫生建设投入力度，预算内投资卫生基本建设项目共 1.15 万个，建设业务用房面积 501.91 万平方米，总投资 127.30 亿元[②]，使基本医疗卫生服务体系的服务条件明显改善，经过五年的努力，广西人民群众健康水平显著提高，总体上优于全国平均水平，因此，"十二五"期间，广西壮族自治区健康质量的明显改善有力地推动了其在全国排名的上升。而江西省、黑龙江省以及陕西省近年来排名下降，分别下降 7、6、5 个位次。其

---

① 《关于印发〈广西壮族自治区基本公共卫生服务项目补助资金管理暂行办法〉的通知》，http://www.wuzhou.gov.cn/info/84763。
② 《广西卫生计生事业十二五成就回眸》，http://www.glwsjs.gov.cn/rsf/site/glwjw/zizhiqugongzuodongtai/info/2016/80992.html。

中，黑龙江省排名跌破20，由2011年的16位下降到2015年的22位，是东北地区排名最低省份且排名低于宁夏、四川、新疆等中西部地区。"十二五"期间，黑龙江省开展"健康龙江"行动，全省人均预期寿命由2011年的76.1岁增长到76.6岁，千人拥有医生数由2.09人增加到2.20人，但增长速度较上升较快省份较慢，"十二五"期间，围产儿死亡率这一指标指数在波动中整体水平有所下降。由于各种现实条件的制约，我国各省（区、市）政府卫生支出存在差异，以2013年数据为例，人均政府卫生支出最多的北京市达到了1033.96元，而支出最少的就是黑龙江省，只有358.78元，北京市几乎是黑龙江省的3倍①，黑龙江省政府卫生支出水平偏低在一定程度上造成其健康质量提升速度慢，排名下降。

健康是促进人的全面发展的基本保证，是经济社会发展的基础条件，党和政府历来重视人民健康问题。"十二五"期间，为适应人民群众不断增长的健康需求和经济社会发展对卫生事业发展的新要求，国家制定《卫生事业发展"十二五"规划》，坚持以维护人民健康为中心，以深化医药卫生体制改革为动力，以农村和基层为重点，转变卫生发展方式。资金投入是医疗卫生事业取得长足发展的必要前提和根本保证，从2009年医改启动以来，各级财政努力调整支出结构，不断加大投入力度，政府卫生投入实现了跨越式增长。根据财政决算数据，2009年到2015年全国各级财政医疗卫生累计支出达到56400多亿元，年均增幅达到20.8%，比同期全国财政支出增幅高4.8个百分点，医疗卫生支出占财政支出的比重从医改前2008年的5.1%提高到2015年的6.8%。其中，中央财政医疗卫生累计支出达到15700多亿元，年均增幅达到21.9%，比同期中央财政支出增幅高9.8个百分点，医疗卫生支出占中央财政支出的比重从2008年的2.35%提高到2015年的4.23%②。到2015年，已实现"初步建立起覆盖城乡居民的基本医疗卫生制度，使全体居民人人享有基本医疗保障，人人享有基本公共卫生服务，医疗卫生服务可及性、服务质量、服务效率和群众满意度显著提高"

---

① 方小燕：《我国各地区政府卫生支出的差异性研究》，博士学位论文，湖南大学，2016。
② 《财政部：今年各级财政继续对医疗卫生加大扩入力度》，http://finance.huanqiu.com/roll/2016-04/8831864.html。

的发展目标，人均预期寿命比 2010 年提高 1.51 岁，个人就医费用负担明显减轻，个人卫生支出占卫生总费用的比重由 35.29% 下降到 29.27%。卫生事业发展对居民幸福感提升以及国民经济发展的影响力凸显，为全面建成小康社会、实现人人享有基本医疗卫生服务奠定了坚实的基础。

基本生存需要是人们开展更高层次的活动、实现更高程度需求满足的基础，是居民生存生活必不可少的条件。"十二五"期间，国家坚持把保障和改善民生作为加快转变经济发展方式的根本出发点和落脚点，加快发展各项社会事业，推进基本公共服务均等化。各级政府重点加强农村基础设施建设和公共服务，加强农村饮水安全工程建设，继续推进农村公路建设，进行农村环境综合整治，农村人居环境得到极大改善；全国交通运输基础设施累计完成投资 13.4 万亿元，高速铁路营业里程、高速公路通车里程、城市轨道交通运营里程数量均位居世界第一，城际、城市和农村交通服务能力不断增强，居民出行便捷度大大提升。国家不断提供面向居民的基本生活保障并逐步提升其水平，使涉及居民生存与发展的衣食住行等方面的条件不断改善，居民的基本生存质量得到了优质保障。

2. 2011～2015 年我国居民健康与基本生存福祉区域分析

表 6 是四个区域 2011～2015 年的健康与基本生存质量综合评价结果。从中可以看出，我国不同区域健康与基本生存质量综合评价得分具有以下特征。

表 6　2011～2015 年不同地区健康与基本生存质量综合评价

	2011 年	2012 年	2013 年	2014 年	2015 年
东部地区	2.2238	2.2252	2.2391	2.2374	2.2434
东北地区	2.1713	2.1816	2.1896	2.1965	2.2026
中部地区	2.1571	2.1672	2.1730	2.1830	2.1880
西部地区	2.1402	2.1522	2.1568	2.1689	2.1755

第一，健康与基本生存质量得分总体上呈增长趋势，区域差距在缩小。西部地区增长速度较快，东北、中部地区次之，东部地区在波动中实现小幅度增长，地区间的差异有一定程度的缩小。西部地区与其他三大地区间的指数差减小，五年间，西部地区增长了 1.65%，东北地区增长了 1.44%，

中部地区增长了 1.43%，而东部地区仅仅增长了 0.88%。

第二，健康与基本生存质量得分的东、西部差距仍然存在。东部地区健康与基本生存质量指数均在 2.22 以上，东北地区在 2015 年时指数突破 2.20，而中、西部的健康与基本生存质量指数在 2.140～2.188。以 2015 年数据为例，全国除西藏、港澳台外 30 个省（区、市）健康与基本生存质量指数最高的是北京，得分为 2.2929，最低的是云南的 2.1458，极差为 0.1471，虽比"十一五"期间的差距（0.1934）有所减小，但差距依然明显。按健康与基本生存质量高低排序，排在前十位的是——北京、上海、浙江、天津、江苏、山东、广东、福建、吉林、河北，除吉林外均为东部地区省份；排在末十位的是——广西、黑龙江、内蒙古、江西、安徽、青海、贵州、甘肃、陕西、云南，除黑龙江、江西、安徽外，其余 7 个均为西部地区省份。

第三，各区域居民健康与基本生存质量指数呈现"东部—东北—中部—西部"阶梯式递减的格局。东部地区的得分明显高于其他地区，东北地区和中部地区次之，这两个地区的居民健康与基本生存质量虽然落后于东部地区，但较西部地区优势仍然明显，且两大区域的水平差距一直保持较为稳定的状态，未有差距拉大的情况出现。

"十二五"期间，国家实施区域发展总体战略，推进新一轮西部大开发，促进中部地区崛起，承东起西，充分发挥不同地区比较优势，促进生产要素合理流动，推进区域良性互动发展，逐步缩小区域发展差距。西部地区一直是区域发展的"短板"，因此，"十二五"时期，国家坚持把深入实施西部大开发战略放在区域发展总体战略优先位置，给予西部特殊的政策支持，培育西部地区新的经济增长点的同时大力推进西部基础设施建设。《西部大开发"十二五"规划》提出实施"六到农家"工程①，全面解决农村安全饮水问题，加快建设通乡通村道路，加快推进新一轮农村电网改造，因地制宜实施农村沼气建设带动改水、改厕、改厨、改圈，推动农村危房改造，改善村容村貌，西部地区农民的健康和日常生活得到更多保障，健

---

① "六到农家"工程包括：农村饮水安全、农村公路、农村供电、农村沼气、农村安居以及农村清洁。

康与基本生存质量进一步改善，缩小了与东部地区的差异。

（二）2011～2015年我国居民健康质量的综合评价

1. 2011～2015年我国居民健康质量省际分析

运用健康质量评价函数，得到我国居民健康质量综合得分及省际排名结果，如表7所示。由表中可以看出，2011～2015年，全国健康质量指数得分最高的均为北京市。按照健康质量指数高低排序，排名较为稳定且一直位居前四位的分别是北京、上海、浙江、天津，均为东部地区省份；排名后四位的分别是青海、新疆、云南、西藏，均为西部地区省份。

从地区横向比较来看，2011～2015年全国31个省（区、市）健康质量指数的省际差距仍较大。以2015年的数据为例，居民健康质量指数在1.05以上的省份有10个，即北京、上海、浙江、天津、江苏、山东、辽宁、吉林、广东和海南，其余21个省份得分均分布在1.05以下。此外，排名前两位的北京和上海居民健康质量指数均在1.09左右，远远高于全国其他省份的得分，而排名最后的西藏的居民健康质量指数只有0.9757，这说明我国居民健康质量水平的省际差距较大；但同时，较"十一五"期间，我国居民健康质量指数的省际差异（0.1711）有所减小。按照健康质量指数高低排序，排名前九位的省（区、市）大多来自东部地区和东北地区，而排名后七位的都是西部地区的省（区、市）。这说明我国居民健康质量指数由东部到西部呈现出下降趋势。从纵向分析来看，2011～2015年全国31个省（区、市）健康质量指数整体排名较稳定，但有个别省份波动较大，如吉林省、四川省和湖南省排名上升较快，吉林省由2011年的第15位上升至2015年的第8位，排名上升7个位次；四川省和湖南省2011～2015年排名均上升了6位。

表7　2011～2015年各省（区、市）健康质量指数年度评价

地区	2011年	排序	2012年	排序	2013年	排序	2014年	排序	2015年	排序
北京	1.1055	1	1.0850	1	1.1128	1	1.0890	1	1.0938	1
天津	1.0595	3	1.0538	4	1.0685	3	1.0594	4	1.0635	4
河北	1.0358	13	1.0394	13	1.0419	12	1.0450	15	1.0477	15

地区	2011 年	排序	2012 年	排序	2013 年	排序	2014 年	排序	2015 年	排序
山西	1.0325	18	1.0355	20	1.0364	21	1.0377	22	1.0388	22
内蒙古	1.0322	19	1.0360	18	1.0390	17	1.0396	21	1.0433	20
辽宁	1.0385	8	1.0453	7	1.0506	8	1.0532	7	1.0587	7
吉林	1.0350	15	1.0398	12	1.0425	11	1.0478	8	1.0528	8
黑龙江	1.0367	12	1.0382	17	1.0402	16	1.0424	18	1.0438	19
上海	1.0903	2	1.0768	2	1.0986	2	1.0839	2	1.0877	2
江苏	1.0479	6	1.0516	5	1.0563	5	1.0580	5	1.0614	5
浙江	1.0569	4	1.0560	3	1.0624	4	1.0612	3	1.0658	3
安徽	1.0308	21	1.0350	21	1.0361	22	1.0408	19	1.0432	21
福建	1.0375	11	1.0394	13	1.0454	9	1.0459	12	1.0484	14
江西	1.0294	23	1.0305	23	1.0302	23	1.0316	24	1.0316	24
山东	1.0484	5	1.0509	6	1.0557	6	1.0566	6	1.0595	6
河南	1.0336	16	1.0390	16	1.0385	18	1.0434	16	1.0455	17
湖北	1.0352	14	1.0394	13	1.041	14	1.0457	13	1.0490	13
湖南	1.0299	22	1.0346	22	1.0374	20	1.0403	20	1.0459	16
广东	1.0452	7	1.0430	8	1.0512	7	1.0477	9	1.0503	9
广西	1.0245	24	1.0293	24	1.0284	24	1.0332	23	1.0364	23
海南	1.0377	10	1.0414	10	1.0446	10	1.0456	14	1.0502	10
重庆	1.0383	9	1.0419	9	1.0418	13	1.0467	10	1.0491	12
四川	1.0334	17	1.0401	11	1.0405	15	1.0466	11	1.0492	11
贵州	1.0112	26	1.0175	25	1.0173	27	1.0209	27	1.0248	26
云南	0.9974	30	1.0029	30	0.9790	30	1.0112	30	1.0146	30
西藏	0.9609	31	0.9501	31	0.9623	31	0.9745	31	0.9757	31
陕西	1.0316	20	1.0359	19	1.0385	18	1.0426	17	1.0450	18
甘肃	1.0095	27	1.0148	27	1.016	28	1.0212	26	1.0223	28
青海	1.0034	28	1.0103	28	1.0181	26	1.0207	28	1.0235	27
宁夏	1.0141	25	1.0169	26	1.0234	25	1.0282	25	1.0313	25
新疆	1.0019	29	1.0094	29	1.0137	29	1.0154	29	1.0180	29

2. 2011～2015年我国居民健康质量区域分析

表8 2011～2015年不同地区健康质量综合评价

	2011 年	2012 年	2013 年	2014 年	2015 年
东部地区	1.0565	1.0537	1.0637	1.0592	1.0628
东北地区	1.0367	1.0411	1.0444	1.0478	1.0518
中部地区	1.0319	1.0357	1.0366	1.0399	1.0423
西部地区	1.0132	1.0171	1.0182	1.0251	1.0278

从表8可以看出，"十二五"期间我国不同区域居民健康质量存在以下特征。

第一，2011～2015年四大区域的健康质量指数总体上呈现较为平稳的上涨趋势。其中，东部地区健康质量指数在波动中有所上升，东北、中部、西部三大区域健康质量指数平稳增长，尤其是东北和西部地区健康质量指数增长幅度较大，四大区域健康质量指数差异进一步缩小，居民健康质量地区平衡成效显著。"十二五"期间，国家深入推进西部大开发战略，加大对西部地区政策倾斜力度，努力提高西部地区医疗卫生水平，改善西部居民的健康状况。首先，国家加大对西部地区医疗卫生专项资金投入。2012年，中央财政投入西部地区公共卫生和医改专项经费149亿元，使城乡卫生服务网络不断完善，医疗卫生服务条件得到改善，应急能力显著提高，重点传染病防控、地方病和重性精神疾病防治工作扎实推进。其次，医疗人才培养和对口支援力度进一步加大。"万名医师支援农村卫生"、"县级医院骨干医师培训"、农村订单定向医学生免费培养、全科医生转岗培训等项目深入开展。农村部分计划生育家庭奖励扶助制度、"少生快富"工程和计划生育特别扶助不断完善，基层计划生育服务体系建设继续推进，仅2012年就有638个县（区、市）纳入国家免费孕前优生健康检查项目试点范围。农村孕产妇住院分娩补助、妇女"两癌"筛查等项目全面展开，贫困地区儿童营养改善项目启动实施。

第二，不同区域居民健康质量指数按照"东部—东北—中部—西部"的布局依次递减。2011～2015年，按健康质量指数高低排序，依次为东部地区、东北地区、中部地区、西部地区，且西部地区与其他三大区域差异明显，尤其是与东部地区存在较大差距。虽然国家不断加大对西部地区医疗卫生事业发展的扶持力度，但是由于西部地区地理条件和社会经济发展条件限制，存在基层卫生机构起点低、基础设施条件滞后、卫生技术人才匮乏等问题，卫生资源数量不足、质量较差，利用效率不高。而东部地区经济条件优厚，卫生设施条件先进，对卫生技术人才有着极大的吸引力，导致我国居民健康质量水平的地区差异仍然较大。

3. 2011～2015年我国居民健康质量的走势

本研究健康质量包含3项评价指标，分别是：千人拥有医生数、围产儿死亡率以及平均预期寿命。2011～2015年我国居民健康质量各评价指标变化趋势见图1和图2。

以时间轴分析，我国居民健康质量指数随时间推移呈上升趋势，具体到各指标：千人拥有医生数明显增加，由2011年的1.82人增加到2015年的2.20人，增长率为20.9%；围产儿死亡率明显下降，2011年为6.32‰，到"十二五"期末下降到4.99‰，下降1.33个千分点；2015年平均预期寿命达到76.34岁，较2010年（73.5岁）提高2.84岁，高出世界平均预期寿命（71.4岁）4.94岁。由此可见，"十二五"期间，随着我国医疗卫生健康事业的发展与水平提升，居民健康质量指数也在不断提高。

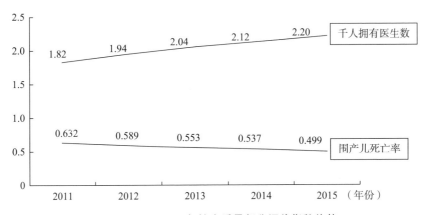

图1　2011～2015年健康质量部分评价指数趋势

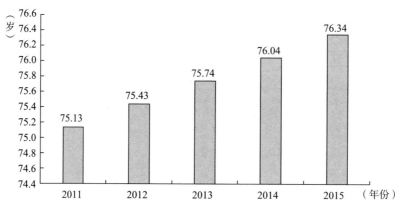

图 2　2011～2015 年居民平均预期寿命趋势

我国居民健康质量指数稳步提升，得益于国家不断深化医药卫生体制改革，贯彻实施各项完善医疗卫生服务体系、提升医疗卫生服务能力的政策措施，使得全社会医疗卫生事业获得长足发展，居民健康水平不断提升。从宏观政策来看，主要体现在医疗保障制度、基本医疗服务体系完善和医疗队伍人才培养与服务能力建设三方面。

医疗保障制度方面："十二五"期间，国家坚持"保基本、强基层、建机制"的要求，深化医药卫生体制改革，健全覆盖城乡居民的城镇职工基本医疗保险、城镇居民基本医疗保险和新型农村合作医疗全民医保体系。"十二五"期间，城镇职工基本医疗保险、城镇居民基本医疗保险、新型农村合作医疗三项基本医疗保险参保人数超过 13 亿，参保率保持在 95% 以上，较 2010 年提高了 3 个百分点；2015 年新农合、城镇居民医保人均筹资增加到 500 元左右，其中政府补助标准提高到 380 元，比 2010 年（120 元）增加了 2.2 倍，2014 年三项基本医疗保险住院费用政策范围内报销比例均在 70% 以上。①

基本医疗服务体系方面：医疗卫生资源总量持续增加，2015 年年末，全国医疗卫生机构总数达 983528 个，较 2010 年（93.7 万）增加 4.6 万个左右；2015 年年末，全国医疗卫生机构床位达 701.5 万张，较 2010 年的

---

① 《我国医疗卫生事业成就巨大（辉煌"十二五"）》，http://politics.people.com.cn/n/2015/1014/c1001－27694401.html。

478.7 万张增加近 0.5 倍；全国医疗卫生人员总数达 1069.4 万人，较"十一五"期末增加 248.6 万人，覆盖城乡的基层医疗卫生服务体系基本建成，医疗服务可及性进一步加强；2014 年全国卫生总费用达 35378.8 亿元，占 GDP 的比例是 5.56%，其中，政府卫生支出 10590.7 亿元，占卫生总费用的比例是 29.9%。[①]

医疗队伍人才培养与服务能力建设方面：加强医教协同，逐步与世界接轨，基本形成"5 + 3 + X"[②] 的人才培养新模式；2011 年，卫生部印发《关于开展基层医疗卫生机构全科医生转岗培训工作的指导意见（试行）》，在此意见指导下，累计安排全科医生培训 20 余万人次；社区卫生服务机构、乡镇卫生院和村卫生室人员累计参加岗位培训 700 余万人次；通过"农村订单定向医学生免费培养项目"，累计定向招收了 2.7 万名免费医学生。2010 年以来，通过规范化培训、转岗培训、免费招收医学生等多种途径培养全科医生，目前全科医生已有 17.3 万人，每万人全科医生数由 2012 年的 0.81 人提高到 1.26 人，加强了基层卫生人才队伍建设，提升了基层医疗卫生人员全科医疗服务能力和水平；2011 年，全国医疗系统大力开展"三好一满意"和"医疗质量万里行"活动，致力于达成"服务好、质量好、医德好，群众满意"的目标，不断提升服务水平，持续改进服务质量；2010 ~ 2013 年，中央财政投入 72 亿元，支持全国 1640 家三级医院与 3758 家县医院建立城乡医院对口支援关系，开展"万名医师支援农村卫生工程"项目，重点加强儿科、妇产科、精神卫生、老年护理、康复等薄弱领域服务能力建设，真正体现"弱有所扶"。"十二五"期间，在不断扩大基层医疗卫生人员数量基础上，提升医疗人员的专业素养、服务水平和能力，缓解人员匮乏的同时致力于提升医疗服务质量，从整体上推动了我国医疗卫生事业的可持续发展。

"十二五"期间，我国围产儿死亡率明显降低，体现了我国儿童健康水平的提升，同时也反映了政府在妇幼保健工作中所采取的政策措施成效显

---

① http://www.china.com.cn/guoqing/2015 – 12/29/content_37414979.html。
② "5 + 3 + X"模式即 5 年临床医学本科教育 + 3 年住院医师规范化培训或 3 年临床医学硕士专业学位研究生教育 + X 年专科医师培训。

著。2011 年，卫生部印发《孕产期保健工作管理办法》和《孕产期保健工作规范》，提出本着妊娠"早诊断、早检查、早保健"的原则，建立包括孕前、孕期、分娩期、产褥期的全程系列保健服务系统，并对保健服务管理机构、实施机构和检查内容等做出了详细的规定，加强母婴安全保障；2013 年国家人口计生委、财政部联合下发《关于推进国家免费孕前优生健康检查项目全覆盖的通知》，通知明确提出 2013 年起全国所有县（区、市）普遍开展国家免费孕前优生项目，每对计划怀孕夫妇免费孕前优生健康检查经费国家结算标准为 240 元，所需资金由中央财政和地方财政共同负担，其中中央财政对东、中、西部按照不同比例予以补贴，剩余资金主要由省级财政负担。2015 年，孕产妇住院分娩率为 99.7%[①]，较"十一五"末上涨 1.9 个百分点，且其中市 99.9%，县 99.5%，孕产妇住院分娩率的城乡差距进一步缩小，水平基本一致；"十二五"期间，我国大力开展健康教育、优生咨询、孕前筛查、营养素补充等服务工作，加大出生缺陷预防力度，着力保障妇女儿童健康安全，效果显著。到 2015 年，我国孕产妇产前检查率达 96.5%，产后访视率达 94.5%，较 2010 年（94.1%，90.8%）均有所提高；孕产妇死亡率从 2010 年的每十万人 30.0 人下降为每十万人 20.1 人，婴儿死亡率为 8.1‰，较 2010 年下降 5 个千分点，5 岁以下儿童死亡率由 16.4‰下降到 10.7‰。党的十九大报告中在原"五有"基本目标的基础上新增"幼有所育"和"弱有所扶"，强调了政府对儿童和妇女等弱势群体的责任，在妇女儿童保护与保障方面会有更加积极的改善。

平均预期寿命是反映当前人口健康状况、社会经济发展水平以及医疗卫生服务水平的综合指标，是评价居民生存质量和健康水平的重要参考指标。"十一五"期间居民平均预期寿命上涨 0.44 岁，而"十二五"期间，我国居民平均预期寿命保持稳步提升，由 2011 年的 75.13 岁增加到 2015 年的 76.34 岁，提高 1.21 岁，增幅是上一个五年的 2.75 倍。"十二五"期间，我国基本公共卫生服务均等化水平稳步提升，人均基本公共卫生服务经费补助标准提高到 40 元，而到 2016 年，人均基本公共卫生服务经费补助标准

[①] 《2015 年我国卫生和计划生育事业发展统计公报》，http://www.nhfpc.gov.cn/guihuaxxs/s10748/201607/da7575d64fa04670b5f375c87b6229b0.shtml。

提升至45元，服务内容增加到12类45项，不断地为满足日益增长的公共服务需求做出调整，全国卫生总费用预计达46344.9亿元，其中个人卫生支出13337.9亿元，比重由2015年的29.3%下降至2016年的28.8%[1]，提升了公共卫生事业的水平；中央投资1130亿元，重点支持基层医疗卫生机构、全科医生临床培养基地、地市级以上医院儿科等方面建设，医疗卫生服务设施条件明显改善，基本实现"村村有卫生室、乡乡有卫生院、县县有达标县医院"的目标，与2008年相比，2013年城市居民15分钟内能够到达最近医疗点的比例为84%，提高了3.7个百分点，农村地区为80.2%，提高了4.4个百分点[2]，医疗卫生服务的可及性提高，绝大部分居民可就近获得便利的基本医疗卫生服务。2011年卫生部、财政部联合下发《关于进一步加强新型农村合作医疗基金管理的意见》，切实加强了新农合基金管理，保障基金安全的同时提高了基金使用绩效，2014年全国新农合基金总收入为2655亿元，是2010年（1308亿元）的2倍；总支出2600亿元，略有结余，在保障广大人民看病就医方面发挥了重大的保障和支撑作用。整体医疗水平的提升，在一定程度上缓解了我国"看病难，看病贵"的困境，对我国居民平均寿命的提高产生了积极的影响。

但是，我国部分地区医疗资源供需矛盾依然紧张，区域间医疗资源布局不合理与优质医疗资源缺乏的现状未根本改变，基层卫生服务能力薄弱，基层卫生医疗人员的服务能力与素质亟待提高，基础医疗设施水平仍需持续不断地改进以满足居民基本医疗卫生需求。

（三）2011~2015年我国居民基本生存质量综合评价

1. 2011~2015年我国居民基本生存质量省际分析

由基本生存质量评价函数，可以得到我国30个省（区、市）基本生存质量部分综合得分及排名结果，如表9所示。

由表9可以看出，2011~2015年，全国除西藏、港澳台外30个省

---

[1] 《喜迎十九大：中国医改成绩斐然 惠及13亿人》，http://health.cnr.cn/sy/zx/20170929/t20170929_523971247.shtml。

[2] 《［辉煌十二五］"十二五"医疗卫生事业改革发展取得重大成就》，http://news.12371.cn/2015/10/20/ARTI1445278350425253.shtml。

（区、市）基本生存质量指数排名前两位的是北京和天津，得分最低的是贵州或陕西。按照基本生存质量指数高低排序，排在前八名的均为东部地区，说明东部地区基本生存质量高；排在末五位的为西部和中部地区，说明中部和西部地区基本生存质量差。2015年居民基本生存质量指数前十名分别是北京、天津、浙江、江苏、上海、山东、福建、广东、新疆、吉林，后十名分别为湖南、河南、黑龙江、四川、内蒙古、甘肃、安徽、云南、贵州、陕西。其中，北京、天津排名一直保持在前两位，尤其是北京基本生存质量得分连续5年均达到1.9以上。北京作为我国首都、国家中心城市，其保障居民基本生存的各项设施建设均处于全国领先位置。"十二五"期间，北京市城市燃气普及率、农村自来水普及率以及农村卫生厕所普及率基本达到全覆盖水平，千人民用载客汽车拥有量全国最高，同时万车车祸死亡率全国最低。2011～2015年，北京市紧扣经济社会发展需求，以服务居民生活需求为出发点，累计投入约9168亿元进行基础设施建设，集中推进高速公路、城市轨道、南水北调、污水处理等重大基础设施建设，区域交通网络逐步构建，城市道路总里程达到6423公里，道路承载力大幅提升；南水北调中线全线贯通，年增调水能力达10亿立方米，首都供水实现本地水与外调水"双源"保障，中心城新增自来水供水能力122万立方米/日，安全系数超过1.25，实现每座新城建设一座主力水厂目标，北京市水资源保障形成了新的格局；北京市城六区政府分别成立交通工作领导小组和交通主管部门，统筹协调区域交通发展，加强交通法制建设，颁布实施《北京市轨道交通运营安全条例》，轨道交通运营管理工作迈入法制化轨道，同时坚持标本兼治，实施小客车数量调控、工作日高峰时段区域限行、错时上下班、差别化停车收费等多项需求管理措施，进行了48期小客车指标配置，机动车快速增长势头得到有效控制，中心城交通拥堵得到有效缓解，综合缓堵措施成效显著，有力地降低了交通事故发生率和交通事故伤亡人数。

表9　2011～2015年各省（区、市）基本生存质量指数年度评价

地区	2011年	排序	2012年	排序	2013年	排序	2014年	排序	2015年	排序
北京	1.1973	1	1.1979	1	1.1986	1	1.1992	1	1.1991	1
天津	1.1824	2	1.1850	2	1.1885	2	1.1890	2	1.1886	2

地区	2011 年	排序	2012 年	排序	2013 年	排序	2014 年	排序	2015 年	排序
河北	1.1474	10	1.1524	10	1.1551	11	1.1584	11	1.1653	11
山西	1.1353	14	1.1402	16	1.1434	17	1.1510	15	1.1542	15
内蒙古	1.1123	25	1.1231	24	1.1243	27	1.1335	25	1.1396	25
辽宁	1.1334	17	1.1410	15	1.1444	16	1.1471	17	1.1501	17
吉林	1.1421	12	1.1488	12	1.1555	10	1.1602	10	1.1618	10
黑龙江	1.1282	20	1.1318	20	1.1357	21	1.1389	23	1.1407	23
上海	1.1815	3	1.1828	3	1.1842	3	1.1843	5	1.1867	5
江苏	1.1739	4	1.1781	4	1.1813	5	1.1854	4	1.1880	4
浙江	1.1715	5	1.1764	5	1.1818	4	1.1865	3	1.1896	3
安徽	1.1065	29	1.1136	29	1.1214	29	1.1300	27	1.1329	27
福建	1.1569	8	1.1630	8	1.1692	7	1.1729	7	1.1755	7
江西	1.1296	19	1.1366	19	1.1420	18	1.1460	18	1.1475	18
山东	1.1688	6	1.1726	6	1.1767	6	1.1799	6	1.1819	6
河南	1.1220	22	1.1268	22	1.1298	24	1.1401	22	1.1415	22
湖北	1.1338	16	1.1413	14	1.1474	15	1.1497	16	1.1518	16
湖南	1.1241	21	1.1309	21	1.1342	22	1.1418	21	1.1461	21
广东	1.1575	7	1.1636	7	1.1682	8	1.1714	8	1.1737	8
广西	1.1109	28	1.1243	23	1.1360	20	1.1457	19	1.1490	19
海南	1.1359	13	1.1424	13	1.1505	13	1.1549	13	1.1576	13
重庆	1.1479	9	1.1511	11	1.1543	12	1.1575	12	1.1603	12
四川	1.1168	24	1.1231	24	1.1303	23	1.1362	24	1.1397	24
贵州	1.1048	30	1.1123	30	1.1244	26	1.1271	29	1.1341	29
云南	1.1186	23	1.1206	26	1.1267	25	1.1285	28	1.1312	28
陕西	1.1112	26	1.1146	28	1.1025	30	1.1050	30	1.1085	30
甘肃	1.1112	26	1.1169	27	1.1232	28	1.1312	26	1.1357	26
青海	1.1317	18	1.1395	17	1.1394	19	1.1455	20	1.1472	20
宁夏	1.1347	15	1.1380	18	1.1489	14	1.1538	14	1.1577	14
新疆	1.1443	11	1.1554	9	1.1591	9	1.1673	9	1.1700	9

注：西藏部分指标数据缺失，故未计入综合评价。

从地区横向比较来看，2011～2015年全国除西藏、港澳台外30个省（区、市）基本生存质量指数的分布均匀。以2015年数据为例，基本生存质量指数在1.15以上的有17个省份，各省份居民基本生存质量指数最高为北京市的1.1991，最低为陕西省的1.1085，差值不到0.1，说明各省份基本生存质量差异较小。由于地理环境以及经济发展水平的限制，中国广袤的西部地区基础设施一直比较落后，而补上西部地区基础设施建设"短板"一直是西部大开发的重要任务之一。"十二五"期间，在党中央、国务院的正确领导之下，西部大开发又迈上一个新台阶。首先，西部地区经济实力稳步提升，主要指标增速高于全国和东部地区平均水平，城乡居民收入年均增长超过10%。2015年，地区生产总值占全国比重达到20.1%，常住人口城镇化率达到48.7%，经济水平的提升为居民生产生活、基础设施建设提供了坚实的物质基础。"十二五"期间，中央与地方形成合力，新开工建设了西部大开发重点工程127项，投资总规模达2.72万亿元。重点加大对交通建设投资力度，以高速铁路、高速公路为骨架的综合交通运输网络初步构建，铁路、公路新增里程分别达到1.2万公里和21.5万公里；加快推进西部地区水利工程建设，加强水资源配置工程建设，建成了四川亭子口、小井沟、贵州黔中、西藏旁多等一批大型水利枢纽、重点骨干水源工程以及重点流域治理工程，解决了数千万农村群众饮水安全问题，基础设施保障能力全面增强。

从纵向分析来看，2011～2015年全国除西藏、港澳台外30个省（区、市）基本生存质量指数整体排名较稳定，但有个别省份波动较大，如广西近年来排名上升较快，由2011年的第28位变为2015年的第19位，上升了9位。2015年广西基本生存质量指数在全国排名第19位，位于西部地区第4位，并且在2011～2015年度上升幅度较大，有关居民基本生存质量的5个指标均有变化，其中2015年农村卫生厕所普及率为85.7%，高于全国平均水平；农村自来水普及率为74.9%，城市燃气普及率为94.5%，已基本接近全国平均水平；千人民用载客汽车拥有量较2011年增加了一倍，万车车祸死亡率由2011年的0.1218%下降到0.0577%，大幅缩小了与全国平均水平的差距。自2009年深化医改将农村改厕列入重大公共卫生项目后，广西积极制定上报包括行动计划在内的《广西农村改厕和饮水监测实现千年发展目标策略报告》并努力争取中央财政补助，各级政府加大配套资金投入，致力于在全广西建设农村无害化卫生厕所，到 2012 年已提前完成"千年目标"要求的 70.76% 的普及率，2014 年已实现"2020 年普及率达到 80%"的目标。

2. 2011～2015 年我国居民基本生存质量区域分析

由表 10 可以看出，2011～2015 年，按基本生存质量指数高低排序，依次为东部地区、东北地区、中部地区、西部地区。2011～2015 年四大区域基本生存质量指数保持平稳增长，其中，西部地区涨幅最高，与其他地区的差异呈逐年缩小的趋势。但是，其他三大区域与东部地区的差异仍然较大，2015 年东北、中部及西部三大区域的基本生存指数仍然低于东部地区 2011 年的水平，区域不均衡的形势依旧严峻。

表 10　2011～2015 年不同地区基本生存质量综合评价

	2011 年	2012 年	2013 年	2014 年	2015 年
东部地区	1.1673	1.1714	1.1754	1.1782	1.1806
东北地区	1.1346	1.1405	1.1452	1.1487	1.1509
中部地区	1.1252	1.1316	1.1364	1.1431	1.1457
西部地区	1.1222	1.1290	1.1336	1.1392	1.1430

自实施西部大开发、促进中部地区崛起、振兴东北老工业基地、鼓励支持东部地区率先发展的区域发展总体战略以来，国家采取一系列政策措施支持各地发挥比较优势，加强薄弱环节，使得地区间社会发展差距进一步缩小，逐步形成了人民生活水平差距趋于缩小的区域协调发展态势，尤其是西部地区的健康质量指数明显提高。2010 年，国务院下发《中共中央国务院关于深入实施西部大开发战略的若干意见》，按照此意见相关部门制定各项相关配套办法和细则，扶持西部发展。2012 年制定《西部大开发"十二五"规划》，提出强化铁路建设、完善公路网络，国家持续稳定投入资金，仅 2012 年西部地区公路建设投资达 5037.15 亿元，占全国公路建设投资的 40.46%①；国家按照《兴边富民行动规划（2011－2015 年）》的要

① 邹涤、景峰：《西部大开发"十二五"以来基础设施建设回顾与前瞻》，《中国西部科技》2014 年第 8 期，第 75～76 页。

求，切实加大边境地区水利建设投入，提高包括边境地区在内的西部地区、东北老工业基地等特殊地区农村饮水安全等公益性水利工程得到中央补助比例，达到项目总投资的80%，"十二五"以来，水利部共安排中央投资302.23亿元用于边境地区水利工程建设，解决了478.93万农村人口的饮水安全问题，使西部地区尤其是农村地区的饮水安全得到进一步保障。

改革开放一段时间以来，我国实施的区域发展战略实质上是一种非均衡的发展战略，中央在各项政策上向东部地区倾斜，使得东部地区经济社会发展状况明显优于中西部地区。虽然国家对战略进行了及时的调整，明确区域协调发展的总体规划，政策"红利"更多地让渡给西部地区，但一段时间内恐难弥合东西部地区长期累积的巨大差距。在看到西部地区居民生活水平提升的同时，必须深刻地意识到较之东部，其仍然存在许多问题。

3. 2011～2015年我国居民基本生存质量走势

基本生存质量部分共有五个指标，分别为农村自来水普及率、城市燃气普及率、农村卫生厕所普及率、千人民用载客汽车拥有量和万车车祸死亡率。以时间为轴分析，2011～2015年全国31个省（区、市）居民的基本生存质量整体水平呈提升趋势，千人民用载客汽车拥有量这一指标增长速度最为显著。从各评价因素角度分析，"十二五"期间我国居民基本生存质量提升主要体现在以下三个方面。

一是农村饮水安全和卫生厕所的保障覆盖面扩大，农村人居环境极大改善。农村改水改厕项目是国家重大民生项目，农村饮水安全关乎亿万农村居民的切身利益，农村自来水普及率关系到居民能否获得便利、安全放心的饮用水，与提升居民生活质量关系密切；农村无害化卫生厕所的改建、普及是建设美丽洁净新农村的重要内容，对改善农村人居环境和居民身体健康具有积极意义。"十二五"期间，农村自来水普及率和卫生厕所普及率分别由2011年的72.1%、69.2%上升为2015年的79%、78.4%，其中北京、上海的农村自来水普及率已达到100%。这主要得益于国家基于许多农村地区饮水不安全问题依旧突出的严峻现实，核定全国农村饮水不安全人口数量，制定了《全国农村饮水安全工程"十二五"规划》，"十二五"以来，不仅按照规划要求全面解决了规划内2.98亿农村居民和11.4万所农村学校的饮水安全问题，还解决了特殊困难地区规划外新出现的567万农村居民的饮水安全问题，建成区域水质检测中心2300多处，全国农村集中供水人口比例将达到82%，农村供水保证程度和水质合格率均大幅提高，我国农村饮水安全问题基本得到解决。① 农村改厕项目于2009年开始纳入国家重大公共卫生服务项目，2009年、2010年两年农村改厕项目共完成924.81万户，完成率为121.95%，项目进展顺利；2011年发布《全国爱卫办关于加强农村改厕项目质量管理工作的通知》，要求各省严格按照医改重大项目管理要求，全面考核评估项目任务完成情况，督导建设进度与质量，2013年《农村户厕规范》正式实施，为农村改厕项目质量提供了技术保障。截至2015年，我国农村卫生厕所普及率达78.4%，全国特别是中西部农村地区基本卫生条件明显改善，使疾病的发生率和传染率大大降低，农村居民生活质量有了明显提升，农村生态环境得到极大改善。

二是城市燃气普及率稳步提升，居民基本生活条件得到保证。城市燃气是城市能源结构和城市基础设施的重要组成部分，从基本生存福祉角度考虑，城市燃气是居民生活最基本的条件，与衣食住行中的饮食直接相关。城市燃气的普及对提高居民生活质量、改善城市环境具有重要意义。"十二五"期间，我国城市燃气普及率由2011年的92.41%上升为2015年的95.3%，提高了2.89个百分点，其中上海、北京和天津地区城市燃气普及率均达到了100%；2012年住房和城乡建设部发布《全国城镇燃气发展"十二五"规划》，规划中要求各地大力推进城镇燃气公共服务均等化，结合国家节能减排、城镇能源转型发展的要求，不断提高燃气在城镇一次能源利用中的比例，加大城镇燃气老旧管网设施更新改造力度，保障燃气管网安全运行，提出到"十二五"期末，我国城市燃气普及率要在94%以上，居民用气人口要在6.25亿人以上，城镇燃气管道总长度达到60万公里；而城乡建设统计年鉴数据显示截至2015年，我国城市燃气普及率为95.30%，用气总人数达4.38亿人，城镇燃气管道总长度达到52.8万公里，虽与规划目标达成稍有距离，但"十二五"期间城市燃气普及水平进一步提高，全国23个省份城市燃气普及率超过90%，水平最低的云南省燃气普及率接近80%，保障了更多居民的用气便利、卫生与安全。

---

① http://www.mwr.gov.cn/ztpd/2017ztbd/dlfishms/msslhzcxrmx/201709/t20170929_1001301.html。

三是居民交通出行便利度和安全度大幅提升。"十二五"期间，千人民用载客汽车拥有量由 2011 年的 55.5 辆增长为 2015 年的 102.54 辆，增长率为 84.76%；万车车祸死亡率由 2011 年的 0.0667% 降低至 2015 年的 0.0356%。千人民用载客汽车拥有量和万车车祸死亡率均是反映居民交通出行情况的指标，其中千人民用载客汽车拥有量体现了人们出行的基本需求满足情况，而万车车祸死亡率反映的是居民道路交通出行的安全状况。根据国际汽车发展趋势分析，目前世界上人均 GDP 在 8000 美元左右的国家，民用载客汽车拥有量达到了 200 辆/千人，而我国 2015 年的平均水平已达到 102.54 辆/千人，其中北京已达到了 229 辆/千人的水平，包括北京在内 14 个省份均已超过 100 辆/千人，最低水平的江西为 60 辆/千人，说明近年来随着社会经济的发展，私人汽车拥有量明显增长。2010 年中国加入由世界卫生组织发起的"全球道路交通安全十国项目"，重在探索采取新的措施来减少因交通事故所导致的伤亡，2011 年《中华人民共和国道路交通安全法》重新修订，加大对醉酒后驾驶机动车这一违法行为的惩治力度，约束醉驾等危险行为，同时还采取一系列措施加强对醉驾等不良驾驶行为危害的宣传教育，提升居民的安全出行意识，这些措施的效果逐步显现，交通事故数量以及由此造成的人员伤亡数量逐年递减，死亡人数由 2011 年的 62387 人下降为 2015 年的 58022 人，车祸死亡率明显下降，居民出行安全得到一定程度的保障。

总之，"十二五"期间，随着我国经济发展水平的不断提升以及国家民生工程、惠民政策的有效实施，居民基本生存质量显著提高，基本生存需要满足感得到强化，对增强我国居民幸福感产生积极影响。

（四）我国居民健康与基本生存福祉存在的主要问题

2011～2015 年我国出台多项政策并通过一系列重大项目建设改善和提升医疗卫生、基础设施、交通出行等方面的条件和水平。医疗卫生方面主要涉及全民医保体系建设、公立医院改革、基层医疗卫生体制改革、医疗人才队伍建设等；基础设施建设主要是加大资金投入进行基层医疗卫生机构建设以及农村改水改厕项目建设；交通出行方面主要是通过颁布法律文件、出台政策意见加大对醉驾等违法驾驶行为的惩罚力度来降低万车车祸死亡率。但是，由于经济发展水平以及内部结构性因素限制，我国的各项改革难免仍存在一些问题，区域发展不均衡是其中最为突出的问题。

1. 东西部地区居民平均预期寿命差异明显，健康发展水平不均衡

"十二五"规划中首次将"人均预期寿命"纳入规划纲要预期性指标，意义重大。随着我国医疗卫生水平的不断提高，"十二五"期间，我国人均预期寿命整体增加 1.21 岁，达成政府工作报告中提出的实现人均预期寿命提高 1 岁的目标要求。2015 年上海市平均预期寿命突破 82 岁，超过 80 岁的省（区、市）有上海市、北京市、天津市，已经超过发达国家水平；全国有 30 个省（区、市）的平均预期寿命均已超过世界平均预期寿命（71.4 岁）。但同时，应注意到，人均预期寿命排名前 10 位的省（区、市）大多属于东部地区，排名末 5 位的均属于西部地区，东西部差异显著。

影响人均预期寿命的主要因素有人类生物学因素和社会经济因素。[①] 从社会经济因素来分析，主要有生活水平、人口受教育水平和医疗卫生服务水平等影响因素。医疗卫生服务水平是最为重要的一环。卫生技术人员是卫生系统的核心部分。世界卫生组织称，没有足够多专业的卫生技术人员，不可能实现卫生系统的千禧年发展目标，卫生人员的可及性对实现更好的卫生成果有积极的影响。"十二五"期间，虽然中西部与东部地区千人拥有医生数差异总体呈减小趋势，但东中部、东西部地区差距在 2013 年出现大幅度的增长，地区间仍然对比悬殊（见表 11）。以 2014 年数据为例，东部地区每千人拥有医生数是 2.38 人，而中部地区与西部地区每千人拥有医生数量分别为 2.00 人和 2.02 人，东部地区是中部地区的 1.19 倍，是西部地区的 1.18 倍，中西部与东部差距明显。

2. 农村饮水安全与卫生厕所普及水平参差不齐，人居环境及医疗卫生条件改善状况不一

农村改水改厕事关农村居民的切身利益，是改善农村卫生条件、提高农村居民生活质量的一项重要工作。虽然我国饮水安全工程和农村改厕项目取得了明显的进展，农村安全饮用水和农村卫生厕所受益人数逐年增加，普及率逐年提高，但区域发展并不均衡。以 2015 年数据为例，在农村饮水

---

① 马淑鸾：《影响预期寿命因素分析》，《人口研究》1989 年第 3 期，第 14～18 页。

安全方面，东部安全饮水普及率最高，平均达94.43%，东北次之，中部普及率超过70%，西部地区仅为67.98%，西部地区安全饮用水普及率远不及东部地区；在农村卫生厕所方面，2015年我国东部地区10个省（区、市）平均普及率达91.37%，西部地区12个省（区、市）平均普及率仅为62.68%，相差近30个百分点，差异巨大，而东北和中部地区农村卫生厕所平均普及率均在75%左右。

表11　2011～2015年不同区域千人拥有医生数

单位：人

	东部地区	东北地区	中部地区	西部地区	东中部差距	东西部差距
2011 年	2.60	2.16	1.61	1.68	0.99	0.92
2012 年	2.19	2.19	1.81	1.83	0.38	0.36
2013 年	2.88	2.29	1.78	1.87	1.10	1.01
2014 年	2.38	2.24	2.00	2.02	0.38	0.36
2015 年	2.49	2.33	2.10	2.10	0.39	0.39

注：东部与东北地区、中部与西部地区差异不明显，故未在表中列出。

3. 交通事故死亡人数居高不下，道路安全状况存在区域差异

道路安全已经上升为危害居民健康的重要指标[1]，数据统计结果显示，2015年11～12月，国内共发生生产安全事故102起，其中，交通事故48起，占比47.06%，交通事故死亡人数196人，占比35.06%[2]，道路安全事故已成为造成我国人员伤亡的主因。2011～2015年我国道路交通万车车祸死亡率指标逐年下降，但这并不意味着我国道路交通的安全状况有本质性的好转。世界卫生组织发布的《道路安全全球现状报告2015》显示，"道路交通死亡90%发生在低收入和中等收入国家，而这些国家只拥有世界54%的车辆"，交通事故死亡率与其机动化水平不成比例。"十二五"期间，虽然我国道路交通事故死亡人数逐年下降，但总数仍维持在较高水平，仍是

---

① 王博宇、李杰伟：《中国交通事故的统计分析及对策》，《当代经济》2015年第20期，第116～119页。

② 李生才、笑蕾：《2015年11—12月国内生产安全事故统计分析》，《安全与环境学报》2016年第1期，第395～396页。

世界上交通事故死亡人数较多的国家之一，交通事故在给国家造成巨大经济损失的同时，也给无数的家庭造成了无法弥补的伤痛，必须予以重视。道路安全状况区域差异较大，以 2015 年数据为例，北京、上海等道路交通通达程度高的城市万车车祸死亡率较低，而江苏、浙江、安徽、广东等经济较为发达的省份由于汽车保有数量多、人口密度大，交通事故频发，车祸发生起数和事故死亡人数众多。

三 增进居民健康与基本生存福祉的政策建议

党的十九大报告中提出"多谋民生之利、多解民生之忧"，将提高和保障民生水平，提升人民获得感、幸福感作为新时代中国特色社会主义建设的重要内容，完善公共服务体系，保障群众基本生活，不断满足人民日益增长的美好生活需要，而生老病死、衣食住行一直是人民最为关心的直接利益，是居民成长和实现幸福生活的重要基础，必须将增进居民健康与基本生存福祉摆在民生建设的首要位置。

（一）加强基础医疗服务体系建设，提升居民健康均等化水平

医疗卫生事业的发展涉及每个人的切身利益，基础医疗卫生服务关乎每个人的生活质量，是保障居民幸福感的基石。随着人民生活水平的不断提升，人们对健康的关注度也越来越高。党的十八大以来，以习近平同志为核心的党中央将深化医改纳入全面深化改革总体部署，作为治国理政新理念、新思想、新战略的重要组成部分统筹规划、全面推进，到目前为止，我国已建立起世界上规模最大的基本医疗保障网，覆盖率达 98%，惠及 13 亿人。但是中国目前的医疗卫生服务体系和服务现状尚不能满足人民群众的卫生需求，离达成"病有所医"这一目标仍有一段很长的路要走。实施健康中国战略，完善国民健康政策，为人民群众提供"全方位全周期"健康服务，通过加大基础医疗设施建设、鼓励社会资本办医、规范人才培养模式等措施，推进城乡医疗一体化使居民医疗资源和健康水平达到均等化，将医疗保障工作的覆盖面进一步扩大，真正实现"小康路上一个都不能少"。

1. 加强政府对医疗卫生资源配置的宏观管理能力，提高医疗资源供给公平性

卫生资源是健康维护的物质基础，其配置效率会直接影响卫生服务需求及利用，进而影响居民的健康质量。[①] 我国医疗卫生资源区域配置不均，卫生资源大多集中在人口密集和经济发达的东部地区，而经济欠发达的西部地区则极度匮乏。医疗卫生资源分布不合理、不公平势必会影响"人人享有基本公共卫生服务"的权利，导致不同区域间居民健康状况的差距。而保障医疗卫生资源配置公平性的责任主体是政府，出现以上问题说明政府在区域卫生规划制度与实施过程中存在权威性、科学性和前瞻性不足等问题，需要加强政府规划的调控能力。

第一，发挥政府在医疗卫生资源配置中的顶层设计智慧，为医疗卫生资源配置设计合理化路径。在制定区域卫生规划时，着重考虑卫生资源配置的公平性，在卫生机构设置、卫生设备购置以及人力资源配置等方面统筹考虑区域内卫生增量和存量，对卫生资源从地理空间、人口分布两方面综合考量，进行合理规划，提高西部地区居民卫生服务可及性，促进区域卫生事业的可持续发展。第二，不断完善医疗卫生事业的转移支付制度，加大中央对西部地区医疗卫生事业的财政转移支付力度，规范专项拨款和补助的使用，在增加西部地区卫生事业可用资金的基础上提高当地政府对资金的使用效率，努力提升公共卫生医疗服务的能力。第三，管办分离，厘清政府与医疗卫生服务提供者的关系，政府是医疗卫生服务的供给主体，但具体应由地方政府举办医疗卫生服务，中央政府扮演指导、监管和评价的角色，通过完善制度，提升医疗卫生的治理水平，平衡区域差异。第四，积极推进西部地区新型城镇化建设，推动人口向发达的城镇地区聚集，以集中人口的方式促进地方经济发展和提高医疗卫生资源的利用效率，依靠市场的力量和手段推动医疗卫生事业的健康发展。第五，借助互联网＋，拓宽供给的空间，居民健康档案和电子病历应实现区域间无障碍流动进而使居民享受无缝式医疗保健服务链，促进区域医疗资源共享，发挥医疗优势。

[①] 贺买宏、王林、贺加、崛怡：《我国卫生资源配置状况及公平性研究》，《中国卫生事业管理》2013年第3期，第197～199页。

2. 加大政府资金投入，提高农村基础医疗卫生服务水平

近年来，我国医疗卫生事业快速发展，政府卫生支出大幅增加，医疗卫生资源日益丰富，居民享受到越来越优质的医疗卫生服务。但城乡基本医疗卫生服务差距依然显著，卫生资源集中分布在城市，农村地区卫生资源可获得性较低，距实现基本公共服务均等化目标尚远。因此应以政府为主体，加大资金投入力度，且将资金投入的重点放到农村地区，增加对乡镇卫生院的医疗卫生设施投入，将政府的医疗保障经费更多地向农村倾斜，为基层医疗卫生机构发展提供资金保障，进一步实现基本公共卫生服务均等化。

第一，评估各地农村基本医疗设施状况，着重加强对基础设施较差地区的资金帮扶，大力改善农村群众的就医条件，提升整个农村地区的医疗卫生服务设施均等化水平；第二，推进社区医疗模式建设，按照区域人口分布合理规划社区医疗机构的网点分布，城市按照街道办事处、农村以乡镇为主建立社区医疗卫生保健中心，农村地区可以自然村为单位建设社区医疗站，医务人员可以采取激励城市医院轮流委派应诊的方式，对口支援，提升农村社区医疗站的服务能力和服务质量；第三，加强农村地区卫生信息化建设，建设县（市）与乡镇统一的信息交互系统，搭建远程医疗网络，可借助此网络系统向基层卫生人员传授医疗技术，帮助其提高业务水平；第四，增强农村居民的预防保健意识，有计划地开展名医下乡巡诊、义诊活动，大力普及健康知识，以乡镇医院和社区服务站为依托，积极开展健康教育活动，着力提高农村居民预防疾病、加强保健的素养和能力；第五，努力提高城乡居民卫生保障水平，缩小差距，在坚持广覆盖、保基本、可持续原则的前提下，进一步完善我国城乡居民医疗保障体系，从重点保障大病向门诊小病逐步延伸，加大报销比例和报销范围，减轻居民就医负担，提高保障水平，统筹城乡医疗保障同步发展。

3. 进一步鼓励吸引社会资本办医，缓解医疗卫生资源供需矛盾

社会办医是我国医疗卫生服务体系不可或缺的重要组成部分，是满足居民多层次、多元化医疗服务需求的有效途径。近年来，国家鼓励社会办医政策利好，随着新医改的逐步推进，社会办医成为公立医院的有益补充，对满足不同群体医疗卫生服务需求、完善城乡医疗卫生服务体系、缓解人民群众"看病难"的问题发挥了积极的作用。为提高我国医疗卫生服务的可及性、公平性，必须将鼓励社会资本办医纳入未来医疗卫生体系结构调整的重点工作之一。

第一，按照《全国医疗卫生服务体系规划纲要（2015—2020年）》"每千常住人口不低于1.5张床位为社会力量办医预留规划空间"的要求，明确公立医院规模和数量，在符合规划总量和结构前提下，取消对社会办医具体数量的限制，根据当地医疗机构具体情况，优先支持社会资本举办服务能力较强和质量较高的医疗卫生机构，引导社会办医疗机构向城市郊区、医疗覆盖盲区延伸扩展，激活医疗服务市场，缓解目前我国医疗卫生资源的供需矛盾。第二，确立公立医院与社会办医对口帮扶机制。筛选确立合适的公立医院与社会办医疗机构之间进行对口帮扶，利用公立医院的资源和技术优势提升社会办医疗机构的服务水平。第三，建立人才流动保障机制。鼓励医务人员在保证医疗服务质量的前提下，在公立医院和社会办医疗机构之间的合理双向流动，完善医师多点执业的政策，研究细化开展医师多点执业的人事管理、收入、保险等工作方案，吸引更多优秀人才进入社会办医疗机构，为社会办医注入最核心的力量。

4. 规范人才培养模式，提高基层医疗卫生服务人员技术能力和素质

提升基层医疗卫生服务能力是"强基层"的核心所在，要推动居民自觉自愿地形成"基层首诊"的就医习惯，关键在于基层的医疗卫生服务能力可以得到居民的认可和信任。[①] 而提升基层医疗卫生服务能力的关键在于提高基层医疗卫生服务人员的技术能力和素质，形成优质医疗人员的强烈而又持续的吸引力。因此，必须加强对基层医疗卫生人员的规范化教育和培训，多向基层输送让居民信任和满意的"好医生"。

第一，拓宽在职医疗卫生人员的培养渠道，以全科医学知识培训和突发公共卫生应急处理技术培训为主要内容，提升基层医务人员业务水平；第二，建立并完善基层医疗卫生在职人员的考核办法，规范在职人员"能

---

① 何子英、郁建兴：《全民健康覆盖与基层医疗卫生服务能力提升》，《探索与争鸣》2017年第2期，第77～81页。

进能出"的业务竞争淘汰机制，激励医务人员积极主动提升自身业务素质和能力；第三，选拔基层优秀医疗卫生人员到公立医院、高校、专业机构以及国外进行交流学习，以此提升基层医疗人员的技术水平；第四，在现有的"5+3+X"培养模式基础上，强化教学研三者相结合的教育方式，医学类院校推行精品教育，注重对医学生的学历、技术和素质教育，应用型和技术型人才兼顾培养，促进整体医务工作者能力提升；第五，以提高人们健康水平为目标，对基层医疗卫生技术人员进行合理配置，定向招收愿意去中西部发展的学生进行专业化培养，加强医疗卫生服务的支援工作，鼓励发达地区的医务人员到经济落后的中西部地区进行医疗志愿服务，并且加大各级财政对上述人员的必要资助与补贴，同时各类医疗机构要着重从基层工作人员中选拔干部，给予政策上的鼓励；第六，基于中西部基层医疗卫生人员紧缺的现状，建议中西部地区根据地方特色，自主培养卫生专业人才，培养一批适合中西部地区医疗卫生事业发展且具有就业稳定性的卫生人才。[①]

5. 全面取消以药养医，健全公立医院补偿机制

"以药养医"作为看病贵、看病难产生根源之一，一直以来饱受诟病。新一轮深化医改、公立医院改革大背景下，为解决看病难、看病贵的难题，国家于2016年出台《国务院深化医药卫生体制改革领导小组关于进一步推广深化医药卫生体制改革经验的若干意见》，明确指出所有公立医院取消药品加成，并在北京市进行医药分开改革试点工作；2017年4月，国家发改委指示各级各类公立医院必须于9月底前取消药品加成，表明药品加成取消指日可待，但取消药品加成不等于破除以药养医。需通过加大政府财政投入、加强医院成本核算、完善医疗卫生价格体系等方式完善公立医院补偿机制，健全药品保障制度，彻底打破以药养医的局面。

第一，保证政府财政收入，使公立医院回归公益性。以药养医产生的最直接原因就是政府财政投入不足。因此，破除以药养医局面首要措施即

---

① 姜艳、张文胜、王晓烨、崔学光：《吴忠市基层卫生人员培训现状及需求分析》，《中国初级卫生保健》2015年第2期，第18~21页。

加大政府对卫生领域的投入力度，将公立医院的重点学科发展、符合国家规定的离退休人员费用和政策性亏损补偿纳入财政全额预算，对基本建设和大型设备统一规划逐步过渡为政府投入，[①] 同时，在政府对公立医院的帮扶投入过程中，将发展不充分不平衡的因素考虑在内，因地制宜。第二，完善医疗服务价格体系，切断医生收入与药品收入之间的关联。药品价格虚高和医疗卫生服务价格被低估是产生以药养医的一大根源，[②] 从这个角度来说，要提高医务人员医疗卫生服务费用，适度降低大型医疗设备服务收费和药品的高价值，定价使其略高于成本即可，价格体系改革重在体现医疗卫生服务人员的技术与劳务价值，切断医生收入与药品收入之间的关联，内部分配不得将药品收入与个人收入挂钩，使其将工作重心转移到对高质量医疗技术的钻研而非扮演"低技术药品促销员"的角色。

（二）加大农村改水改厕项目实施力度，着力改善农村居民人居环境

改善农村人居环境，是全面建成小康社会，促进经济发展和社会稳定的基础。随着近年来农村经济的突飞猛进，农村居民卫生安全意识有了极大的提升，环境问题日益突出。但长期的城乡二元结构下，城乡建设依然向城市倾斜，农村安全饮水、基础卫生设施拓展延伸不够且存在诸多问题。通过加大专项资金投入、宣传教育等方式，顺应时势，改善农村居民人居环境，打造美丽新农村。

1. 加大政府专项资金投入，拓宽投融资渠道，推进农村改水改厕项目实施

农村改水改厕项目是关乎民生利益的重大工程，加之各地区农村资源条件千差万别、复杂多变，项目实施难度较大，必须有充足的资金保障。目前从中央到地方财政资金补贴情况来看，尽管一直在加大投入力度，但资金投入缺口仍较大。应积极建立"以政府为主导，社会参与、多元投入"的投融资机制，以政府资金引导或让利的方式鼓励条件合适的民间资本进

---

① 王雪莹、雷晓盛：《公立医院破除"以药养医"后的补偿机制思考》，《管理观察》2017年第4期，第100～103页。

② 房信刚、吕军、石慧敏：《"以药养医"的根源分析与破除对策》，《中国医院管理》2015年第7期，第5～6页。

入农村改水改厕等人居环境改造工程，减轻政府财政压力的同时更有效地推进工程进展。

2. 加大宣传教育力度，提升农村居民的环保意识

农村居民是改水改厕等重大人居环境改造工程的直接受益主体和保护主体，进入新时代，要在新发展理念的指导下，通过宣传教育使农村居民逐步养成绿色生活方式。为提升农村居民的满意度和配合度，保证项目的顺利实施，在项目建设的同时，应采取网络、电视、广播、流动宣传站等多样化的方式进行宣传教育，引导农村居民观念的转变，理解改水改厕项目实施的重大意义，移风易俗，积极主动地享受国家发展带来的成果；同时，培育农村居民自我管理、自我约束的能力，增强居民环境保护的责任感，培育农村居民关心环境、改善环境的良好作风。

（三）提高道路安全水平，保障居民出行安全和出行满意度

交通出行是居民满足自身生存需要与发展性需要的重要因素。交通出行安全关系到居民个人的生命和安全，同时也体现了对他人生命的尊重，是构建和谐社会的重要内容。道路安全系统是由人、车、道路三要素构成的复杂系统，只有不断提高交通参与者的安全意识、改善道路交通状况、强化交通管理措施和执法力度，才能使道路交通安全事故发生率和严重程度降低到居民可接受范围内，以提高其交通出行满意度。

1. 加强宣传教育，提高我国交通参与者的安全意识

缺乏交通规则和礼让意识，是城市道路交通中最为突出的问题，也是造成交通事故最为主要的因素。思想决定行为，因此，解决道路安全问题首先要解决对人的管理问题，其中最为有效也是最根本的解决方法就是加强宣传教育，提升交通参与者的安全意识。第一，建立以公安部门为主导、多部门联动的全民交通安全宣传教育机制，由公安部门牵头制定交通安全宣传和教育计划；第二，针对不同群体要依托相关单位或社区定期开展多样化的交通安全宣传教育，可以通过交通安全"进农村、进社区、进企业、进学校"等活动加强对机动车驾驶员、学生、外来务工者等重点群体的宣传教育；第三，借助网络平台的普及、便利、生动等特性，加强对居民的交通安全教育，提升居民安全出行意识。

2. 加强道路基础设施建设，改善道路通行条件与安全性

加强道路交通安全基础设施建设是预防和降低交通事故发生的重要手段之一，必须不断予以完善。改革开放30多年来，随着社会经济水平的迅速提升，城镇化和机动化同步推进的过程中，城市交通的供需矛盾越发尖锐，交通拥堵成为城市交通的一大问题。

针对此问题，第一，有条件的城市可有序推进地铁、轻轨等城市轨道交通系统建设，发挥地铁等作为公共交通工具的骨干作用，缓解目前道路拥堵现状；第二，提高道路交通安全信息化、智能化管理水平，舒缓交通压力。积极引进信号控制技术，优化交叉路口配时，改善行人过街的安全设施，提高路口的灯控率，完善标志标线、隔离护栏等信号管理方式方法，减少机动车、非机动车、人行道之间的混行，加强规范和引导作用。完善和规范道路交通基础设施建设，规范交通参与者的行为，提升道路交通出行的安全性和满意度。

3. 加大交通执法力度，做好交通安全管理工作

第一，严格记分管理制度，加大交通违法惩戒力度。参考德国模式，结合我国《道路交通安全法》将记分管理作为惩戒和教育的重要手段，根据不同违法行为的特点修改和完善管理方式，对记分积累、学习与考试、记分奖励等做出明确规定，减少罚款处罚，提高对主观交通违法行为的记分分值，加强对重点违法行为的严格管理。第二，公安交通管理部门执法重点要突出。汇总交通事故数据并进行分析，针对事故特点和规律，加强重点区域和路段巡逻力度，合理配置警务资源，提高路面见警率，加大对重点车辆和违法行为的执法力度。第三，开展持久的专项治理行动，坚决治理不按规定让行、不按规定停车、无证驾驶、酒后驾驶、违反交通信号和超速行驶等交通违法行为，强化安全出行的意识并逐步将其内化为人自觉自动的行为。

（四）逐步缩小健康与基本生存福祉地区差异，促进区域间协调发展

我国目前的社会主要矛盾是人民日益增长的美好生活需要和不平衡不充分发展之间的矛盾，这一矛盾体现在社会发展的方方面面，健康与基本生存质量的发展也不例外。着眼未来，我们必须齐心协力解决健康与基本生存发展的地区不平衡问题，主要包括四大区域之间的差距、区域内部的差距和省际差距以及城乡差距。从我国目前健康与基本生存福祉现状来看，应首先着力消除城乡之间和中西部与东部之间存在的巨大差距。针对不同的地区差异，具体问题具体分析，采取不同的政策措施。针对城乡之间的差距，在制定政策时要积极主动向农村倾斜，加大政府资金投入力度，加强农村的各项基础设施建设，提升公共服务均等化水平，使之逐步缩小与城市的差距直至实现与城市的无差别化。对于中西部与东部之间的差距，根据落后区域的具体情况，发挥政策的区域平衡作用，着力提升中西部地区的基本医疗卫生服务水平和质量，加大关乎居民基本生存质量的各项民生工程建设力度，增进其健康与基本生存获得感和满足感。再者，健康与基本生存质量较高的城市和东部地区，政策制定的落脚点在于基本公共服务资源（医疗、交通等）利用有效性的提升。

附录　本部分主要指标解释

1. 千人拥有医生数即医生数/人口数 × 1000，人口数系公安部户籍人口，医生数指执业医师和执业助理医师数量。

2. 围产儿死亡率指孕满 28 周或出生体重 ≥ 1000 克的胎儿（含死胎、死产）至产后 7 天内新生儿死亡数与活产数（孕产妇）之比。

3. 平均预期寿命指一个人口群体从出生起平均能存活的年龄（岁）。

4. 农村自来水普及率指农村中以自来水厂或手压井形式取得饮用水的人口占农村总人口的百分比。

5. 城市燃气普及率指统计期末使用燃气的城市人口数与城市人口总数的比例。

城市燃气普及率 = 城市用气人口数/城市人口总数 × 100%。

6. 农村卫生厕所普及率指符合农村户厕卫生标准的累计卫生厕所数占农村总户数的百分比。

7. 千人民用载客汽车拥有量指每千人口中拥有民用载客汽车（含私人汽车、城市公交汽车、出租汽车和公路客运汽车）的数量。

8. 万车车祸死亡率指一个地区平均每万辆机动车（不包括自行车折算）

的年交通事故死亡人数。根据民用汽车拥有量及交通事故死亡人数进行计算。指标计算公式为：$RN = D/N \times 10^4$。式中 RN 表示万车车祸死亡率，D 表示交通事故的死亡人数，N 表示机动车的拥有量。

（执笔人：胡文静　褚雷）

中国经济福祉报告

党的十八大以来，以习近平同志为核心的党中央抓住经济社会发展的主要矛盾和矛盾的主要方面，提出经济发展进入新常态及与之适应的经济政策框架，经济发展质量和效益不断提高；党的十九大报告则明确指出，我国经济已由高速增长阶段转向高质量发展阶段，正处在转变发展方式、优化经济结构、转换增长动力的攻关期。在经济稳步增长、经济结构动态调整的大背景下，建构科学有效的居民经济福祉指标体系以测量我国居民现阶段的经济福祉意义重大。本报告对"十二五"规划期间（2011~2015年）中国省级层面经济福祉的走势进行了评价，分析影响我国居民经济福祉的因素。

一　中国经济福祉指标体系的调整

（一）中国经济福祉指标体系构建的核心理念

经济福祉指标作为居民幸福指数指标体系中最原始的构成部分，总体来说其研究较为成熟。国外有关经济福祉指标的建构主要包括收入类、消费类、就业类等。20世纪90年代，美国经济学家卡克皮尔（Kacapyr）教授建立的"福祉指数"基本由经济福祉指标组成，如消费者态度、收入与就业机会、社会和物质环境、生产力等。"经济合作与发展组织"（OECD）于2011年推出了生活质量指数YBLI，主要从居民的住房、收入、工作、社区、教育、环境、政府管理、健康、生活满意度、安全、工作生活平衡度11个方面，进行综合生活质量水平评估和比较；其中，涉及调整后的住户可支配净收入、就业率、长期失业率等经济指标。[①] 相比国外而言，国内关

---

① 杨京英、何强、于洋：《OECD生活质量指数统计方法与评价研究》，《统计研究》2012年第12期，第18~23页。

于居民经济福祉的研究起步较晚但发展迅速，且偏重于客观指标方面。国内研究大致可分为学术探索阶段（20世纪80～90年代）和政策导向阶段两个阶段。前一阶段的研究主要是借用西方生活质量研究的经验和传统，从个体或家庭等微观层面，借助主观指标反映社会发展与居民生活之间的关系。而后一阶段则更多地从宏观角度出发构建具有可比性的居民福祉指标体系，测量我国的现实国情和社会发展状况，从而试图为政府政策做出反馈。在具体的经济福祉指标建构方面，2007年国家统计局统计科学研究所发布的中国全面建设小康社会进程统计监测报告中，将包括人均GDP、居民消费占GDP比重、基尼系数等12个三级指标的经济发展作为首选类指标列入[1]。

在已有研究的基础上，本报告将反映经济福祉的指标集中在收入、消费、劳动就业三个测量维度。收入类指标主要反映的是居民的收入水平和收入的公平性；消费类指标主要是通过城乡居民的实际消费支出和城乡居民的恩格尔系数测量居民的消费水平和经济支出能力，以反映整个国家或地区的消费状况；劳动就业类指标则主要试图从宏观就业形势、城镇失业情况和工资收入占国内生产总值的比重等角度测量整个国家的就业状况和分配状况，通过对这些指标的综合测量，全面地反映我国经济福祉的真实状况。

（二）中国经济福祉指标体系介绍

在以往的研究中，项目组设计了一套由3个维度和8个指标构成的中国经济福祉指标体系（见表1）。

表1　中国经济福祉指标体系

评价因素	评价指标编号、名称和指标性质	单位	数据来源
收入	b_1 居民人均收入 +	元	《中国统计年鉴》
	b_2 基尼系数 -	%	《中国统计年鉴》
消费	b_3 居民人均生活消费支出 +	元	《中国统计年鉴》
	b_4 居民消费价格指数 -	%	《中国统计年鉴》
	b_5 居民家庭恩格尔系数 +	%	《中国统计年鉴》

---

[1] 李强等：《2007年中国全面建设小康社会进程统计监测报告》，《统计研究》2009年第1期，第33页。

续表

评价因素	评价指标编号、名称和指标性质	单位	数据来源
	b_6 城镇登记失业率 –	%	《中国统计年鉴》
劳动就业	b_7 第三产业增加值占 GDP 的比重 +	%	《中国统计年鉴》
	b_8 工资收入占 GDP 的比重 –	%	《中国统计年鉴》

注："＋"表示"正指标"，"－"表示"逆指标"。

（三）指标权重调整与综合评价指数的形成

本研究采用层次－主成分分析法来确定指标权重，对经济福祉综合评价函数进行了调整。为适应五年来经济社会的新变化，在层次分析阶段，从专家库中抽取 24 名相关领域的专家进行了新一轮的问卷调查，实际回收 23 份进入数据分析，得到经济福祉的各个评价指标的第二轮对应权重（见表2）。

表2　经济福祉评价指标对应的第二轮权重

评价指标编号与名称	权重 W_i	评价指标编号与名称	权重 W_i
b_1 居民人均收入	$W_1 = 0.3277$	b_5 居民家庭恩格尔系数	$W_5 = 0.0495$
b_2 基尼系数	$W_2 = 0.1938$	b_6 城镇登记失业率	$W_6 = 0.0802$
b_3 居民人均生活消费支出	$W_3 = 0.0891$	b_7 第三产业增加值占 GDP 的比重	$W_7 = 0.0604$
b_4 居民消费价格指数	$W_4 = 0.0421$	b_8 工资收入占 GDP 的比重	$W_8 = 0.1572$

值得注意的是，本轮专家主观权重与五年前得到的首轮指标权重存在差异（见表3），尽管随着"十二五"规划的推进，我国整体及各地区的居民经济福祉也发生了变化，专家学者对具体衡量经济生活收入状况、消费状况以及劳动就业状况的指标的看法有所变动是正常现象，但是对于一些相对而言主观权重变动较大的指标，本报告也尝试从相关政策和指标特性等角度对这种变动做出基本解释。

表3　经济福祉主观权重差异变动

三级指标	首轮权重	本轮权重	变动差	变动率
b_1 居民人均收入	0.2833	0.3277	0.0444	15.67%
b_2 基尼系数	0.1266	0.1938	0.0672	53.08%

续表

三级指标	首轮权重	本轮权重	变动差	变动率
b_3 居民人均生活消费支出	0.0727	0.0891	0.0164	22.56%
b_4 居民消费价格指数	0.0542	0.0421	-0.0121	-22.32%
b_5 居民家庭恩格尔系数	0.0731	0.0495	-0.0236	-32.28%
b_6 城镇登记失业率	0.1388	0.0802	-0.0586	-42.22%
b_7 第三产业增加值占 GDP 的比重	0.0584	0.0604	0.0020	3.42%
b_8 工资收入占 GDP 的比重	0.1929	0.1572	-0.0357	-18.51%

具体来说，消费类指标主观权重变化不大，说明当前专家学者对于消费类指标在居民经济福祉解释度的看法较为平稳。而收入类指标则较首轮有较为明显的增加，尤其是基尼系数指标的主观权重增长变动率超过50%。相对而言，劳动就业指标则较首轮明显减少，城镇登记失业率指标的主观权重下降变动率也达42.22%。出现这种变化的原因可能有以下两点。

（1）基尼系数是国际上用来综合考察居民内部收入分配差异状况的重要指标，代表着社会贫富差距状况，而贫富严重不均也是我国较为严峻的现实问题之一，贫富差距也影响一个国家社会经济发展的稳定，"十二五"规划期间，中国政府推出多项改革措施，比如调整个税起征点，出台央企负责人限薪和养老金并轨等政策，多渠道增加居民财产性收入，规范隐性收入，多数地区上调最低工资标准[1]等，均对缩小收入差距有重要作用。然而，中国统计年鉴数据显示，目前居民收入差距仍然较大，2015年全国居民收入基尼系数依然超过国际公认的0.4贫富差距警戒线。收入分配制度的改革无疑来说对目前经济发展和社会稳定仍然非常重要。而进一步完善收入分配制度，能给社会底层提供各种机会，体现社会公平，也能够更好地促进消费。同时对基尼系数的关注也符合党的十八大以来提出的五大发展理念中的共享理念以及提高人民群众的获得感等发展思路。由此可见，专家学者对基尼系数指标在经济福祉解释程度上的主观权重有所增加具有合理性。

---

[1] 《中国基尼系数七连降　仍高于国际警戒线》，http://finance.sina.com.cn/china/2016-01-20/doc-ifxnqriy3220772.shtml。

（2）城镇登记失业率是指在报告期末城镇登记失业人数占期末城镇从业人口总数与期末实有城镇登记失业人数之和的比重。从现有的国家统计局数据来看，城镇登记失业率年际相差不大，数据波动走势一直比较平稳，因此主观层面可能在其对经济生活质量的解释度上有所降低。

总体而言，本轮主观权重受"十二五"期间居民经济福祉变化以及参与专家个人主观因素的影响存在变动，这种变动存在其合理性，但也可能存在误差，因此，为保证评价结果的科学性，本研究在层次分析主观权重的基础上，加以客观的数据处理，以期最大限度地修正可能存在的误差。

考虑到指标数据评价年际的可比性，本研究选取相关指标 2006～2015 年的公开统计数据，以 2006 年的数据为基期，对不同单位表示的各项指标进行标准化处理，并对结果进行加权转换，采用探索性因素分析方法，按照特征值大于 0.5 以及累计贡献率大于 85% 的加权原则对经济福祉的三个部分收入、消费和劳动就业分别提取主成分因子。

因素分析显示，收入指标可得特征根大于 0.5 的因子有 2 个，能够解释整体的 100%，从而得到收入指标部分各个主成分的载荷矩阵，如表 4 所示。

表 4　收入指标成分矩阵

	成分	
	1	2
1（b_1）	0.910	− 0.415
2（b_2）	0.910	0.415

使用表 4 中的数据除以主成分相对应的特征值开平方根便得到收入指标两个主成分每个指标所对应的系数，即可得到特征向量，再将特征向量与使用第二轮权重 W_i 加权转换后的指标数据相乘，得到收入指标两个主成分的表达式：

$$F_1 = 0.7071 W_1 X_1 + 0.7071 W_2 X_2$$

$$F_2 = -0.7071 W_1 X_1 + 0.7071 W_2 X_2$$

为了得到较好的综合评价，以每个对应成分的方差贡献率为系数，加权求和后得到收入指标评价函数：

$$Y_1 = 0.4636W_1X_1 + 0.7071W_2X_2$$

根据同样的计算方法，可以得到消费指标、劳动就业指标的评价函数：

$$Y_2 = 0.2981W_3X_3 + 0.4910W_4X_4 + 0.2975W_5X_5$$

$$Y_3 = 0.5393W_6X_6 + 0.3780W_7X_7 + 0.3742W_8X_8$$

将上述三个评价函数相加，便得到了最终的经济福祉综合评价函数：

$$Y = 0.4636W_1X_1 + 0.7071W_2X_2 + 0.2981W_3X_3 + 0.4910W_4X_4 + 0.2975W_5X_5 + $$
$$0.5393W_6X_6 + 0.3780W_7X_7 + 0.3742W_8X_8$$

二　2011～2015 年中国经济福祉分析

根据调整后的经济福祉评价函数，选取 2011～2015 年官方公开统计数据，对我国除港澳台外 31 个省（区、市）的经济福祉进行综合评价。具体结果如下。

（一）2011～2015年我国居民收入状况的综合分析

1. 2011～2015年我国居民收入状况的整体走势

2011～2015 年我国居民收入状况部分各评价指标的趋势变化如图 1 和图 2 所示。

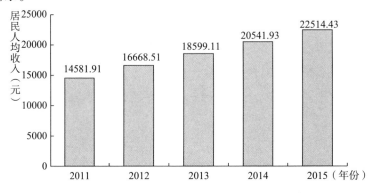

图 1　2011～2015 年我国居民人均收入状况趋势

图 2　2011～2015 年我国基尼系数趋势

我国居民人均收入明显增加，从 2011 年的 14581.91 元增长到 2015 年的 22514.43 元，且呈明显的持续增长趋势（见图 1）；而基尼系数则从 2011 年的 0.4770 降低为 2015 年的 0.4620，虽然仍高于国际警戒线水平，但五年间呈持续的下降趋势，居民内部收入差距逐渐缩小（见图 2）。由此可见，随着我国经济发展和分配制度的改革，居民人均收入稳定增长，内部收入差距也在逐渐缩小，"十二五"期间，我国居民收入状况指数不断提高。

我国居民收入状况指数的稳定增长，是与"十二五"期间，中央和各级政府始终把推动经济平稳较快发展、加快城乡居民收入增长作为工作的重要目标，不断制定和出台各种提高居民收入和加大收入分配调节力度的政策分不开的。国家"十二五"规划坚持把保障和改善民生作为加快转变经济发展方式的根本出发点和落脚点，加大收入分配调节力度，坚定不移走共同富裕道路，使发展成果惠及全体人民。党的十八大报告强调，以经济建设为中心是兴国之要，发展仍是解决我国所有问题的关键，全党必须更加自觉地把推动经济社会发展作为深入贯彻落实科学发展观的第一要义，牢牢扭住经济建设这个中心，坚持聚精会神搞建设、一心一意谋发展。在居民收入状况方面，国家在注重经济增长发展的同时，也时刻关心居民收入的提高和收入差距的调节。《中华人民共和国国民经济和社会发展第十二个五年规划纲要》明确提出要以加快城乡居民收入增长为政策导向，努力实现居民收入增长和经济发展同步、劳动报酬增长和劳动生产率提高同步，明显增加低收入者收入，持续扩大中等收入群体，努力扭转城乡、区域、行业和社会成员之间收入差距扩大趋势，以解决普通劳动者（包括城市产业工人和农民工）和农民收入偏低、居民收入差距较大的问题。

总体而言，"十二五"期间，我国居民人均收入呈稳定增长趋势，顺利完成"十二五"规划收入增长目标，如表5所示。

表5　居民人均收入"十二五"规划目标实现状况

指标	2005年	规划目标		实现情况		规划目标		实现情况	
		2010年	年均增长（%）	2010年	年均增长（%）	2015年	年均增长（%）	2015年	年均增长（%）
城镇居民人均可支配收入（元）	10493	—	5	19109	9.7	—	>7	—	7.7
农村居民人均纯收入（元）	3255	—	5	5919	8.9	—	>7	—	9.6

数据来源：《中华人民共和国国民经济和社会发展第十二个五年规划纲要》《中华人民共和国国民经济和社会发展第十三个五年规划纲要》。

根据《中华人民共和国2015年国民经济和社会发展统计公报》的数据，"十二五"以来，全国居民收入增长快于GDP增长。2015年全国居民人均可支配收入21966元，比2012年增长33.0%，扣除价格因素，实际增长25.4%，年均实际增长7.8%，居民收入年均实际增速快于同期人均GDP年均增速。同时转移收入和财产收入比重提高，2015年全国居民人均转移净收入3812元，比2013年增长25.3%，年均增长11.9%；人均工资性收入12459元，比2013年增长19.7%，年均增长9.4%；人均经营净收入3956元，比2013年增长15.2%，年均增长7.3%；人均财产净收入1740元，比2013年增长22.2%，年均增长10.6%。2015年人均转移净收入和财产净收入在人均可支配收入中的比重比2013年分别提高了0.8和0.1个百分点[1]。这种稳定持续的增长趋势与国家积极推动经济增长、促进居民就业和推进收入分配制度改革等举措密切相关。如国务院颁布的《促进就业规划（2011 – 2015年）》中，提出六大发展目标和八大措施以促进更多劳动者就业，

---

[1] 《居民收入快速增长　人民生活全面提高——十八大以来居民收入及生活状况》，http://www.stats.gov.cn/tjsj/sjjd/201603/t20160308_1328214.html。

提高劳动者就业收入等。同时在党中央、国务院相关政策的指导下，各省份也陆续出台提高居民收入的文件，并采取相关措施。例如，2011 年河南省出台《河南省国民经济和社会发展第十二个五年规划纲要》对促进居民收入普遍较快增长等各项工作做出总体部署，如完善和落实职工工资决定机制、正常增长机制和支付保障机制，逐步提高最低工资标准；扩大居民投资渠道，努力增加居民财产性收入，积极推进收入分配制度改革，努力提高居民收入在国民收入分配中的比重等，全省农村居民人均纯收入由 2010 年的 5523.73 元增长到 2015 年的 10853 元，城镇居民人均可支配收入由 2010 年的 15930.26 元增长到 2015 年的 25576 元，实现居民人均收入的飞跃增长。2014 年浙江省出台《关于促进城乡居民收入持续普遍较快增长的若干意见》，通过着力提高工资性收入、稳步提高经营性收入、努力提高财产性收入和持续提高转移性收入等方面实现城乡居民收入翻番目标以及促进全省城乡居民收入持续普遍较快增长。2015 年浙江省居民人均可支配收入 35537 元，比上年增长 8.8%，扣除价格因素增长 7.3%。其中，城镇常住居民和农村常住居民人均可支配收入分别为 43714 元和 21125 元，分别增长 8.2% 和 9%，扣除价格因素分别增长 6.7% 和 7.5%，实现了经济新常态下居民人均收入的稳定增长。

具体来说，"十二五"期间，城乡居民人均收入指标方面仍具有如下特点：一是在居民人均纯收入实际增长[1]速度方面，农村快于城镇；二是城镇和农村居民人均可支配收入仍存在较大差距，如图 3、图 4 所示。

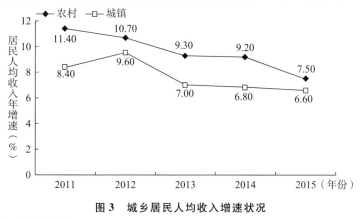

图 3　城乡居民人均收入增速状况

① 实际增长率是指扣除价格因素的收入增长率。

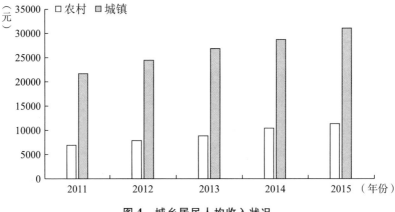

图4　城乡居民人均收入状况

　　农村居民人均收入实际增长速度快于城镇居民人均收入实际增长速度这一现象与国家在农村经济发展政策上的大力支持息息相关。例如，国家"十二五"规划强调加大农村经济发展引导和扶持力度，拓宽农民增收渠道，巩固提高家庭经营收入①、努力增加工资性收入②、大力增加转移性收入③，以促进农民收入持续较快增长。2011～2015年，国家连续出台《关于加快推进农业科技创新持续增强农产品供给保障能力的若干意见》《中共中央国务院关于加快发展现代农业　进一步增强农村发展活力的若干意见》《关于全面深化农村改革加快推进农业现代化的若干意见》《关于加大改革创新力度加快农业现代化建设的若干意见》等中央一号文件，加大农村改革力度、政策扶持力度、科技驱动力度，促进农民增收，深入推进新农村建设，为推动农民收入增长，改善农民生活提供政策保障。同时，中央还出台了一系列指向明确、操作性强的惠农政策，如农业支持保护补贴政策、农机购置补贴政策、小麦和稻谷最低收购价政策、产粮（油）大县奖励政

---

① 指农村住户以家庭为生产经营单位进行生产筹划和管理而获得的收入。农村住户家庭经营活动按行业划分为农业、林业、牧业、渔业、工业、建筑业、交通运输邮电业、批发和零售贸易餐饮业、社会服务业、文教卫生业和其他家庭经营。
② 指农村住户成员受雇于单位或个人，靠出卖劳动而获得的收入。
③ 指农村住户和住户成员无须付出任何对应物而获得的货物、服务、资金或资产所有权等，不包括无偿提供的用于固定资本形成的资金。一般情况下，指农村住户在二次分配中的所有收入。

策等，有助于保护和调动农民生产积极性，促进农业稳定发展，促进农民增收。根据《2016 中国统计年鉴》公布的数据，截至 2015 年年底，我国农村居民家庭人均可支配收入 11421.7 元，同比实际增长约 7.5 个百分点。其中，工资性收入和经营性收入这两项收入来源在农村居民家庭收入中占据约 80% 的比重，分别为 4600.3 元和 4503.6 元，说明工资收入和农业产品价格的提高对农村居民人均可支配收入的增长仍有着重要的作用。相对而言，城镇居民人均可支配收入的增速要稍显缓慢。截至 2015 年年底，我国城镇居民人均可支配收入为 31194.8，同比实际增长约 6.6 个百分点。其中，工资性收入和转移性收入两大收入来源在城镇居民人均可支配收入中占较大比重，分别为 19337.1 元和 5339.7 元。城乡居民人均收入存在较大差距的原因是我国存在典型的二元经济体制，城乡居民基本权益均等化难以真正实现，尽管 2013 年以来，我国各地区逐步推进城乡在规划建设、产业发展、政策措施等方面的一体化进程，推行户籍制改革，但在实践中各地的成效不一，总体上在养老、教育、医疗、交通、供水、供电、环境等公共服务建设方面农村都明显落后于城市，同时就业机会、市场流动等因素也是居民收入在城乡之间存在差距的原因。

　　基尼系数是考察居民内部收入分配差异状况的一个重要分析指标。"十二五"规划期间，我国基尼系数持续走低，居民收入差距继续缩小，城乡居民人均可支配收入比值缩小。2015 年全国居民人均可支配收入五等份中，最高收入组与最低收入组的人均收入差为 10.45，比上年降低 0.29；全国居民人均可支配收入中位数比上年名义增长 9.7%，比平均数增速高 0.8 个百分点①。按照城乡同口径人均可支配收入计算，2015 年城乡居民人均收入之比为 2.73：1，比 2013 年下降 0.08。地区间居民收入相对差距不断缩小。收入水平较低的西部地区居民人均可支配收入增速最快，2013 年以来，西部地区居民人均可支配收入年均增速为 10.1%，比中部地区高 0.2 个百分点，比东部地区高 0.9 个百分点，比东北地区高 1.7 个百分点。东部与西部、东部与中部地区人均收入比值分别比 2013 年缩小 0.03 和 0.02。自 2007 年国

---

① 《许宪春：〈2015 年统计公报〉评读》，http://www.stats.gov.cn/tjsj/sjjd/201602/t20160229_1323939.html。

务院颁布《关于在全国建立城市居民最低生活保障制度的通知》以来，我国不断完善最低工资制度，提高最低工资标准，2015 年各地最低工资标准普遍较 2011 年上涨 50% 以上。同时，各省份也陆续出台更新城市居民生活保障条例。到 2015 年年末，全国共有 1708.0 万人享受城市居民最低生活保障，4903.2 万人享受农村居民最低生活保障，农村五保供养 517.5 万人。全年资助 5910.3 万城乡困难群众参加基本医疗保险。按照每人每年 2300 元（2010 年不变价）的农村扶贫标准计算，2015 年农村贫困人口为 5575 万人，比上年减少 1442 万人。①

与此同时，我们也需清醒地认识到，"十二五"期间我国基尼系数平均值仍超过 0.4 的国际警戒线。在不同区域不同行业之间，以及城乡之间的劳动收入差距还比较大，而由财产占有上的差别形成的收入差距更为突出。居民收入、社会财富分配不均仍是我国目前亟待解决的问题。习近平同志在党的十八届五中全会上提出的"五大发展理念"，把共享作为发展的出发点和落脚点，共享不可能建立在两极分化之上，但共享也不是平均主义，体现在收入分配上，就需要公平公正地分享发展成果，使劳动致富真正成为社会普遍的行为准则，在不断发展生产的基础上，普遍提高人民的收入水平，建立公平、公正的收入分配改革制度，不断缩小社会贫富差距。

2. 2011~2015 年我国居民收入状况区域分析

为进一步考察我国居民收入状况的地区差异，根据我国地区间社会经济发展水平差异，我们将 31 个省（区、市）划分为四大区域：东部地区包括北京、天津、河北、上海、江苏、浙江、福建、山东、广东和海南共 10 个省份；东北地区包括辽宁、吉林和黑龙江共 3 个省份；中部地区包括山西、安徽、江西、河南、湖北和湖南 6 个省份；西部地区包括内蒙古、广西、重庆、四川、贵州、云南、西藏、陕西、甘肃、青海、宁夏和新疆共 12 个省份。这四大区域在 2011~2015 年的居民收入状况综合评价得分及其区域间差距变动趋势见表 6 和图 5。

---

① 《2015 年国民经济和社会发展统计公报》，http://www.stats.gov.cn/tjsj/zxfb/201602/t20160229_1323991.html。

表 6　2011～2015 年各区域居民收入状况综合得分

	2011 年	2012 年	2013 年	2014 年	2015 年
东部地区	1.9978	2.0244	2.0495	2.0770	2.1054
东北地区	1.9287	1.9296	1.9285	1.9525	1.9729
中部地区	1.8911	1.9077	1.9228	1.9472	1.9639
西部地区	1.8458	1.8632	1.8793	1.9017	1.9193

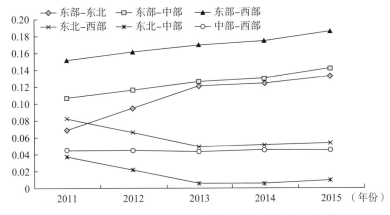

图 5　2011～2015 年四大区域客观福祉评价差距及趋势

　　基于我国东西部地区经济发展水平存在较大差距的现实，我国居民收入状况表现出明显的地域性特征。表 6 表明，在 2011～2015 年各区域居民收入状况评价得分总体呈上升趋势，表明居民收入增长势头良好；但从各区域间差距来看，东部地区居民收入综合评价仍相对较高，其他地区特别是西部地区与东部地区仍有较大差距。具体而言，截至 2015 年年底，东部地区、东北地区、中部地区和西部地区城镇居民人均年收入分别是 36691.3 元、27399.6 元、26809.6 元和 26473.1 元，农村居民人均可支配收入分别是 14297.4 元、11490.1 元、10919.0 元和 9093.4 元。西部地区居民人均收入依旧落后于其他地区。2011～2015 年在居民收入状况综合评价方面排名前十位的省份中大多数仍是东部地区的省份，而排名靠后的都是西部地区的省份，这也反映出我国经济发展的地区不平衡，居民收入状况综合评价从东部沿海到西部内陆呈现逐渐下降的趋势。

　　针对我国居民人均收入区域差距较大的现象，党的十八大报告特别提出必须深化收入分配制度改革，努力实现居民收入增长和经济发展同步、劳动报酬增长和劳动生产率提高同步，提高居民收入在国民收入分配中的比重，提高劳动报酬在初次分配中的比重。初次分配和再分配都要兼顾效率和公平，再分配更加注重公平。强调要完善劳动、资本、技术、管理等要素按贡献参与分配的初次分配机制，加快健全以税收、社会保障、转移支付为主要手段的再分配调节机制。深化企业和机关事业单位工资制度改革，推行企业工资集体协商制度，保护劳动所得。多渠道增加居民财产性收入。规范收入分配秩序，保护合法收入，增加低收入者收入，调节过高收入，取缔非法收入。当然，区域居民收入的增长离不开区域经济的发展，为缩小区域经济发展差距，国家大力支持西部开发。2011年，财政部、海关总署、国家税务总局印发《关于深入实施西部大开发战略有关税收政策问题的通知》，明确了新一轮西部大开发税收优惠政策；同时不断修订《中西部地区外商投资优势产业目录》，推动产业引导，促进西部地区经济发展，推动西部居民收入增加。另外，作为再分配制度的重要组成部分，社会保障工作的推进也是缩小区域收入差距的有效武器。2012年中央出台《国务院关于进一步加强和改进最低生活保障工作的意见》，从总体要求、指导原则、政策措施和组织领导等方面对最低生活保障工作做出指示。2014年国务院公布《社会救助暂行办法》，以加强社会救助，保障公民的基本生活，促进社会公平，维护社会和谐稳定。"十二五"规划期间，通过国家和各省份的努力，我国区域收入差距不断拉大的趋势得到了控制。

改革开放以来，我国经济发展主要采取"经济特区—沿海开放城市—沿海开放区"这样一种由点到面、由东部沿海到西部内陆的发展模式，东部地区作为最先开放的地区，在政策、资金、人力资源等方面都享有优于西部内陆的待遇，因此经济发展水平比较高，使得居民收入状况表现出明显的地域性特征，尽管近年来我国发展政策不断向中西部倾斜，尤其是长江沿岸地区得到快速发展，但是短期内东西部的差异仍难实现显著缩小，区域收入平衡工作依然任重而道远。

3. 2011～2015年我国居民收入状况省际分析

运用居民收入状况评价函数，得到我国各省（区、市）居民收入状况指数的年度得分及排名结果。由表7可以看出，2011～2015年，全国31个省（区、市）居民收入状况指数最高的均是上海，北京、天津和浙江排在前四位，均为东部地区；排在末四位的是贵州、青海、甘肃和西藏，均为西部地区。

表7　2011~2015年各省（区、市）居民收入状况综合评价

地区	2011 年	排序	2012 年	排序	2013 年	排序	2014 年	排序	2015 年	排序
北京	2.1221	2	2.1504	2	2.1814	2	2.2577	2	2.2991	2
天津	2.0656	3	2.0962	3	2.1259	3	2.1369	3	2.1561	4
河北	1.9054	14	1.9175	14	1.9292	13	1.9528	13	1.9700	14
山西	1.8724	22	1.8886	22	1.9038	22	1.9286	21	1.9459	20
内蒙古	1.9027	16	1.9117	16	1.9186	17	1.9470	15	1.9724	13
辽宁	1.9474	7	1.9493	9	1.9481	10	1.9875	8	2.0197	8
吉林	1.9150	12	1.9171	15	1.9174	19	1.9399	17	1.9555	17
黑龙江	1.9238	10	1.9224	12	1.9199	15	1.9302	20	1.9434	21
上海	2.1564	1	2.1951	1	2.2319	1	2.2872	1	2.3214	1
江苏	1.9764	5	1.9991	6	2.0192	6	2.0434	5	2.0742	5
浙江	2.0333	4	2.0567	4	2.0787	4	2.1179	4	2.1591	3
安徽	1.8853	19	1.9034	18	1.9199	15	1.9408	16	1.9610	16
福建	1.9367	8	1.9717	7	2.0045	7	2.0155	7	2.0402	7
江西	1.9053	15	1.9215	13	1.9360	11	1.9570	12	1.9772	12
山东	1.9282	9	1.9517	8	1.9734	8	1.9832	9	2.0065	9
河南	1.8883	17	1.9065	17	1.9234	14	1.9388	18	1.9533	18
湖北	1.9083	13	1.9229	11	1.9353	12	1.9658	11	1.9776	11
湖南	1.8868	18	1.9031	19	1.9181	18	1.9520	14	1.9681	15
广东	1.9759	6	2.0108	5	2.0416	5	2.0417	6	2.0738	6
广西	1.8476	25	1.8742	23	1.8992	23	1.9177	25	1.9283	25
海南	1.8781	21	1.8948	21	1.9091	21	1.9333	19	1.9533	18
重庆	1.9171	11	1.9405	10	1.9611	9	1.9750	10	1.9961	10
四川	1.8794	20	1.8953	20	1.9098	20	1.9184	23	1.9422	22
贵州	1.8058	31	1.8269	28	1.8479	28	1.8668	29	1.8821	28
云南	1.8139	28	1.8394	27	1.8624	27	1.8737	27	1.8993	27
西藏	1.8137	29	1.8232	30	1.8346	29	1.8519	31	1.8693	31

续表

地区	2011 年	排序	2012 年	排序	2013 年	排序	2014 年	排序	2015 年	排序
陕西	1.8399	26	1.8704	25	1.8976	24	1.9179	24	1.9369	23
甘肃	1.8077	30	1.8212	31	1.8336	30	1.8628	30	1.8794	29
青海	1.8202	27	1.8242	29	1.8285	31	1.8677	28	1.8758	30
宁夏	1.8502	24	1.8724	24	1.8943	25	1.9205	22	1.9339	24
新疆	1.8517	23	1.8589	26	1.8641	26	1.9008	26	1.9159	26

从地区横向比较来看，2011～2015 年全国 31 个省（区、市）的居民收入状况综合评价得分分布较为均匀，且总体呈增长趋势，这与我国"十二五"期间经济持续健康发展的大背景是分不开的。2011 年，仅有上海、北京、天津、浙江 4 个省份的收入评价得分在 2 以上，而到 2015 年，则有北京、天津、辽宁、上海、江苏、浙江、福建、山东、广东 9 个省份的收入评价得分超过 2，均为东部地区和东北地区，而排名靠后的 10 个省份均为西部地区，但评价得分也都高于 1.8。这一方面体现出我国经济发展、居民收入增长的良好态势，另一方面也进一步反映出我国东西部区域居民收入状况的不平衡。值得注意的是，2015 年上海、北京两市的收入评价得分超过 2.25，尤其是上海高于 2.3，明显优于其他省份，这一方面显示出"十二五"期间，上海、北京居民收入状况得到改善，另一方面也说明其他省份的居民收入状况与这两个地区相比还有不小的差距。

根据中国统计年鉴数据，2015 年上海城乡居民家庭人均可支配收入达到 49272.04 元，比 2011 年的 34071.57 元增长了 44.6%。2011 年发布的《上海市国民经济和社会发展第十二个五年规划纲要》针对居民收入提出的预期性指标为：到 2015 年，居民家庭人均可支配收入增长率不低于人均 GDP 增长率。实际上从 2011 年到 2015 年，上海城乡居民家庭人均可支配收入增长率每年都高于人均 GDP 增长率。而且 2011 年以来，受到市场等因素影响，上海城镇居民家庭财产性收入和经营性收入占比不高，且增速上下波动较大。特别是 2014 年，上海城镇居民家庭人均工资增速为 7.4%，比 2013 年提高 0.8 个百分点，而财产性收入和经营性收入增速都出现回落，稳步上升的工资性收入，成为拉动居民收入增长的最主要因素，^① 这都得益于上海市政府推行的相关政策，如上海职工最低工资标准的提高和企业工资指导线带动了居民工资性收入的增长。值得关注的是，上海农村家庭人均可支配收入增长速度更快，"十二五"前四年每年增速均超过 10%，2015 年受经济增长整体放缓影响，农村居民家庭还是实现了 9% 的可支配收入增长。^② 上海农村家庭收入快速增长来自各项收入的全面增长，一方面"十二五"期间城乡一体化进程加快，农村家庭工资性收入、经营性收入、财产性收入增长，如 2014 年上海市发布的《关于推进农村集体经济组织产权制度改革若干意见》，推进农村综合帮扶，进一步完善"造血"机制，多渠道实现农民增收。同时上海继续加大非农就业政策的扶持力度，加强职业技能培训，有利于农村居民工资性收入的增长。另一方面惠农政策和农村社会保障政策的完善，带动转移性收入增长。2011 年以来，上海农村家庭转移性收入年增速均在 15% 以上，最高时接近 20%，在各项收入中增幅最高；农村家庭可支配收入增长，抬高了上海居民收入增长的底部，实现了上海整体居民收入的增长。

从地区纵向分析来看，2011～2015 年全国 31 个省（区、市）居民收入状况评价得分排名较为稳定，但有个别省份相较于"十一五"期间偏向稳定的排名来说，"十二五"期间居民收入评价排名波动较大，如黑龙江和吉林排名有一定程度的下跌，黑龙江由 2011 年的第 10 位下降到第 21 位，吉林则由原来的第 12 位下降到第 17 位。由于黑龙江和吉林两省均属于东北地区，在此仅以下降幅度较大的黑龙江为例，分析这种变化出现的政策动因。一方面，在国民经济稳步增长、经济运行稳中有进的大背景下，"十二五"期间，我国就业稳步增加、居民收入持续增长并逐渐快于 GDP 增速，使得各省份居民收入都呈现稳步增长的趋势，居民收入状况评价得分均有上涨；同时，2015 年年初，除陕西、江西、安徽、内蒙古的收入增长目标基本保持不变外，其余 26 个省（区、市）均不同程度地下调了城乡收入的同比增长目标，其中吉林从 2014 年的"城镇居民人均可支配收入和农民人均纯收

---

① 《上海居民收入增长"底部抬高"》，http：//www. shanghai. gov. cn/nw2/nw2314/nw2315/ nw4411/u21aw1070004. html。

② 《2015 年上海市国民经济和社会发展统计公报》，http：//www. shanghai. gov. cn/nw2/nw2314/ nw2318/nw26434/u21aw1109178. html。

入增长 12%”下调至 2015 年的“城乡居民人均可支配收入分别增长 8.5% 左右”，下调幅度最为明显①。因此，2015 年居民收入状况排名中，除居民收入状况明显优于其他地区的东部地区外，中部地区和东北地区的居民收入状况评价得分差距并不明显，而随着国家推进中部崛起以及中部省份促进经济发展和收入增长的政策的出台和执行，如 2012 年《国务院关于大力实施促进中部地区崛起战略的若干意见》中强调实施更加积极的就业政策、健全最低工资和工资指导线制度、健全社会保障体系。2012 年《湖北省县域经济发展规划（2011－2015 年）》中强调努力实现县域居民收入增长和县域经济发展同步，逐步完善覆盖城乡居民的基本公共服务体系，进一步健全社会保障体系，显著减少贫困人口的总目标等，湖北、湖南、江西、山西等中部地区各省份的居民收入评价排名略有上升。因此，在其他省份排名略有上升的前提下，黑龙江省排名下降也就可以理解了。另一方面，黑龙江省自 2011 年以来，在经济下行压力背景下，GDP 增速逐渐放缓下降，由 2011 年的 12.2% 降到 2014 年的 5.6%，低于全国 GDP 增速，且在各省间排名较靠后；五年来基尼系数分别为 0.34、0.37、0.40、0.41、0.42，呈逐年增长趋势，且在全国 31 个省份中排名逐渐前移（排名越靠前，表明贫富差距越大），说明黑龙江省“十二五”期间的居民收入贫富差距逐渐扩大，这会直接影响到黑龙江省居民收入状况排名的下降。

（二）2011～2015 年我国居民消费状况综合分析

1. 2011～2015 年我国居民消费状况走势

根据本研究所构建的中国经济福祉指标体系，居民消费状况部分共有 3 个指标，分别为城乡居民人均生活消费支出、居民消费价格指数和城乡居民家庭恩格尔系数。2011～2015 年我国居民消费状况部分各评价指标趋势变化如图 6、图 7 所示。

2011～2015 年全国 31 个省（区、市）居民消费状况整体水平呈增长趋势，具体到各个分指标，城乡居民人均生活消费支出由 2011 年的 10079.55

---

① 《26 省下调今年城乡收入增长目标》，http://dz. jjckb. cn/www/pages/webpage2009/html/2015－02/12/content_2133. htm。

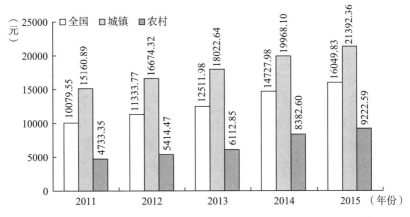

图 6　2011～2015 年居民人均生活消费支出

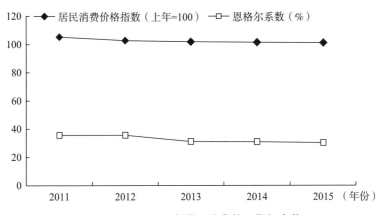

图 7　2011～2015 年居民消费状况指标走势

元上涨到 2015 年的 16049.83 元，其中城镇居民人均生活消费支出由 2011 年的 15160.89 元上涨到 2015 年的 21392.36 元，农村居民人均生活消费支出由 2011 年的 4733.35 元上涨到 2015 年的 9222.59 元，显示出我国居民人均生活消费能力的提升；居民消费价格指数不断下降，由 2011 年的 105.4 下降到 2015 年的 101.44；家庭恩格尔系数指标从 2011 年的 35.62% 下降到 2015 年的 30.64%，表明食品支出占居民家庭总体消费支出的比重越来越低，居民生活水平逐步提高。综上，"十二五"期间我国居民的消费状况不断得到改善。

内需不足，尤其是居民消费需求不足一直是我国经济发展的一个重点问题。"十二五"期间，国家经济运行稳中有进，社会经济向着可循环、可持续的方向发展，国家和地方延续"十一五"期间对扩大内需尤其是消费需求的重视，出台相关政策，使得我国城乡居民经济生活质量尤其是消费水平逐步提高，增强居民消费对经济的拉动作用。如2011年10月25日商务部、财政部、中国人民银行出台《关于"十二五"时期做好扩大消费工作的意见》，明确了扩大消费是"十二五"期间商务工作的重要任务，要求处理好扩大消费规模和优化消费结构的关系，实现消费又好又快发展。同年，商务部公布《商务部关于开展2012年消费促进活动的通知》，对2012年促进消费活动的主题、统筹、组织宣传等工作进行部署。2011年12月的中央政治局会议也把"扩大内需"放在突出位置，明确强调要着力扩大内需特别是消费需求，完善促进消费的政策，努力提高居民消费能力，增加中低收入者收入。[①] 2012年，国务院通过《国内贸易发展"十二五"规划》，突出扩大消费的战略地位，强调充分发挥国内贸易保障消费、引导消费、创造消费的功能。在"互联网＋"背景下，网购作为一种新的经济形态，对刺激消费欲望、释放潜在需求起到了重要作用，正在成为新的消费增长点。国家统计局公布的《2015中国网购用户调查报告》结果显示：如果不选择网购，用户仍会购买的商品（服务）金额占网购消费的78％；剩下的22％是由网购物刺激所新产生的。这种现象就显示了网络购物对居民消费的巨大推动力。2015年，国务院发布了《国务院关于积极推进"互联网＋"行动的指导意见》，强调全面推动互联网消费服务变革，实现中国经济提质增效升级。同年，国务院印发《国务院关于积极发挥新消费引领作用加快培育形成新供给新动力的指导意见》。在中央政策的指导下，各省市的《"十二五"规划纲要》也都把扩大消费需求作为扩大内需的战略重点，强调增强居民消费能力。至2015年，各地纷纷出台相关促进消费政策，如山西省发布《山西省人民政府办公厅关于2015年促进消费增长若干措施的通知》、贵州省出台《贵州省人民政府关于促进消费的指导意见》等，体现出"十二五"规划期间，中央和地方政府对居民消费增长和拉动内需的持续关注。值得注意的是，"十二五"期间我国出台的一系列提高城乡人均收

---

① 《牢牢把握扩大内需这一战略基点》，http://theory.people.com.cn/GB/16620801.html。

入、完善社会保障体系的政策也对扩大居民消费需求起到了一定的推动作用。

居民消费状况综合评价指标包括城乡居民人均生活消费支出、居民消费价格指数和城乡居民家庭恩格尔系数。从 2011 年至今，我国居民人均生活消费支出呈现不断增加的趋势。就全国居民人均消费支出而言，截至 2015 年年底，交通通信支出增长迅猛。2015 年全国居民人均交通通信消费支出 2087 元，比 2013 年增长 28.3%，年均增长 13.3%，快于全国居民人均消费支出年均增速 4.3 个百分点。教育、文化、娱乐消费更加丰富。2015 年全国居民人均教育文化娱乐消费支出 1723 元，比 2013 年增长 23.3%，年均增长 11.0%，快于全国居民人均消费支出年均增速 2.0 个百分点。居民医疗保健消费较快增长。2015 年全国居民人均医疗保健消费支出 1165 元，比 2013 年增长 27.7%，年均增长 13.0%，快于全国居民人均消费支出年均增速 4.0 个百分点，体现出我国居民发展、享受需求持续提高。① 对比城乡居民家庭消费支出，农村居民家庭人均生活消费支出为 9222.6 元，其中消费支出项目排在前五位的分别是食品烟酒支出 3048 元、居住支出 1926.2 元、交通和通信支出 1163.1 元、教育文化娱乐服务支出 969.3 元、医疗保健支出 846 元；城镇居民家庭人均全年消费性支出为 21392.4 元，其中消费支出项目排在前五位的分别是食品烟酒支出 6359.7 元、居住支出 4726 元、交通和通信支出 2895.4 元、教育文化娱乐服务支出 2382.8 元、衣着支出 1701.1 元。可以看出，农村居民家庭人均生活消费支出远远低于城镇居民，仅相当于城镇居民家庭人均生活消费支出的 43.1%，但相较于"十一五"末的 28.65% 的农村城镇比而言，"十二五"末的农村居民家庭人均生活消费能力得到提高，这得益于这一时期国家经济持续健康增长、人民收入水平提高、城乡收入差距逐步缩小。值得注意的是，至"十二五"末，农村居民家庭人均生活消费支出仍然普遍低于城镇居民的现实依然存在，主要原因还是农村居民的收入水平不高，包括工资性收入较低；在物价较高的情况下，农产品价格增长缓慢，经营性收入水平不高；另外，农村社会保

---

① 《居民收入快速增长　人民生活全面提高——十八大以来居民收入及生活状况》，http://www.stats.gov.cn/tjsj/sjjd/201603/t20160308_1328214.html。

障体系依然不健全，医疗、养老等现实需求问题使得农村居民的消费倾向存在后顾之忧等。在城镇居民家庭人均生活消费支出方面，居住支出项目从2010年的第五名上升到2015年的第二名，体现出住房需求以及消费压力的增长。

"十二五"期间，居民消费价格指数基本呈下降的趋势，其中2012年（同2013年）、2014年和2015年这三年年均同比分别下降2.8、0.6和0.56个百分点，说明居民消费价格的涨幅回落，居民消费价格指数不断下降的最基本的原因是经济增长速度在减缓；"十二五"期间，我国经济正延续降温、放缓的总体态势，GDP增速从2012年起开始回落，2015年为6.9%，在国民经济发展新常态背景下，居民消费价格会相应地出现回落；尽管"十二五"期间居民消费价格指数呈持续下降趋势，但仍处于0到3%的正常价格波动区间。

"十二五"期间居民家庭恩格尔系数持续下降，体现出人民生活质量的提高。根据联合国公布的世界各国生活水平划分标准，即一个国家平均家庭恩格尔系数大于60%为贫穷；50%～60%为温饱；40%～50%为小康；30%～40%属于相对富裕；20%～30%为富裕；20%以下为极其富裕。按此划分标准，至"十二五"末，我国逐步从小康社会步入相对富裕社会的阶段。相较于"十一五"，至2015年，居民家庭恩格尔系数在城镇和农村之间尽管仍然存在差距，但呈逐渐缩小的趋势，这也体现出国家在缩小城乡差距和收入分配改革、推行充实农村居民的"钱袋子"的惠农政策以及加快推进农村社会保障等一系列举措取得的成效。

2. 2011～2015年我国居民消费状况区域分析

为进一步考察我国居民消费状况的地区差异，我们考察了东部、东北、中部和西部四大区域2011～2015年居民消费状况。通过表8可以看出，2011～2015年我国各区域居民消费状况综合评价得分均呈上升趋势，总体上从东部沿海到西部内陆逐渐下降。相对而言，东部地区各省份的排名总体上要比其他三个地区靠前，主要原因如下。一是东部地区经济比较发达，2015年，东部地区城镇居民人均可支配收入为37289.67元，而东北、中部和西部地区城镇居民人均可支配收入分别为26743.07元、26788.12元和26087.82元；东部地区农村居民人均可支配收入为16162.88元，而东北、中部和西部地区农村居民人均可支配收入分别为 11492.75 元、10850.50 元和 8914.12 元。东部地区居民人均收入水平高于其他三个地区，而高水平的收入状况又是居民消费的前提和基础。二是东部地区对外开放时间早，居民消费观念比较先进，尽管"十二五"以来，中西部地区经济水平和居民收入提高，但与东部地区仍然存在一定差距，居民的消费观念相对而言较保守。三是东部地区社会保障体系相对于其他三个地区更加完善，在一定程度上能够减少居民消费的后顾之忧。

表 8　2011～2015 年各区域居民消费状况综合评价

	2011 年	2012 年	2013 年	2014 年	2015 年
东部地区	0.3710	0.4093	0.4184	0.4331	0.4443
东北地区	0.3609	0.3972	0.4098	0.4247	0.4314
中部地区	0.3549	0.3970	0.3991	0.4146	0.4259
西部地区	0.3527	0.3903	0.3912	0.4095	0.4209

2011～2015 年在居民消费状况综合评价方面排名前五位的省份都是东部地区省份，只有内蒙古在 2015 年上升到第六名，其余年份东北、中部和西部地区的省份均未进入过前六名。相反，排名后六位的除黑龙江、海南之外都是中西部地区的省份，尤其西部城市居多，这表明我国中西部地区的居民消费状况需要改善，同时消费潜力值得挖掘。2012 年，《国务院关于西部大开发"十二五"规划的批复》公布，通过国家发改委《西部大开发"十二五"规划》，对新形势下深入实施西部大开发做出战略部署，强调地区生产总值和城乡居民收入增速；同年《国务院关于大力实施促进中部地区崛起战略的若干意见》出台，对中部经济发展、城乡居民收入增长和扩大内需的工作做出指示；到"十二五"末，中西部地区经济发展态势良好，居民人均收入不断提高，其消费市场潜力不可忽视。

3. 2011～2015 年我国居民消费状况省际分析

由居民消费状况评价函数，可以得到各省（区、市）居民消费状况综合评价得分及排名结果。从表 9 可以看出，2011～2015 年居民消费状况综合评价结果排名中北京、上海始终稳居前两名，到 2014 年北京超过上海排名第一，但两者的评价得分结果差距较小。紧随其后的是浙江、江苏、天津；排名后几位的省份分别是西藏、贵州、青海、云南和广西。2015年居民消费状况综合评价结果前十名分别是北京、上海、浙江、天津、江苏、内蒙古、广东、辽宁、山西、河北，后五名分别是西藏、青海、贵州、云南和广西。2011～2015年各省（区、市）居民消费状况综合评价结果的分布比较均匀。

表9　2011～2015年各省（区、市）居民消费状况综合评价

地区	2011年	排序	2012年	排序	2013年	排序	2014年	排序	2015年	排序
北京	0.3866	2	0.4219	2	0.4329	2	0.4708	1	0.4755	1
天津	0.3825	3	0.4137	4	0.4168	6	0.4383	4	0.4468	4
河北	0.3543	19	0.3961	19	0.3978	19	0.4207	12	0.4347	10
山西	0.3602	12	0.3992	15	0.3973	20	0.4184	16	0.4355	9
内蒙古	0.3649	9	0.4006	13	0.4043	11	0.4309	5	0.4398	6
辽宁	0.3669	8	0.4011	12	0.4156	7	0.4300	7	0.4369	8
吉林	0.3636	10	0.4023	11	0.4043	11	0.4193	14	0.4260	19
黑龙江	0.3522	24	0.3883	26	0.4096	10	0.4247	9	0.4313	16
上海	0.3964	1	0.4284	1	0.4485	1	0.4586	2	0.4659	2
江苏	0.3707	6	0.4114	5	0.4214	4	0.4304	6	0.4412	5
浙江	0.3769	4	0.4206	3	0.4282	3	0.4398	3	0.4528	3
安徽	0.3528	23	0.3995	14	0.4016	15	0.4159	19	0.4226	23
福建	0.3635	11	0.4042	9	0.4123	9	0.4250	8	0.4318	15
江西	0.3546	18	0.3897	24	0.3972	21	0.4054	26	0.4193	25
山东	0.3684	7	0.4095	6	0.4126	8	0.4200	13	0.4329	14
河南	0.3535	21	0.3973	18	0.3972	21	0.4146	22	0.4251	21
湖北	0.3534	22	0.3933	20	0.3996	18	0.4153	21	0.4256	20
湖南	0.3548	16	0.4031	10	0.4018	14	0.4179	17	0.4273	18
广东	0.3717	5	0.4085	7	0.4208	5	0.4244	10	0.4385	7
广西	0.3472	27	0.3853	28	0.4012	16	0.4045	27	0.4159	27
海南	0.3392	31	0.3791	30	0.3927	25	0.4029	28	0.4233	22
重庆	0.3600	13	0.3975	17	0.4022	13	0.4170	18	0.4281	17
四川	0.3547	17	0.3933	20	0.3940	24	0.4154	20	0.4206	24
贵州	0.3537	20	0.3873	27	0.3923	26	0.4002	30	0.4121	29
云南	0.3582	14	0.3885	25	0.3876	28	0.4029	28	0.4124	28

地区	2011 年	排序	2012 年	排序	2013 年	排序	2014 年	排序	2015 年	排序
西藏	0.3466	28	0.3658	31	0.3658	31	0.3786	31	0.3918	31
陕西	0.3577	15	0.3984	16	0.4010	17	0.4228	11	0.4333	13
甘肃	0.3459	30	0.3904	22	0.3881	27	0.4065	24	0.4173	26
青海	0.3465	29	0.3899	23	0.3817	30	0.4055	25	0.4117	30
宁夏	0.3480	26	0.4064	8	0.3944	23	0.4187	15	0.4334	12
新疆	0.3493	25	0.3805	29	0.3819	29	0.4113	23	0.4343	11

从纵向来看，"十二五"期间各省份居民消费状况综合评价得分结果均呈上涨趋势，《中华人民共和国2015年国民经济和社会发展统计公报》数据显示，2015年全国居民人均消费支出15712元，比上年增长8.4%，扣除价格因素，实际增长6.9%。按常住地分，城镇居民人均消费支出21392元，增长7.1%，扣除价格因素，实际增长5.5%；农村居民人均消费支出9223元，增长10.0%，扣除价格因素，实际增长8.6%，表明"十二五"期间，在我国经济持续健康发展大背景下，居民消费能力得到提高，消费状况得到改善。另外，从各地区居民消费状况综合评价结果排名变化情况来看，新疆、宁夏、海南、河北、黑龙江的居民消费状况综合评价排名的相对水平上升幅度比较大，而云南、贵州、吉林等省份居民消费状况综合评价下降幅度比较大。

"十二五"期间，新疆十分重视挖掘居民消费潜力，出台一系列政策以优化消费环境，大力发挥内需特别是消费需求在崛起中对经济的拉动作用，使得新疆居民消费状况不断改善。到2015年年末，新疆居民人均消费支出为12867.4元，较2011年增长75%，年均增长速度超过GDP增速。居民消费状况的好转离不开政府的相关举措。2011年《新疆维吾尔自治区促进工业转型升级实施方案（2011—2015年）》，大力发展劳动密集型产业、服务业和中小微企业；2012年新疆维吾尔自治区人力资源和社会保障厅发布《关于印发新疆维吾尔自治区2012年企业工资指导线的通知》，建立企业工资增长机制，以带动社会消费品零售总额增长。2012年以来新疆维吾尔自治区先后发布了《关于当前养老保险几个具体问题的通知》《城乡养老保险制度衔接暂行办法》《关于进一步加强和改进最低生活保障工作的意见》

《自治区社会保险补贴办法》等。这些政策已经初见成效，2011～2015年新疆社会消费品零售总额分别增长17.5%、15.5%、13.4%、11.8%和7.0%，平均保持每年13.04个百分点的高增长率。新疆通过完善消费政策，优化消费环境，加强市场监管，增强了居民的消费信心，从而提升了居民的消费水平。再以海南省为例，2011～2015年海南省的居民消费状况稳步改善，城乡居民人均生活消费支出由2011年的8256.50元增长到2015年的13853.49元，实现年均高于13%的增长率，居民消费潜力巨大；同时居民消费价格指数也由2011年的106.1下降到2015年的101，表明物价得到一定控制。2011年，海南省"十二五"规划中强调建立扩大消费需求长效机制。采取家电、汽车、摩托车、建材下乡等有效措施，提高农村居民消费水平。创造条件增加城乡居民财产性收入，形成良好的居民消费预期。2011年4月，海南省开始实施离岛旅客免税购物政策试点，进一步释放旅游消费的能力，实现转方式、调结构、促发展，增强海南旅游的吸引力，同时也给海南居民消费带来动力。在物价调控方面，2011年将价格调节基金作为重大民生工程来抓，以发挥好扶持生产、调控市场、稳定价格、补贴困难群体的作用。到2015年，海南省全年实现社会消费品零售总额1325.1亿元，比上年增长8.2%，比2011年增长85%。从黑龙江省的情况来看，2011年以来，城乡居民人均生活消费支出由8996.37元增长到2015年的13542.71元，年均增速超过10%；且居民消费价格指数由105.8下降到2015年的101.1，恩格尔系数由36.3%下降到2015年的27.6%，表明居民消费增长，消费质量提高。2011年以来，黑龙江省政府本着稳增长、稳物价的政策目标，继续完善城乡消费市场体系，积极落实"家电下乡"等扩大消费政策，城乡居民消费增长加快，城乡消费差距不断缩小，城乡消费市场繁荣活跃。

居民人均消费状况评价得分下降幅度最大的云南省，在"十二五"时期经济下行压力加大背景下，其总体经济增长势头仍保持良好，如2015年全省生产总值（GDP）达13717.88亿元，比上年增长8.7%，高于全国1.8个百分点。但在居民人均消费状况具体指标中，与其他排名靠前的省份仍有一定差距；特别是2013年以来，云南省居民人均消费指标有较大幅度的波动。具体来说，云南省2013～2015年城乡居民人均消费支出均较低，如

2015 年为 11529.21 元，仅高于西藏自治区、贵州省和甘肃省，排名全国倒数。而 2015 年居民消费价格指数为 101.9，仅低于青海省、上海市、西藏自治区，表明物价上涨幅度较其他省份高，且居民家庭恩格尔系数也在比重较高的前十位。"十二五"期间，贵州省居民人均消费状况排名也有一定程度的下降，主要是因为其城乡居民人均生活消费支出在全国各省份间一直较低，均排名倒数第二，说明居民消费支出较低，尤其是农村消费动力不足，而这一指标在消费指标中主观权重最高，因此，在其他各省份消费状况基本得到改善的前提下，其总体的排名可能会有所下降。

（三）2011～2015年我国居民劳动就业状况综合评价

1. 2011～2015我国居民劳动就业状况的整体走势

根据本研究所构建的中国居民经济福祉指标体系，劳动就业部分共有 3 个指标，分别为城镇登记失业率、第三产业增加值占 GDP 的比重、工资收入占 GDP 的比重。2011～2015 年我国居民劳动就业部分各评价指标的趋势变化如图 8 所示。

图 8 2011～2015 年我国居民劳动就业部分各评价指标的趋势

以时间为轴，2011～2015 年我国居民劳动就业部分指数总体呈上升趋势。具体到各个分指标，城镇登记失业率整体趋势较为平稳，从 2011 年的 4.10%下降到 2015 年的 4.05%；第三产业增加值占 GDP 的比重逐年上升，从 2011 年的 43.35%上升到 2015 年的 50.40%，上升了 7.05 个百分点；工资收入占 GDP 的比重尽管略有波动，但到 2015 年仍从 2011 年的 12.68%上升到 16.34%。因此，总体而言，"十二五"期间我国居民劳动就业状况不断得到改善。

"十二五"期间，我国各地区居民劳动就业指数基本上呈小幅上升的趋势，这与国家重视解决劳动就业问题、积极采取改进措施密切相关。国务院 2012 年出台《促进就业规划（2011－2015 年）》，要求落实就业优先战略、着力发展吸纳就业能力强的产业和企业、以创业带动就业、发展家庭服务业促进就业，实施更加积极的就业政策，统筹做好城乡、重点群体就业工作，大力开发人力资源，加强人力资源市场建设，加强失业预防调控、健全劳动关系协调机制和企业工资分配制度。2013 年 7 月，人社部印发《关于实施离校未就业高校毕业生就业促进计划的通知》，实名登记、提供精细化职业指导、提供有针对性的创业服务等 9 项措施的实施，让离校未就业的毕业生离校不断线、服务不间断。2014 年 5 月，人社部等 9 个部门下发了《关于实施大学生创业引领计划的通知》。这是首次从国家层面出台的促进大学生创业计划。2014 年 11 月，人社部等部门出台了《关于失业保险支持企业稳定岗位有关问题的通知》，给予兼并重组、化解产能、淘汰落后产能的企业稳岗补贴。2015 年 3 月，人社部、财政部联合下发了《关于调整失业保险费率有关问题的通知》，决定从 2015 年 3 月 1 日起，失业保险费率暂由 3% 降至 2%，以减轻企业负担。2015 年 4 月《国务院关于进一步做好新形势下就业创业工作的意见》出台，强调深入实施就业优先战略、培育大众创业、促进大学生等重点群体的就业、加强就业服务和培训化解就业结构性矛盾。2015 年 6 月，国务院印发《关于支持农民工等人员返乡创业的意见》和《关于大力推进大众创业万众创新若干政策措施的意见》，对农民工创业给予政策支持和鼓励大众创业。到 2015 年，全国就业人员达77451 万人，其中城镇就业人员为 40410 万人。全年城镇新增就业 1312 万人。全国农民工总量为 27747 万人，比上年增长 1.3%。其中，外出农民工达 16884 万人，增长 0.4%；本地农民工为 10863 万人，增长 2.7%①，实现就业状况的改善。

---

① 《2015 年国民经济和社会发展统计公报》，http://www.stats.gov.cn/tjsj/zxfb/201602/t20160229_1323991.html。

　　第三产业作为国民经济的重要组成部分，已经成为带动经济增长的主要动力，它反映了一个国家或地区所处的经济发展阶段，反映了经济发展的总体水平，其发展水平已成为衡量一个国家综合经济实力和现代化程度的重要标志。2012年，《服务业发展"十二五"规划》出台，强调加快发展生产性服务业，大力发展生活性服务业。同年，国务院发布《国务院关于深化流通体制改革加快流通产业发展的意见》，加快推进流通产业改革发展。2013年以来，国家相继出台《关于印发中央财政促进服务业发展专项资金管理办法的通知》《国务院关于加快发展养老服务业的若干意见》《国务院关于促进信息消费扩大内需的若干意见》《国务院关于促进健康服务业发展的若干意见》《关于金融支持经济结构调整和转型升级的指导意见》《国务院办公厅关于政府向社会力量购买服务的指导意见》《国务院关于推进文化创意和设计服务与相关产业融合发展的若干意见》《国务院关于进一步促进资本市场健康发展的若干意见》《国务院关于加快发展现代保险服务业的若干意见》《国务院关于促进旅游业改革发展的若干意见》《国务院关于加快发展生产性服务业促进产业结构调整升级的指导意见》等政策文件，促进第三产业发展。2011～2015年我国第三产业增加值占GDP的比重不断提高，截至2015年年底，第三产业增加值为341567亿元，增长8.3%，国内生产总值为676708亿元，第三产业增加值比重为50.5%，首次突破50%，表明中国经济发展进入一个新的时期，从投入型发展经济阶段进入效率推动型发展经济阶段。

　　党的十八大报告强调要逐步提高居民收入在国民收入分配中的比重，提高劳动报酬在初次分配中的比重。"十二五"规划强调我国最低工资标准年均增长13%以上，绝大多数地区最低工资标准将达到当地城镇从业人员平均工资的40%以上。2011年以来，各省不断上调最低工资标准。另外，国家积极推行税制改革，如实施"营改增"试点，降低企业税负。国务院颁布的《促进就业规划（2011–2015年）》也明确提出六大发展目标和八大措施以促进更多劳动者就业，提高劳动者就业收入等。2011～2015年我国居民工资收入不断增长，工资收入占GDP的比重也在不断提高，截至2015年底，我国城镇居民工资收入总额为112007.8亿元，国内生产总值为676708亿元，工资收入占GDP的比重超过16%。工资收入占GDP的比重反映的是在整个国民收入的分配中劳动报酬所占的份额，通过这个比值可以看清整个社会财富的构成状况。

2. 2011～2015年我国居民劳动就业状况区域分析

为进一步考察我国居民劳动就业状况的地区差异，我们将东部、东北、中部和西部四大区域在2011～2015年的居民劳动就业状况综合评价得分进行了统计。通过表10可以看出，与居民收入状况和消费状况相比，2011～2015年各省（区、市）居民劳动就业状况综合评价结果延续了"十一五"期间的发展状况。东部地区居民劳动就业状况综合评价结果依然领先于其他三个地区，西部和中部地区分别排名第二和第三位，东北地区排在最后。

表10　2011～2015年各区域居民劳动就业状况综合评价

	2011年	2012年	2013年	2014年	2015年
东部地区	0.8135	0.8191	0.8272	0.8296	0.8323
东北地区	0.7828	0.7862	0.7917	0.7936	0.7974
中部地区	0.7862	0.7912	0.7991	0.8026	0.8071
西部地区	0.7974	0.8036	0.8117	0.8133	0.8210

"十二五"期间，《促进就业规划（2011－2015年）》强调加强分类指导，推动东部地区加快产业升级和经济结构调整，提高就业质量；指导中西部地区结合产业的梯次转移，引导更多的劳动力就地就近转移就业。重视解决少数民族地区和贫困地区的就业问题，给予政策倾斜，支持其发展经济扩大就业。中西部地区认真贯彻落实中央宏观调控政策，坚持把就业工作放在经济社会发展优先位置；随着西部大开发战略的深入实施，西部地区经济快速发展，区域经济的快速发展必然带动就近就业。而东部地区经济发展正处于转型时期，中西部地区通过承接东部地区产业转移的企业，就业人数快速增长；同时中西部地区农村劳动力在省内转移就业呈明显增长趋势，出省就业人员明显减少。如湖北省2015年全年城镇新增就业人员86.6万人，有32.4万名失业人员实现再就业，其中，困难群体再就业15.7万人。全年消除零就业家庭1444户，实现就业的零就业家庭人数为1595人。期末城镇登记失业人数为33.4万人，城镇登记失业率为2.6%，低于4.5%的控制目标。人力资源和社会保障部门组织农村劳动力转移就业38.4

万人。另外，中西部地区城镇化水平快速提高，城镇就业人数快速增长。到2015年，全国城镇人口比重为56.1%，增长4.83个百分点。同期甘肃、陕西、贵州的城镇人口比重增长快于全国，分别增加了6.04、6.62、6.53个百分点。同时，中西部地区城镇就业人数快速增加，如2015年重庆城镇新增就业人员71.82万人；城镇登记失业人员实现就业27.71万人，比上年增长3.5%；累计农村劳动力非农就业810.3万人；年末城镇登记失业率为3.6%；年末高校应届生就业率达到95.2%。2011~2015年居民劳动就业状况综合评价结果表明，未来我国劳动就业需求的增长主要由中西部拉动，中西部地区经济的高增长使得劳动力岗位需求与求职均从东部向中西部地区转移。

3. 2011~2015年我国居民劳动就业状况省际分析

由居民就业状况评价函数，可以得到各省居民劳动就业状况部分的综合评价结果及排名（见表11）。从各地区的横向比较来看，在2011~2015年我国各省（区、市）居民劳动就业状况综合评价结果排名中，北京、上海、西藏、甘肃、新疆和广东排名比较靠前，而河北、内蒙古、湖南、四川、吉林和黑龙江排名比较靠后。2015年居民劳动就业状况综合评价结果前十名分别是北京、西藏、上海、甘肃、新疆、广东、海南、浙江、山西和贵州，后五名分别是湖南、内蒙古、河北、吉林和黑龙江。

通过对表11中的数据进一步分析可以发现，2011~2015年各省（区、市）居民劳动就业综合评价结果的分布比较均匀。以2015年的数据为例，除北京外，其他省份居民劳动就业综合评价得分均在0.78~0.89，这说明在居民劳动就业方面，各省（区、市）总体差别较小。

表11　2011~2015年各省（区、市）居民劳动就业状况综合评价

地区	2011年	排序	2012年	排序	2013年	排序	2014年	排序	2015年	排序
北京	0.9168	1	0.9269	1	0.9339	1	0.9362	1	0.9415	1
天津	0.8022	10	0.8051	12	0.8075	14	0.8076	15	0.8114	16
河北	0.7751	30	0.7798	29	0.7823	30	0.7861	29	0.7912	29
山西	0.8019	11	0.8119	10	0.8201	10	0.8198	10	0.8249	9
内蒙古	0.7736	31	0.7764	31	0.7827	29	0.7849	30	0.7860	30
辽宁	0.7847	22	0.7879	22	0.7972	21	0.7964	25	0.7989	25

续表

地区	2011 年	排序	2012 年	排序	2013 年	排序	2014 年	排序	2015 年	排序
吉林	0.7790	27	0.7810	28	0.7885	28	0.7935	27	0.7962	28
黑龙江	0.7848	21	0.7896	20	0.7893	27	0.7909	28	0.7971	27
上海	0.8329	3	0.8498	2	0.8542	3	0.8595	2	0.8632	3
江苏	0.7847	22	0.7875	23	0.8132	11	0.8167	11	0.8171	11
浙江	0.8099	7	0.8180	6	0.8207	9	0.8243	8	0.8262	8
安徽	0.7826	25	0.7865	25	0.7969	23	0.8000	22	0.8036	23
福建	0.7963	14	0.8018	14	0.8037	16	0.8046	18	0.8038	21
江西	0.7895	17	0.7938	18	0.8019	18	0.8025	20	0.8068	18
山东	0.7851	20	0.7883	21	0.7972	21	0.7971	23	0.7981	26
河南	0.7862	19	0.7926	19	0.7995	20	0.8056	16	0.8095	17
湖北	0.7809	26	0.7846	26	0.7959	25	0.8049	17	0.8132	14
湖南	0.7760	29	0.7775	30	0.7804	31	0.7828	31	0.7843	31
广东	0.8079	8	0.8120	9	0.8331	5	0.8360	5	0.8377	6
广西	0.7841	24	0.7867	24	0.7943	26	0.7971	23	0.8056	20
海南	0.8243	4	0.8221	4	0.8262	6	0.8280	7	0.8332	7
重庆	0.7975	13	0.8038	13	0.8110	12	0.8139	12	0.8134	13
四川	0.7787	28	0.7832	27	0.7968	24	0.7961	26	0.8021	24
贵州	0.8102	6	0.8179	7	0.8226	8	0.8203	9	0.8207	10
云南	0.7938	15	0.7970	17	0.8023	17	0.8015	21	0.8064	19
西藏	0.8330	2	0.8399	3	0.8544	2	0.8526	3	0.8895	2
陕西	0.7929	16	0.7988	15	0.8068	15	0.8084	14	0.8125	15
甘肃	0.8040	9	0.8162	8	0.8342	4	0.8394	4	0.8510	4
青海	0.7992	12	0.8057	11	0.8084	13	0.8117	13	0.8157	12
宁夏	0.7865	18	0.7984	16	0.8011	19	0.8035	19	0.8037	22
新疆	0.8150	5	0.8192	5	0.8261	7	0.8305	6	0.8459	5

从各地区居民劳动就业状况综合评价结果变化情况来看，"十二五"期间各省份居民劳动就业状况评价得分呈增长趋势，说明各省份的居民劳动就业状况得到改善。其中，西藏、甘肃、江苏、湖北和新疆的评价得分上涨较快。而从各地区居民劳动就业状况综合评价结果的排名来看，湖北和

江苏的居民劳动就业综合评价的相对水平上升幅度比较大，比如湖北 2011 年排名第 26 位，2015 年上升至第 14 位；江苏 2011 年排名第 22 位，2015 年上升至第 11 位。相反，福建、山东、黑龙江和天津的居民劳动就业综合评价的相对水平下降幅度比较大，福建由 2011 年的第 14 位下降到 2015 年的第 21 位；山东由 2011 年的第 20 位下降到 2015 年的第 26 位；黑龙江由 2011 年的第 21 位下降到 2015 年的第 27 位；天津由 2011 年的第 10 位下降到 2015 年的第 16 位。

在此仅以居民劳动就业综合评价相对得分和排名上升幅度较大的湖北省为例，对排名出现较大变化的原因加以分析。"十二五"期间，湖北省的就业状况得到很大的改善，具体到各指标，城镇登记失业率由 2011 年的 4.1% 下降到 2015 年的 2.6%；工资收入占 GDP 的比重由 2011 年的 11% 上涨到 2015 年的 13%；第三产业增加值占 GDP 的比重由 2011 年的 37% 上涨到 2015 年的 43%，说明到"十二五"末，湖北省的失业得到控制，居民就业得到推动，这也与政府出台的相关政策分不开。2011 年以来，湖北省陆续出台相关政策促进居民就业。2011 年《湖北省经济和社会发展第十二个五年规划纲要》首次提出把充分就业作为经济社会发展的优先目标，实施更加积极的就业政策，多渠道多层次开发就业岗位，千方百计扩大就业规模；同时首次提出要加大政策支持和服务保障力度，促进城乡各类劳动者自主创业带动就业；强调重点做好高校毕业生就业工作，鼓励和引导其到基层、中小企业和非公有制企业就业，鼓励科研机构等吸纳高校毕业生就业。2012 年《湖北省人力资源和社会保障事业发展"十二五"规划》发布，对城镇新增就业、农业富余劳动力转移就业、城镇登记失业率、最低工资标准年均增长和各项社会保障制度等目标做出部署。为实现发展目标，"十二五"时期，湖北省实施"农家乐"创业扶持工程、公共就业技能培训基地建设工程、人力资源服务中心建设工程、人社信息化建设工程等 12 项工程项目。2012 年湖北省政府发布《湖北省人民政府关于加强职业培训促进就业的实施意见》，出台职业培训补贴等政策，全面提高劳动者职业技能水平，加快技能人才队伍建设。2013 年《湖北省基本公共服务体系"十二五"规划》出台，着力劳动就业服务建设，完善积极就业政策，统筹城乡就业的市场导向机制逐步健全，统一规范的公共就业服务体系初步建立，面向全体劳动者的职业技能培训制度基本形成。2015 年 1 月，湖北省发布《省人民政府关于加快服务业发展的若干意见》，加快推动全省服务业发展，促进经济结构调整优化升级，推动居民就业和人民生活水平的提高。到 2015 年，全年城镇新增就业人员 86.6 万人，有 32.4 万名失业人员实现再就业，其中，困难群体再就业 15.7 万人。全年消除零就业家庭 1444 户，实现就业的零就业家庭人数为 1595 人。期末城镇登记失业人数为 33.4 万人，城镇登记失业率为 2.6%，低于 4.5% 的控制目标。人力资源和社会保障部门组织农村劳动力转移就业 38.4 万人。全省新增高校应届毕业生 42.15 万人，截至 2015 年 9 月 1 日，全省高校应届毕业生平均就业率为 92.22%[①]。

江苏省在"十二五"期间，工资收入占 GDP 的比重从 2011 年的 7% 上升到 2015 年的 15%，第三产业增加值占 GDP 的比重从 2011 年的 42% 上升到 2015 年的 49%，说明其居民劳动就业状况得到较大改善。2011 年，《江苏省人民政府关于进一步加强普通高等学校毕业生就业工作的通知》出台，完善和落实促进高校毕业生就业创业的扶持政策，不断拓展高校毕业生就业领域；2012 年，江苏省出台《关于认真贯彻促进就业规划（2011—2015）的实施意见》，深入实施就业优先战略，加大公共投资拉动就业、推动经济转型扩大就业、促进以创业带动就业、发展家庭服务业促进就业；全面落实更加积极的就业政策，加强对困难群体的就业援助，推进农业富余劳动力转移就业，推进农业富余劳动力转移就业等。到 2015 年年末，江苏省就业人口达 4758.5 万人，第一产业就业人口为 875.56 万人，第二产业就业人口为 2046.16 万人，第三产业就业人口为 1836.78 万人。城镇地区就业人口为 3076.22 万人，城镇登记失业率为 3.0%；促进失业人员再就业 77.74 万人，其中就业困难人员就业 13.34 万人；新增农村劳动力转移 20.97 万人[②]。

居民劳动就业状况综合评价下降幅度最大的福建省，主要受到以下因素的影响：受居民劳动就业状况具体指标影响，2014～2015 年福建省城镇登记失业率呈增长状态，由 3.5% 增长到 3.7%，且连续两年排名全国前十

---

① 《2015 年湖北省人力资源和社会保障事业发展统计公报》，http://www.hb.hrss.gov.cn/html/tjsj/20160822/22974.html。

② 《2015 年江苏省国民经济和社会发展统计公报》，http://www.jssb.gov.cn/tjxxgk/xwyfb/tjgbfb/sjgb/201602/t20160229_277995.html。

位，说明居民失业情况较为严重；另外，在第二产业增加值占 GDP 的比重指标上，2015 年福建省为 42%，较上年增长较慢，且在全国排名后十位，表明第三产业对居民就业的带动力有待增加。

（四）2011～2015年各省（区、市）居民经济福祉综合评价

1. 2011～2015年中国经济福祉的整体走势

由经济福祉综合评价函数，可以得到各有关省份经济福祉综合得分以及排序。通过表 12 可以看出，我国各省份经济福祉趋于稳定，居民收入状况、消费状况和劳动就业状况向着可持续的方向发展和改善。"十二五"期间中国经济福祉的改善主要体现在以下几个方面。

第一，城乡居民可支配收入快速增长，收入差距逐渐缩小。"十二五"期间全国居民收入年均增长率快于 GDP 增长。2015 年全国居民人均可支配收入为 21966 元，比 2012 年增长 33.0%，扣除价格因素，实际增长 25.4%，年均实际增长 7.8%，居民收入年均实际增速快于同期人均 GDP 年均增速。其中，城镇居民人均可支配收入为 31195 元，比 2012 年增长 29.3%，扣除价格因素，实际增长 21.8%，年均实际增长 6.8%；农村居民人均可支配收入为 11422 元，比 2012 年增长 36.1%，扣除价格因素，实际增长 28.3%，年均实际增长 8.7%。农村居民人均可支配收入年均实际增速高于城镇居民 1.9 个百分点。按照城乡同口径人均可支配收入计算，2015 年城乡居民人均收入之比为 2.73∶1，比 2013 年下降 0.08。地区间居民收入相对差距不断下降。收入水平较低的西部地区居民人均可支配收入增速最快，2013 年以来，西部地区居民人均可支配收入年均增速为 10.1%，比中部地区高 0.2 个百分点，比东部地区高 0.9 个百分点，比东北地区高 1.7 个百分点。东部与西部、东部与中部地区人均收入比值分别比 2013 年缩小 0.03 和 0.02。由于居民收入城乡间、地区间差距均有缩小，2015 年全国居民人均可支配收入基尼系数为 0.462，比 2012 年下降了 0.012，居民总体收入差距继续缩小[1]。

---

[1] 《居民收入快速增长　人民生活全面提高——十八大以来居民收入及生活状况》，http://www.stats.gov.cn/tjsj/sjjd/201603/t20160308_1328214.html。

表12　2011～2015年各省（区、市）经济福祉综合评价

地区	2011 年	排序	2012 年	排序	2013 年	排序	2014 年	排序	2015 年	排序
北京	3.4255	1	3.4991	1	3.5482	1	3.6646	1	3.7161	1
天津	3.2503	3	3.3150	3	3.3503	3	3.3828	3	3.4143	4
河北	3.0348	17	3.0934	18	3.1093	19	3.1596	16	3.1959	17
山西	3.0345	18	3.0997	15	3.1212	14	3.1667	12	3.2064	13
内蒙古	3.0412	16	3.0887	20	3.1056	20	3.1628	15	3.1981	15
辽宁	3.0990	7	3.1383	10	3.1609	10	3.2139	8	3.2555	8
吉林	3.0576	12	3.1004	13	3.1102	18	3.1527	19	3.1777	22
黑龙江	3.0608	11	3.1003	14	3.1189	16	3.1458	22	3.1718	23
上海	3.3857	2	3.4733	2	3.5346	2	3.6054	2	3.6505	2
江苏	3.1317	6	3.1980	6	3.2538	6	3.2905	6	3.3326	6
浙江	3.2201	4	3.2953	4	3.3277	4	3.3819	4	3.4382	3
安徽	3.0207	20	3.0894	19	3.1184	17	3.1567	18	3.1872	19
福建	3.0966	8	3.1778	7	3.2205	7	3.2450	7	3.2758	7
江西	3.0495	13	3.1050	11	3.1351	11	3.1648	13	3.2034	14
山东	3.0817	9	3.1495	8	3.1833	8	3.2003	10	3.2375	10
河南	3.0280	19	3.0964	16	3.1201	15	3.1590	17	3.1878	18
湖北	3.0425	14	3.1008	12	3.1307	12	3.1860	11	3.2164	11
湖南	3.0176	21	3.0837	21	3.1004	23	3.1527	19	3.1797	21
广东	3.1554	5	3.2313	5	3.2955	5	3.3022	5	3.3500	5
广西	2.9790	27	3.0462	26	3.0946	24	3.1194	26	3.1498	27
海南	3.0415	15	3.0960	17	3.1280	13	3.1642	14	3.2099	12
重庆	3.0746	10	3.1418	9	3.1743	9	3.2059	9	3.2377	9
四川	3.0127	23	3.0718	23	3.1006	22	3.1299	25	3.1649	25
贵州	2.9698	28	3.0321	27	3.0628	27	3.0873	28	3.1149	30
云南	2.9659	29	3.0249	30	3.0522	30	3.0781	31	3.1181	29
西藏	2.9933	24	3.0289	28	3.0548	29	3.0831	30	3.1506	26
陕西	2.9905	25	3.0675	24	3.1055	21	3.1491	21	3.1827	20
甘肃	2.9575	31	3.0279	29	3.0560	28	3.1087	27	3.1477	28
青海	2.9658	30	3.0198	31	3.0186	31	3.0849	29	3.1032	31
宁夏	2.9847	26	3.0773	22	3.0897	25	3.1427	23	3.1710	24
新疆	3.0160	22	3.0587	25	3.0721	26	3.1426	24	3.1961	16

第二，城乡居民消费水平大幅度提高，发展、享受需求持续提高。2015年全国居民人均消费支出达到15712元，比2013年增长18.8%，扣除价格因素，实际增长14.9%，年均实际增长7.2%。2015年城镇居民人均消费支出为21392元，比2013年增长15.7%，扣除价格因素，实际增长11.6%，年均实际增长5.6%；农村居民人均消费支出为9223元，比2013年增长23.2%，扣除价格因素，实际增长19.5%，年均实际增长9.3%。农村居民人均消费支出年均实际增速高于城镇居民人均消费支出增速3.7个百分点。另外，"十二五"期间，恩格尔系数持续下降。2015年全国居民食品烟酒支出占消费支出的比重，即恩格尔系数，从2013年的31.2%下降至30.6%。城镇居民恩格尔系数从2013年的30.1%下降至2015年的29.7%，农村居民恩格尔系数从2013年的34.1%下降至2015年的33.0%。而2015年全国居民人均交通通信消费支出2087元，比2013年增长28.3%，年均增长13.3%，高于全国居民人均消费支出年均增速4.3个百分点。教育、文化、娱乐消费更加丰富。2015年全国居民人均教育文化娱乐消费支出1723元，比2013年增长23.3%，年均增长11.0%，高于全国居民人均消费支出年均增速2.0个百分点。居民医疗保健消费较快增长。2015年全国居民人均医疗保健消费支出1165元，比2013年增长27.7%，年均增长13.0%，高于全国居民人均消费支出年均增速4.0个百分点。

第三，就业规模不断扩大，居民劳动就业状况得到改善。2015年年末全国就业人员达77451万人，比上年末增加198万人；其中城镇就业人员为40410万人，比上年末增加1100万人。全国就业人员中，第一产业就业人员占28.3%；第二产业就业人员占29.3%；第三产业就业人员占42.4%。2015年全国农民工总量达27747万人，比上年增加352万人，其中外出农民工为16884万人。全年城镇新增就业人数为1312万人，城镇失业人员再就业人数为567万人，就业困难人员就业人数为173万人。年末城镇登记失业人数为966万人，城镇登记失业率为4.05%。全年全国共帮助5.7万户零就业家庭实现每户至少一人就业，组织2.6万名高校毕业生到基层从事"三支一扶"服务。①

---

① 《2015年度人力资源和社会保障事业发展统计公报》，http://www.mohrss.gov.cn/SYrlzyhsh-bzb/dongtaixinwen/buneiyaowen/201605/t20160530_240967.html。

第四，服务业发展加快，产业结构持续改善。2015 年国内生产总值达676708 亿元，比上年增长 6.9%。其中，第一产业增加值为 60863 亿元，增长 3.9%；第二产业增加值为 274278 亿元，增长 6.0%；第三产业增加值为 341567 亿元，增长 8.3%。第一产业增加值占国内生产总值的比重为 9.0%，较 2011 年降低 1.1%；第二产业增加值比重为 40.5%，较 2011 年降低 6.3%；第三产业增加值比重为 50.5%，首次突破 50%，较 2011 年增长 7.4%。

第五，区域发展的协调性增强，差距相对逐步缩小。中西部地区加快发展，经济总量和投资占全国的比重持续上升，区域发展呈现协调性增长的趋势。2015 年固定资产投资分区域看，东部地区投资 232107 亿元，比上年增长 12.4%；中部地区投资 143118 亿元，增长 15.2%；西部地区投资 140416 亿元，增长 8.7%；但东北地区投资 40806 亿元，下降 11.1%，经济有一定的下滑，后续会着重进行解释。

"十二五"期间，各级政府坚持以科学发展观为指导，加快转变经济发展方式和经济结构战略性调整，经济社会平稳快速发展，同时更加重视民生改善和社会事业建设，居民收入状况、消费状况和劳动就业状况大幅改善，居民经济生活质量明显改善，实现发展成果由人民共享。

2. 2011～2015 年中国经济福祉区域分析

为进一步考察经济福祉的地区差异，我们将东部、东北、中部和西部四大区域在 2011～2015 年的经济福祉综合评价得分进行了统计（见表 13），并得出各区域经济福祉综合评价得分差距的走势（见图 9）。

表 13　2011～2015 年居民经济福祉综合评价区域得分

	2011 年	2012 年	2013 年	2014 年	2015 年
东部地区	3.1823	3.2529	3.2951	3.3397	3.3821
东北地区	3.0725	3.1130	3.1300	3.1708	3.2017
中部地区	3.0321	3.0958	3.1210	3.1643	3.1968
西部地区	2.9959	3.0571	3.0822	3.1245	3.1612

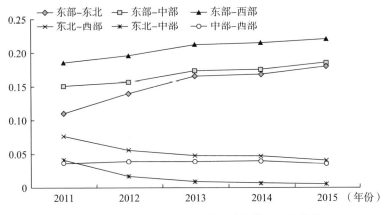

图 9　2011～2015 年四大区域经济福祉差距及趋势

从表 13 来看，各区域居民经济福祉得分总体呈现不断增长的趋势，但东部、东北、中部、西部地区依次递减。东部地区的得分明显高于其他地区。其次是东北地区和中部地区，这两个地区的居民经济福祉虽然落后于东部地区，但与西部地区相比具有领先的优势，而且在所有四个区域中，只有这两个地区差距比较小。居民经济福祉得分最低的是西部地区。这说明我国居民经济福祉从东部沿海到西部内陆呈现逐渐下降的趋势。"十二五"期间，国家坚持把实施西部大开发战略放在区域发展总体战略的优先位置，给予特殊政策支持；全面振兴东北地区等老工业基地，支持东北地区传统优势产业改造升级；大力促进中部地区崛起，研究制定符合中部地区特点的新的政策措施。到"十二五"末，东北、中部及西部地区间差距逐渐缩小。

3. 2011～2015 年中国经济福祉省际分析

从各地区的横向比较来看，2011～2015 年我国各省（区、市）经济福祉综合评价结果排名中，北京市、上海市、天津市、浙江省、广东省和江苏省排名始终比较靠前，而青海省、云南省、贵州省、甘肃省排名比较靠后。2015 年居民经济福祉综合评价结果前十名分别是北京市、上海市、浙江省、天津市、广东省、江苏省、福建省、辽宁省、重庆市和山东省，后五名分别是青海省、贵州省、云南省、甘肃省和广西壮族自治区。

2011～2015 年各省（区、市）经济福祉综合评价结果的分布比较均匀，呈稳定增长趋势。以 2015 年的数据为例，居民经济福祉综合评价得分均在

3以上，为3.10～3.72。这说明对大多数省份而言，居民经济福祉的差距在不断缩小。各省份的居民经济福祉综合评价均呈上升趋势，其中增长最多的是北京市、上海市、浙江省和江苏省，增长值都在0.2以上，且都是东部地区省份；增长最慢的是黑龙江省、吉林省、青海省、贵州省和四川省，但增长值也在0.11以上。总体而言，"十二五"期间，我国各地区居民经济福祉得到改善。从各地区居民经济福祉综合评价排名变化情况来看，黑龙江省和吉林省的居民经济福祉相对水平下降幅度比较大，其中黑龙江省由2011年的第11位下降到2015年的第23位；吉林省由2011年的第12位下降到2015年的第22位。而新疆维吾尔自治区、陕西省和山西省的居民经济福祉相对水平上升幅度比较大，新疆维吾尔自治区2011年排名第22位，2015年上升至第16位；陕西省2011年排名第20位，2015年上升至第15位；山西省2011年排名第18位，2015年上升至第13位。

在此以居民福祉综合评价排名上升较快的陕西省为例，尝试分析出现这种变动的政策动因。2012年《陕西省人民政府关于印发2012年国民经济和社会发展计划的通知》，对"十二五"期间的经济发展工作做出总体部署，强调全力以赴扩大内需保增长、努力保持物价总水平基本稳定、加快推动经济结构调整和着力保障和改善民生。2013年陕西省商务系统围绕"扩消费、调结构、保增长"的发展思路，全省消费市场呈现总体平稳、稳中向好的发展态势。前三季度，全省实现社会消费品零售总额3519.4亿元，同比增长13.6%，增速位列全国第5①。同年，省政府通过《陕西省就业援助办法》，组织开展多种形式的就业援助，帮助就业困难人员实现就业。2015年，陕西省出台在全省范围内推广"购房落户"政策等20条促消费稳增长的措施，并出台《陕西省人民政府关于促消费稳增长的若干意见》。"十二五"时期，陕西省城乡居民收入年均增长达到11.5%的较高水平，是陕西省历史上城乡居民收入保持持续较快增长最好的时期之一。同时，2015年全省实现生产总值18171.86亿元，比上年增长8%，高于全国1.1个百分点，增速较前三季度、上半年和一季度分别加快0.4、0.7和1.1个百分点。

---

① 《陕西省各地出台政策措施促进消费品市场增长》，http://www.gov.cn/gzdt/2013－12/03/content_2540985.htm。

总体而言，2011～2015 年，陕西省居民经济福祉增长势头良好。

而居民经济综合评价指数下降幅度较大的吉林省、黑龙江省均属于东北地区，从 2013 年起，东北地区经济增长呈现明显减速趋势。2013 年，黑、吉、辽三省在全国 31 个省份的 GDP 增速排行中全都位于后 10 名。从整体上看，东北三省经济增速均低于 7.4% 的全国平均水平。东北地区经济增速下滑有多方面原因。首先，经济新常态大背景下，我国的整体经济增长速度放慢。其次，从需求结构来看，过去主要靠投资驱动的增长方式已难以为继。东北地区经济增长中投资贡献率偏大，以东北三省中经济表现最好的辽宁省为例，这一比例超过 70%。"十二五"以来，东北地区的投资增速明显下滑，投资对经济的拉动作用有所减弱，而内需拉动没能真正地同步扩张。最后，从供给结构来看，装备制造业受全国投资需求的影响，市场订单减少，加上煤炭、原油、钢铁等原材料产品价格下降，使主要企业效益大幅下降；而作为"老工业区"的东北区域工业增速下滑给经济造成了较大冲击，导致总体的经济福祉综合评价有一定的下降。

三 中国经济福祉存在的主要问题

通过对各省居民经济福祉的综合评价，可以看出 2011～2015 年我国各地居民的经济福祉综合得分总体上呈上升趋势，居民的收入状况、消费状况和劳动就业状况得到了很大程度的改善。但必须正视的是，现阶段我国居民经济福祉仍存在着一些亟待解决的问题。

1. 城乡居民人均收入水平仍需提高，收入分配制度仍需健全

"十二五"以来，我国经济发展进入新常态，经济保持中高速增长，在世界主要国家中名列前茅。2015 年中国国内生产总值达到 67.67 万亿元，并逐渐增长到目前的 80 万亿元，稳居世界第二。城乡居民收入增速超过经济增速，中等收入群体持续扩大。但在肯定经济发展总成果的同时，我们必须清醒地认识到在我国人口众多的基本发展背景下，居民人均收入尤其是农村居民人均收入不高的问题。根据国家统计局公布的数据计算，2015 年全国居民人均可支配收入为 21966 元，相对于发达国家来说仍然较低。居民收入偏低会难以发挥扩大内需特别是消费需求对经济发展的拉动作用。对于那些以劳动密集型产业为主的地区，由于工资待遇偏低，容易造成"民工荒"现象。最重要的是，居民收入偏低会直接影响居民生活幸福感和获得感的提升。另外，现阶段政府高度重视收入分配制度改革，各地也积极根据实际情况稳妥慎重调整最低工资标准以及继续开展企业薪酬试调查工作，积极稳妥慎重推进机关事业单位收入分配制度改革，但成果有待进一步优化。我国收入分配制度仍然存在"劳动报酬在国民收入初次分配中占的比重较低"的问题，导致劳动者工资收入不足。同时在国民收入的再分配中由于当前税制的不完善、社会保障制度的不健全等问题，使得普通劳动者收入普遍偏低，中等收入阶层尚未全面形成，高收入阶层仍拥有过多财富。

2. 城乡和区域居民收入差距明显

基尼系数是目前世界各国用来综合考察本国居民收入分配差异状况的一个重要分析指标。"十二五"期间，我国基尼系数不断减小，这得益于党和政府不断采取脱贫扶贫举措以及大力推进城乡一体化，以缩小居民贫富差距；特别是党的十九大报告中提出，截至目前，我国脱贫攻坚战取得决定性进展，六千多万贫困人口稳定脱贫，贫困发生率从10.2%下降到4%以下，这也反映出我国居民经济生活的改善；但从另一方面来看，我国目前基尼系数仍高于0.4的国际警戒线，且2015年我国部分省份基尼系数仍高于0.45，说明我国居民收入差距依然较大，收入分配差距过大依然是我国各种社会矛盾加剧的重要原因。

统计数据显示，2015年城镇居民人均可支配收入为31195元，农村居民人均可支配收入为11422元，农村居民与城镇居民人均收入差额的绝对值高达19773元，城乡收入比高达2.73∶1，尽管2016年以来逐渐呈现下降趋势，但城乡收入差距依然较大；同时城乡在其他福利和公共基础设施方面的差距会进一步扩大收入比。在区域方面，由于地区地理和环境差异以及改革发展的不均衡等原因，我国居民收入在不同区域也存在较大差异。尤其是中西部地区经济发展水平相对落后，加之缺少必要的基础设施，使其在与东部发达地区的竞争中劣势地位较为明显，尽管"十二五"期间，国家政策和经济产业结构转型给中西部发展带来机遇，但区域间差距较大仍是不争的事实。我国居民收入的这种城乡、地区差距不仅加剧了人口、资金、技术、能源等资源的不合理转移，还会进一步造成居民经济福祉下降，加剧社会矛盾，进而影响整个社会的和谐与稳定。

3. 居民的最终消费率仍然偏低，消费潜力有待深入开发

美国著名经济学家钱纳里等人进行的一项实证研究表明，在人均 GDP 达到 1000 美元时，社会居民最终消费率一般在 76.5% 左右。[①] 此外，据统计在人均收入为 3000 美元左右时，无论是发达国家还是发展中国家，其消费率一般都处于 60% ~80% 的水平，而中国在 2015 年实现人均 GDP 约为 7605 美元，居民最终消费率虽然首次高于 60%，实现了需求结构"消费超过投资"的较高质量发展，但仍低于世界发达国家水平。由此可以看出，我国居民消费率仍有较大潜力。关于居民消费不足的原因，归纳起来有以下几点。一方面是国民收入分配不合理制约消费，居民收入的高低直接影响其消费水平，而城乡之间、东中西部之间和不同行业（职业）之间的居民收入差距扩大导致居民消费需求不足。另一方面，由于我国社会保障体系尚不健全，加之普通居民消费观念陈旧落后，中国居民的消费行为具有谨慎、保守，喜欢储蓄、崇尚节俭的特点，住房、教育和医疗体制改革导致人们对未来的不确定性加剧，从而造成高储蓄低消费，使得居民的预防性储蓄居高不下，这在一定程度上制约了居民的消费行为。

4. 居民消费价格指数仍不稳定，经济下行压力加大

国家统计局公布的数据显示，"十二五"以来，我国居民消费价格指数呈下降趋势，2011 ~2015 年这五年间居民消费价格指数不断下降，我国宏观经济运行面临通货紧缩的风险。居民消费价格指数是居民家庭购买生活消费品和支出服务项目费用价格变动趋势和程度的相对数，所以居民消费价格指数的持续上涨或下跌对老百姓来说都不是好事，它不仅严重影响普通民众的日常基本生活，还会对我国宏观经济的持续健康运行造成冲击。自 2011 年以来，我国的居民消费价格指数不断下跌，总体而言，物价上涨较"十一五"期间得到控制，但据国家统计局数据，2015 年全年居民消费价格比上年上涨 1.4%，其中食品价格上涨 2.3%，固定资产投资价格下降 1.8%，工业生产者出厂价格下降 5.2%，工业生产者购进价格下降 6.1%，

---

① 转引自范泳、张洪亮、宋旭华《收入分配对消费需求的影响分析》，《河北北方学院学报》2010 年第 5 期，第 54 页。

农产品生产者价格上涨 1.7%。① 2015 年 CPI 各成分贡献率继续呈现结构性分化，食品类和服务类项目是 CPI 上涨的主要推动力。PPI 和 GDP 平减指数持续负增长，实体经济通缩风险加剧，而第二产业或制造业的收缩是物价通缩背后的主因。经济下行压力下，如何稳定物价，警惕通货紧缩的风险也是政府需注意的重点问题之一。

5. 就业总量压力仍较大，结构性矛盾突出

习近平总书记明确指出就业是永恒的课题，更是世界性难题。党的十八大以来我国就业状况持续改善，但仍然面对着较大的压力。一方面，尽管我国每年的城镇登记失业率不断下降，但平均仍高于 4.0%，而且这一数字还不包括大量未登记失业人员和每年新增的数量庞大的农村进城务工人员。另一方面，由于全国每年新增需要就业人员多，就业高峰持续时间长，每年城镇就业需求人口仍高达 1500 万，其中包括近 800 万的高校毕业生，使得大学生就业高峰与全社会就业高峰逐渐重叠，大学生就业压力也开始凸显出来，以高校毕业生为主的青年就业形势仍然十分严峻；招工难和就业难的就业结构性矛盾较为突出，有些企业难以招到技能人才和部分劳动者难以实现稳定就业并存；同时区域、行业、企业就业情况的分化趋势也在凸显，结构性和摩擦性失业增多，特别是转型期内产能出清加速，职工安置的任务仍然十分繁重。这些城镇登记失业人数增加、监测企业岗位数量减少和失业率环比上升、地方规模性裁员时有出现、企业用工需求总体走弱、传统行业用工持续走低以及大学生就业难等问题，使得各级政府依然面临着解决就业的巨大压力；此外，我国就业机制有待完善，人才市场、劳动力市场发育以及职业培训体系还有待完善，劳动力要素的配置还未达到完全优化，提高就业质量的压力仍然较大；而如何解决经济增速放缓、经济结构深度调整中的就业压力和结构性失业问题等是各级政府必须着重考虑的工作重点。

6. 第三产业发展层次较低，经济发展结构有待完善

"十二五"期间，我国第三产业持续稳步发展，规模已有较大提高，表现为以平均每年约 11% 的速度增长，2015 年第三产业增加值比重为

---

① 《2015 年国民经济和社会发展统计公报》，http：//www.stats.gov.cn/tjsj/zxfb/201602/t20160229_1323991.html。

50.5%，首次突破 50%。但是，与发达国家相比仍然有较大差距。第三产业内部结构也不太合理，需要进一步优化。现阶段实现可持续的经济增长，关键是要以广义技术进步来提高经济增长质量，这就对第三产业提出了更高要求。在新的经济发展阶段，主要矛盾不是产能不足而是相对过剩，除了前期盲目投资形成的高耗能高污染的重复建设，相当大的一个问题是因为金融、运输、商业、对外贸易等第三产业的发展与工业发展不相适应、配套不足。而且，第三产业发展存在创新不足的问题，国家现在所重视的自由贸易区、"一带一路"、互联网经济等，几乎都属于第三产业方面的创新和建设；而技术创新尤其是高科技的发展，也对第三产业的发展提出更新的要求。① 另外，第三产业发展水平仍存在城乡、区域发展不平衡问题。由于资金、技术和知识型人才短缺的限制，我国东北、西北、西南等边远地区和农村的第三产业发展水平仍远远落后于东部沿海地区，第三产业发展差距也在不断拉大。

附录　本部分主要指标解释

1. 居民人均收入指反映居民家庭全部现金收入能用于安排家庭日常生活的那部分收入。人均可支配收入＝城镇居民人均可支配收入×城镇人口比重＋农村居民人均纯收入×（1－城镇人口比重）。

2. 基尼系数指在全部居民收入中，用于进行不平均分配的那部分收入占总收入的百分比。

3. 居民人均生活消费支出指一定时期内居民人均用于满足家庭日常生活消费需要的全部支出，包括食品、衣着、家庭设备及服务、医疗保健、交通和通信、娱乐教育文化服务、居住、杂项商品和服务八大类。城乡居民人均生活消费支出＝城镇居民人均生活消费支出×城镇人口比重＋农村居民人均生活消费支出×（1－城镇人口比重）。

4. 居民消费价格指数年均变化是指以年为单位城乡居民购买支付生活消费品和服务项目的价格变化数值。

---

① 刘伟：《当前第三产业发展与新常态下的经济增长》，《中国工商管理研究》2015 年第 12 期，第 66~68 页。

5. 居民家庭恩格尔系数是指食品支出总额占城乡居民个人消费支出总额的比重。

6. 城镇登记失业率报告期末城镇登记失业人数占期末城镇从业人员总数与期末实有城镇登记失业人数之和的比重。

7. 第三产业增加值占 GDP 的比重是指流通和服务行业在周期内比上个清算周期的增长值与国内生产总值的比例。计算方法：第三产业增加值占 GDP 的比重 = 第三产业增加值/GDP。

8. 工资收入占 GDP 的比重指国有、集体和其他所有经济单位的职工工资（包括计时工资、基础工资、职务工资、计件工资与计件超额工资、各种奖金、各种津贴、加班工资和其他工资在内）总额合计与国内生产总值的比值。

（执笔人：于萍　姜铭）

中国文化福祉报告

"十二五"时期是我国全面建设小康社会的关键时期，是深化改革开放、加快转变经济发展方式的攻坚时期，文化发展作为实现全面建设小康社会的宏伟目标、构建社会主义和谐社会的思想保证和精神动力摆在国家建设的重要地位。国家"十二五"时期文化纲要的制定与实施，对于增进我国居民的文化福祉起到重要的作用。党的十九大报告指出，中国特色社会主义进入了新时代，我国稳定解决了十几亿人的温饱问题，总体上实现小康，与此同时，人民美好生活需要日益广泛，对物质文化生活提出了更高要求。本报告将对2011~2015年我国文化福祉做出评价，分析影响我国文化福祉的因素，并就增进国民文化福祉、促进文化平衡充分发展进行对策性思考。

一　中国文化福祉指标体系的调整

（一）中国文化福祉指标体系相关指标的调整

参照《中国幸福指数报告（2006~2010）》，通过专家评价和相关分析，本报告继续将文化福祉指标体系确定为两个方面的评价因素：一个评价因素包括指标初、中、高等教育生师比，成人识字率，平均受教育年限和文教娱乐消费占总消费性支出的比重，这些指标与居民文化生活中促进人类生产发展的精神能力有关，我们将其命名为"教育水平"；另一个评价因素包括指标人均文化事业费，万人接入互联网的用户数，万人拥有图书、报纸、期刊的数目，这些指标反映的是居民文化生活中大众高层次需求的满足程度和获取途径的通达度，将其命名为"文化休闲资源"。其中，"文化休闲资源"与2006~2010年的评价指标相比去掉了"彩色电视机普及率"这一指标，原因有二：一是随着经济的发展和科技的进步，彩色电视机的普及率已经超过100%，该指标已经失去了测量幸福指数差异的意义，辨别力降低；二是根据数据来源，近年来彩色电视机的拥有量已经不可获得，与彩色电视机对应的其他耐用消费品的数据也存在不能完全获取的问题，所以将该指标删除。最终的文化福祉综合评价指标结构体系如下（见表1）。

表1 调整后的文化福祉综合评价指标

评价要素	评价指标名称	单位
教育水平	初、中、高等教育生师比（-）	%
	成人识字率（+）	%
	平均受教育年限（+）	年
	文教娱乐消费占总消费性支出的比重（+）	%
文化休闲资源	人均文化事业费（+）	元
	万人接入互联网的用户数（+）	户
	万人拥有图书、报纸、期刊的数目（+）	种

注：（+）表示正指标，（-）表示逆指标。

（二）指标权重的调整与综合评价指数的形成

本研究采用层次-主成分分析法来确定指标权重，得到文化福祉综合评价函数。在层次分析阶段，从专家库中抽取27名相关领域的专家进行问卷调查，实际回收有效问卷23份，进入数据分析，得到文化福祉各个评价指标的对应权重（见表2）。

表2 文化福祉评价指标对应权重与"十一五"期间原权重变化

评价指标编号与名称	原权重	本轮权重	变化
d1 初、中、高等教育生师比	0.1648	0.1707	0.0059
d2 成人识字率	0.1044	0.2232	0.1188
d3 平均受教育年限	0.2727	0.3058	0.0331
d4 文教娱乐消费占总消费性支出的比重	0.1315	0.0942	-0.0373
d5 人均文化事业费	0.1120	0.0838	-0.0282
d6 万人接入互联网的用户数	0.0831	0.0606	-0.0225
d7 万人拥有图书、报纸、期刊的数目	0.0662	0.0617	-0.0045
d8 彩色电视机普及率	0.0652	删除	

通过本轮层次分析法得到的文化福祉评价指标对应权重与 2006～2010 年评价指标权重存在差异。其中，教育水平方面，除 d4 文教娱乐消费占总消费性支出的比重指标权重稍微有些减少，d1 初、中、高等教育生师比，d2 成人识字率，d3 平均受教育年限三个指标的权重都有所提高，尤其 d2 指标成人识字率增加比重较大，整体教育水平的权重增加 0.1205，这主要受"十二五"期间国家教育发展战略和义务教育普及政策的影响，对教育的作用越来越重视；而文化休闲资源评价指标（原有的 d8 彩色电视机普及率因为可获取性和无效性等原因被删除）权重都有不同程度的下降，主要是随着经济发展和人民生活水平的提高，越来越认识到休闲公共服务的居民实际消费量比公共服务供给更能体现居民实际文化生活质量，所以在专家测评中，该指标的权重有所下降。

选取相关指标 2006～2015 年的公开统计数据，无量纲化处理后，进行加权转换，采用探索性因素分析方法，按照特征值大于 0.5 以及累计贡献率大于 85% 的加权原则对文化福祉的两个部分——教育水平和文化休闲资源分别提取主成分因子，经过整合之后，分别得到教育水平和文化休闲资源的评价函数：

$$Y_1 = 0.4662ddd1 + 0.2160ddd2 + 0.3590ddd3 + 0.2296ddd4$$
$$Y_2 = 0.3316ddd5 + 0.2602ddd6 + 0.5029ddd7$$

将教育水平和文化休闲资源两个部分的评价函数相加即得到最终的文化福祉评价函数：

$$Y = 0.4662ddd1 + 0.2160ddd2 + 0.3590ddd3 + 0.2296ddd4 +$$
$$0.3316ddd5 + 0.2602ddd6 + 0.5029ddd7$$

二　2011～2015 年中国文化福祉分析

（一）2011～2015 年我国文化福祉综合评价结果分析

选取 2011～2015 年相关统计数据，应用文化福祉综合评价函数，对我国除港澳台外 31 个省（区、市）居民文化福祉进行综合评价，得到有关省份文化福祉评价得分及排名结果（见表 3）。

表3　2011～2015年各省（区、市）文化福祉综合评价

地区	2011 年	排序	2012 年	排序	2013 年	排序	2014 年	排序	2015 年	排序
北京	2.4440	1	2.5035	2	2.5247	1	2.5107	2	2.5821	1
天津	2.3435	3	2.3648	3	2.3438	6	2.3544	5	2.3812	6
河北	2.2158	18	2.2410	20	2.2653	18	2.2734	20	2.3072	20
山西	2.2580	11	2.2771	13	2.3025	11	2.3117	12	2.3542	12
内蒙古	2.2757	8	2.3023	9	2.3179	8	2.3316	9	2.3681	10
辽宁	2.2817	6	2.3169	6	2.3494	4	2.3801	3	2.4239	4
吉林	2.2876	5	2.3161	7	2.3313	7	2.3529	7	2.3797	7
黑龙江	2.2567	12	2.2702	15	2.2942	13	2.3134	11	2.3396	14
上海	2.4064	2	2.5187	1	2.5010	2	2.5142	1	2.5376	2
江苏	2.2908	4	2.3317	5	2.3489	5	2.3538	6	2.4048	5
浙江	2.2774	7	2.3413	4	2.3554	3	2.3605	4	2.4874	3
安徽	2.1842	26	2.2150	24	2.2205	28	2.2294	28	2.2836	25
福建	2.2627	9	2.3000	10	2.3047	10	2.3184	10	2.3782	8
江西	2.1912	24	2.2058	26	2.2336	25	2.2358	27	2.2847	24
山东	2.2294	16	2.2471	19	2.2688	16	2.2818	18	2.3170	19
河南	2.1754	28	2.1909	29	2.2212	26	2.2374	25	2.2746	27
湖北	2.2151	19	2.2497	16	2.2640	20	2.2733	21	2.3218	17
湖南	2.2056	21	2.2218	23	2.2364	24	2.2551	23	2.2818	26
广东	2.2517	13	2.2779	11	2.2879	15	2.2976	15	2.3391	15
广西	2.1884	25	2.2058	26	2.2211	27	2.2365	26	2.2630	28
海南	2.2374	15	2.2750	14	2.2942	13	2.3032	14	2.3541	13
重庆	2.2281	17	2.2480	17	2.2642	19	2.2922	16	2.3377	16
四川	2.1840	27	2.2127	25	2.2398	23	2.2567	22	2.2956	23
贵州	2.1508	30	2.1668	30	2.1839	30	2.2011	30	2.2230	31
云南	2.1709	29	2.1951	28	2.2054	29	2.2118	29	2.2457	29
西藏	2.1347	31	2.1483	31	2.1443	31	2.1851	31	2.2296	30
陕西	2.2464	14	2.2777	12	2.3010	12	2.3108	13	2.3588	11
甘肃	2.1958	22	2.2276	22	2.2449	22	2.2543	24	2.2987	22
青海	2.1943	23	2.2333	21	2.2512	21	2.2739	19	2.3040	21
宁夏	2.2119	20	2.2480	17	2.2668	17	2.2865	17	2.3186	18
新疆	2.2609	10	2.3028	8	2.3173	9	2.3388	8	2.3730	9

1. 2011～2015年我国居民文化福祉走势

从整体上看，2011～2015年我国各地区居民文化福祉综合评价结果基本上保持平稳的趋势。通过表3可以看出，各省（区、市）间存在明显的地区差异，地区间的差值波动不明显，除个别省份外各省（区、市）排名文化福祉总体变化不大。

教育是现代化建设的战略基础，也是提高人民生活质量的重要手段。"十二五"期间，国家加大教育投入力度，基础能力建设不断加强。2012年教育投入实现历史性突破，首次实现国家财政性教育经费占国内生产总值4%的目标，2014年，国家财政性教育经费投入达26420.6亿元，比2010年增长了80.09%，占国内生产总值的比例达4.10%，比2010年提高0.55个百分点；2014年，全国教育经费总投入达32806.5亿元，比2010年增长67.7%。"十二五"期间，我国教育发展能力显著提升，生均拨款制度逐步建立，各级各类学校特别是农村学校办学条件有较大改善，教师队伍素质进一步提高，教育信息化全面推进。教育对外开放水平显著提升，国际影响力稳步增强。

文化是推动经济社会发展的重要支撑，更是推动社会文明进步的重要动力。《国家"十二五"时期文化改革发展规划纲要》实施以来，我国文化建设全面快速发展，各级文化部门高度重视以人为本，深化改革；社会各界和人民群众积极参与文化建设。文化事业和文化产业发展的各项基础不断夯实，文化建设在引领当代价值、提高居民文化生活质量、推动社会文明发展等方面的作用明显增强，我国文化建设全面快速发展，亮点频现，取得了明显成效。

公共文化服务体系加快建立，人民群众共享发展成果。"十二五"期间，公共文化服务体系建设已经进入快速、稳定的重要发展期。2015年，全国共有县级公共图书馆2734个，覆盖率达到95.93%；县级文化馆2929个，覆盖率达到102%；乡镇（街道）文化站有40976个，覆盖率达到100%，实现了覆盖广泛的文化传播体系的建设目标；全国博物馆数达到3852个，比2010年增长了58.19%，精神文化辐射力大大提高。"十二五"以来，我国对文体娱社会固定资产建设的投入已实现"翻一番"，五年同比增幅达到127.35%。人均文化事业费从2010年的24.11元增加到2015年的

49.68 元，同比增幅 106.06%。同时，我国图书出版品种和总印数居世界前列。"十二五"期间，我国累计生产图书 215.2 万种，共计 407.9 亿册，我国的图书和期刊已进入全球 193 个国家和地区。

"十二五"期间，我国文化建设全面快速发展，中国特色社会主义文化发展道路不断巩固拓展。各级政府高度重视文化事业的改革发展，引领社会各界和人民群众积极参与文化建设，我国的文化事业和文化产业发展的各项基础不断夯实，对推动经济发展、优化社会氛围、塑造国家形象等方面的作用明显增强，促进居民的文化生活更加丰富、文化生活质量显著提高。

2. 2011～2015 年我国居民的文化福祉区域分析

按照我国目前地区间社会经济发展水平，我们将 31 个省（区、市）划分为四大区域：东部地区包括北京、天津、河北、上海、江苏、浙江、福建、山东、广东和海南 10 个省份；东北地区包括辽宁、吉林和黑龙江 3 个省份；中部地区包括山西、安徽、江西、河南、湖北和湖南 6 个省份；西部地区包括内蒙古、广西、重庆、四川、贵州、云南、陕西、甘肃、青海、宁夏、新疆和西藏 12 个省份。这四大区域在 2011～2015 年的文化福祉综合评价得分平均值如表 4 所示。

表 4　2011～2015 年不同地区文化福祉综合评价

	2011 年	2012 年	2013 年	2014 年	2015 年
东部地区	2.2959	2.3401	2.3495	2.3568	2.4089
东北地区	2.2753	2.3011	2.3250	2.3488	2.3811
中部地区	2.2049	2.2267	2.2464	2.2571	2.3001
西部地区	2.2035	2.2307	2.2465	2.2649	2.3013
平均得分	2.2449	2.2747	2.2919	2.3069	2.3479

从表 4 各区域居民文化福祉的得分来看，呈现东部、东北、中部、西部递减的规律，体现出以下特点。

第一，从历年分地区看，东部地区得分最高，其次是东北地区，中部和西部地区得分相当，2013 年之后西部地区得分高于中部地区。从总体上看，东部地区、东北地区文化福祉得分高于平均得分，而中部地区、西部地区文化福祉的得分普遍低于平均得分。地区之间存在着明显的差异，东部地区、东北地区得分都在2.27~2.41，而中部地区、西部地区得分则集中在2.20~2.30，很明显地可以看出两者之间分值上的差异。

第二，地区评分呈逐年上升趋势。在数据处理时，我们以2006年的数据为基期对统计数据进行无量纲化处理，所以可以将各地区的数据进行纵向比较。从2011~2015年各地区文化福祉的综合评价来看，各地区都呈现逐年上涨的趋势；从各地区每年的变化来看，2012年和2015年各地区增长速度比2013年和2014年增长速度普遍较快。

从表3中可以看出，2011~2015年在居民文化福祉方面排名前十位的省（区、市）中大多数都是东部地区和东北地区的省份，而排名相对靠后的大多数为西部地区的省份。从地域排名来看，我国居民文化福祉状况存在明显的"东高"的特点。总体来看，四个区域的居民文化福祉水平存在一定的差距，尤其是东部地区的居民文化福祉要明显高于其他地区，这种差距主要受各地区间经济发展水平、教育和休闲资源分布的不均衡因素的影响。

"十二五"时期，国家继续实施区域发展总体战略，充分发挥各地区比较优势，优先推进西部大开发，全面振兴东北地区等老工业基地，大力促进东部地区崛起，积极支持东部地区率先发展。党的十八大以来，国家区域发展战略得以有效落实，各种政策措施带动了各地区居民收入的协调增长，在一定程度上缩小了地区间的差距。经济建设方面，从分地区的城镇居民收入情况来看，2015年东部、中部、西部和东北地区城镇居民人均可支配收入分别比2010年增长57.7%、68.0%、67.5%和71.9%，东部、中部、西部和东北地区收入比值从2010年的147.2∶101.1∶100∶100.9变为2015年的138.6∶101.3∶100∶103.5，东部地区与其他地区间的收入差距有所缩小。各地区农村居民生活普遍改善，东中西部地区农村居民消费差距有所缩小。2010年出台的《中共中央国务院关于深入实施西部大开发战略的若干意见》为西部大开发战略的深入实施提供了政策性文件。既《西部大开发"十一五"规划》（2007）之后，2012年国务院又批复同意了《西部大开发"十二五"规划》，一系列政策的实施为西部地区教育文化的发展提供了政策支持。教育建设方面，建立健全教育经费保障机制，优先发展教育，支持农村学校信息基础设施建设，实施农村义务教育阶段学校教师特设岗位计划、民族教育发展计划、西部高等教育振兴计划等重点工程，鼓励和支持东中西部地区之间开展教育对口支援和联合办学、联合研究等交流与合作，积极推进教育公平。文化建设方面，大力推进社会主义核心价值体系建设，促进民族文化交流。进一步加强公共文化基础设施建设，以农村和基层为重点，实施广播影视和文化惠民工程，推动全民阅读活动，基本建成公共文化服务体系。大力推进以文艺骨干、文化大户为重点的文化人才队伍建设，加强文物和非物质文化遗产保护工作，深入开展历史文化名城、名镇、名村及民族特色村寨保护和发展工作。加强基层体育设施建设，开展品牌竞技体育活动，保护发展民族民间体育。加快发展文化产业和体育产业，进一步完善文化产业政策，充分发挥少数民族文化特色优势，扩大对外文化交流，增强文化产品国际竞争力。这些政策的实施有力地促进了中西部地区的加速发展，促进了各区域间协调发展。

从区域来看，文化福祉综合得分与我国地区经济发展水平显示出高度的相关性。东部和东北地区得分要远远地高于中部和西部地区，同时，更发达的东部地区文化福祉综合得分又比东北地区高。

3. 2011～2015年中国文化福祉省际分析

从各地区的横向比较来看，2011～2015 年我国各省（区、市）文化福祉综合评价结果排名中，排名始终比较靠前的省份包括北京、上海、天津、浙江、江苏、辽宁和吉林，而西藏、贵州、云南、广西等省份排名比较靠后。2015 年居民经济生活质量综合评价结果前六名分别是北京、上海、浙江、辽宁、江苏和天津。从表 3 我们可以看出我国各省（区、市）的文化福祉综合得分呈现以下特点。

第一，排名较高省份与排名相对靠后的省份得分差距较大。综合排名前三的地区北京、上海和浙江要远远高于综合排名最后三名的贵州、西藏和云南。2011～2015 年的统计数据分析结果显示，北京和上海的得分都在 2.40～2.59，而贵州和西藏的得分在 2.17 左右。浙江的得分由 2011 年的 2.28 增加到 2015 年的 2.49，而云南 2015 年得分达到最高为 2.25，仍低于浙江 2011 年的得分水平。

第二，各省（区、市）文化福祉得分呈上升趋势，综合排名总体变化不大，个别省份波动幅度比较大。以上分析数据显示，2011～2015 年文化福祉排名中，北京和上海一直保持前两位，2012年浙江由排名第七位跻身前四，2013年辽宁也由排名第六位上升到第四位；而贵州、西藏和云南文化福祉评价得分排名一直在最后三位。其他省份大多数排名变化在2~3名，但个别省份波动幅度比较大，如湖南从2010年的第22名升到2011年的第21名，到2015年又降到第26名。同时我们可以从表中观察到，同湖南一样，山东、黑龙江和广西也呈现较大的波动，并且位次呈下降的变化；而浙江在2011年排名第7名，在2015年跃升为第3名，位次上升较明显，同时可以看出，辽宁、陕西和江苏也有类似的程度不同的位次上升变化。

北京、上海的排名一直保持在前列，文化福祉得分远高于其他省份。以首都北京为例，北京是我国的经济、政治和对外交往中心，更是我国的文化中心。教育建设方面，"十二五"期间，首都教育坚持优先发展、统筹协调、优质育人、改革创新，全面深化教育领域综合改革，在一系列重点领域和关键环节取得突破。市委市政府全面推进《北京市"十二五"时期教育发展规划》的落实，取得了令人瞩目的发展成就。例如北京市教育水平进一步提升，学前三年毛入园率达到95%，义务教育毛入学率超过100%，高中阶段教育毛入学率达到99%，高等教育毛入学率达到60%，就业人员受教育程度为大专以上的比例超过50%，从业人员继续教育年参与率超过60%。文化建设方面，"十二五"以来，特别是党的十八大以来，北京市围绕加快建设中国特色社会主义先进文化之都，进一步深化文化体制改革，强化统筹协调和规划引导，真正把文化惠民做到实处，全民共享公共文化成果。北京市文化体制改革不断深入，文化创意产业健康发展；历史文化遗产保护利用更合理，公共文化服务能力和水平显著提高；文艺作品创作生产更加活跃，精品力作大量涌现；文化"走出去"步伐加快，多层次、宽领域的对外文化交流格局已经形成。"十二五"期间，北京市加大公共文化基础建设的投入，形成了实用、便捷、高效的公共文化服务网络，形成了结构合理、发展均衡、网络健全、服务优质、覆盖全社会的、较完备的公共文化服务体系，保障了全市人民群众的基本文化权益和需求。

有些省份排名上升较为明显，以浙江省为例，浙江省在"十二五"期间文化福祉排名上升明显，在2011年排名第七位，2012年跻身前四，2015年位居第三位。浙江省排名的上升主要得益于浙江省在"十二五"期间文化事业的发展战略，2008 年浙江省实施《浙江省推动文化大发展大繁荣纲要（2008—2012）》，提出了关于文化建设的目标任务，至 2012 年浙江省文化事业得到进一步发展，加强了文化公共服务，加快了文化产业的发展，文化惠民能力、文化创新能力显著增强；2011 年浙江省根据《浙江省国民经济和社会发展第十二个五年规划纲要》，实施《浙江省文化发展"十二五"规划》，加大了对文化事业的投入。"十二五"期间，浙江加大对文化休闲基础建设的投入，2015 年浙江文化、体育和娱乐业固定资产投入达 311.45 亿元，比 2010 年增长 4.14 倍；文化事业费投入 48.82 亿元，比 2010 年增长 101.7%，文化事业费占财政支出的比重一直保持在全国首位，约占 75%。这些文化事业的发展战略，促进了浙江省文化福祉水平的提高，保障了居民的文化生活质量。

（二）居民教育水平综合评价结果分析

1. 2011~2015 年我国居民教育水平基本发展走势

从教育水平影响因素上分析，教育水平评价的指标包括初、中、高等教育生师比，成人识字率，平均受教育年限和文教娱乐消费占总消费性支出的比重。"十二五"期间的五年，是实现《国家中长期教育改革和发展规划纲要（2010—2020 年)》（以下简称《教育规划纲要》）2020 年目标的重要阶段。这五年我国教育改革发展取得了显著成就，教育事业全面发展，社会主义核心价值观教育深入推进，立德树人根本任务有效落实，学生思想道德素质持续向好，教育现代化取得新进展。我国教育事业成绩显著，具体体现在以下几个方面。

第一，教育投入力度加大，基础能力建设不断加强。首先，国家财政性教育经费投入力度不断增强。2012 年教育投入实现历史性突破，首次实现国家财政性教育经费占国内生产总值 4% 的目标，2015 年，全国教育经费总投入为 36129.19 亿元，比 2010 年增长 84.69%；国家财政性教育经费投入达 29221.45 亿元，比 2010 年增长了 99.19%，占国内生产总值的比例达 4.24%，比 2010 年提高 0.69 个百分点。其次，各级教育投入水平不断提升，为教育事业发展奠定良好基础。2015 年，全国普通小学、普通初中、普通高中、中等职业学校、普通高校生均公共财政预算教育事业费分别为

8838.44 元、12105.08 元、10820.96 元、10961.07 元、18143.57 元，分别是 2010 年的 2.2 倍、2.3 倍、2.4 倍、2.3 倍、1.9 倍。最后，教育经费投入结构不断优化，义务教育保障不断加强。2015 年，中央财政落实义务教育经费保障政策，安排 1051 亿元支持落实农村义务教育经费保障机制和城市学生免除学杂费政策，全国约 1.1 亿名农村学生全部享受免学杂费和免费教科书政策，约 2944 万名城市学生享受免学杂费政策或者相应补助。

第二，我国教育发展水平不断提高，教育服务经济社会发展能力显著增强。2015 年，我国学前教育规模达到 4265 万人，比 2010 年增加 1288.3 万人，学前三年毛入学率比 2010 年增加 18.4%；2015 年，我国义务教育巩固率达 93%，初中阶段毛入学率和毕业升学率达 104% 和 94.1%，分别比 2010 年增加 4% 和 6.6%；高中阶段教育在校生规模为 4038 万人，其中普通高中在校人数为 2374.4 万人，占高中阶段教育在校生比重为 58.8%，比 2010 年增加 6.8%，普通高中教育水平进一步提高；各种形式的高等教育在学总规模达到 3452 万人，比 2010 年增加 347 万人，其中研究生在校人数增加 24.03%，高等教育大众化程度进一步提高。2015 年，普通高等教育本专科招生 737.9 万人，在校生 2625.3 万人，毕业生 680.9 万人，比 2010 年分别增加 76.1 万人、393.5 万人、105.5 万人。另外，非义务教育阶段的民办教育健康有序发展，为满足全社会多样化教育需求发挥了积极作用。职业学校每年输送近 1000 万名技术技能人才，开展培训上亿人次。普通本科高校累计输送 2000 多万名专业人才。高等学校牵头承担了一大批国家重大科学研究任务和重大工程项目，产出了一大批服务国家战略、具有国际影响力的标志性研究成果，技术转移和成果转化成效明显。

第三，国民受教育程度大幅度提升。"十二五"期间，党中央、各级教育部门严格按照建设现代国民教育体系和终身教育体系的要求，积极发展学前教育，巩固提高义务教育，加快普及高中阶段教育，大力发展职业教育，全面提高高等教育质量，加快发展继续教育，支持民族教育、特殊教育发展。特别是加大对中西部地区、农村地区、边远贫困地区和民族地区教育的支持力度，加强学前教育和职业教育等薄弱环节，努力实现区域城乡和各级各类教育的协调发展，教育公平取得重要进展。国民受教育水平也得到很大提高，2015 年，国民平均受教育年限从 2010 年的 8.64 年增加到 9 年以上。2015 年，我国具有高等教育文化程度的人数占 6 岁以上人口的比例达到 13.3%，主要劳动人口接受高等教育的比例为 16.9%；新增劳动力平均受教育年限由 2010 年的 12.7 年增加到 13.3 年，高出世界平均水平，相当于高中三年级以上水平。

第四，教师队伍层次结构不断优化，引领教育提质发展。我国始终把教师队伍建设摆在优先发展的战略地位，"十二五"期间，教师队伍建设取得良好的发展，有力地支撑着我国大规模的教育体系。2015 年，初、中、高等教育生师比由 2010 年的 17.1∶1 降到 15.5∶1，我国教育质量不断提高；小学、初中教师学历合格率一直保持在 99% 以上，基本达到《教师法》规定的最低标准；全国普通高中专任教师中学历合格率达 97.7%，基本达到《教师法》规定的标准；职业学校双师型教师比例实现较快增长，普通高校专任教师的学历层次不断提高。同时，"十二五"期间，教育部、财政部对连片特困地区工作的乡村教师给予生活补助。截至 2015 年，604 个县的94.4 万名乡村教师领到中央财政下达的 43.92 亿元综合奖励补助资金。此外，我国实施的"特岗计划""国培计划"等一系列"组合拳"，都为真正落实促进教育公平，提高农村教师的整体素质做出了重要贡献。

第五，教育信息化进程加快，带动教育现代化建设。随着信息技术在教育领域的广泛应用，教育信息化成为教育改革的重要方向。2012 年，教育部印发《教育信息化十年发展规划（2011-2020 年）》，明确教育信息化的主要任务是大力推进"三通两平台"建设，即宽带网络校校通、优质资源班班通、网络学习空间人人通，建设教育资源公共服务平台、教育管理公共服务平台。2014 年，各级教育信息化工作领导小组成立，将教育信息化摆在极其重要的位置。近年来，各级政府和教育行政管理部门落实经费投入，制定和落实教育信息化优先发展政策，各项重点工作取得明显进展。截至 2013 年年底，全国 80% 以上的教学点已用上数字教育设备和资源；截至 2014 年年底，全国中小学网络接入比例已达到 75%，全国义务教育阶段已建成多媒体教室 240 多万间，占教室总数的 61%；2014 年，全国网络学习空间开通数量达到 1100 多万个，应用范围从职业教育扩展到基础教育和高等教育领域。

"十二五"期间，我国教育事业取得较大的进步和发展，《教育规划纲要》确定的阶段性目标如期实现，教育事业发展"十二五"规划圆满收官，我国教育进入提高质量、优化结构、促进公平的新阶段。

2. 2011～2015年我国居民教育水平区域分析

为进一步考察我国居民教育水平状况的地区差异，我们将东部、东北、中部和西部四大区域在 2011～2015 年的居民教育水平状况综合评价得分进行了统计（见表5）。

表5　2011～2015 年各区域教育水平评价

	2011 年	2012 年	2013 年	2014 年	2015 年
东部地区	1.7418	1.7455	1.7496	1.7472	1.7496
东北地区	1.7483	1.7549	1.7648	1.7659	1.7657
中部地区	1.7068	1.7142	1.7245	1.7268	1.7291
西部地区	1.6932	1.6961	1.7011	1.7049	1.7089
平均得分	1.7225	1.7277	1.7350	1.7362	1.7383

如表 5 所示，教育水平地区差异明显，但是整个区域差异相对来说比较平均的特点，且从不同区域来看得分从高到低依次为东北地区、东部地区、中部地区和西部地区，明显反映出东北地区教育平均水平高于东部地区的教育平均水平，而中部和西部地区的教育平均水平又低于区域平均水平。

造成这种区域教育水平不平衡的原因是多方面的。首先，从政策层面来看，历史发展造成的经济发展程度不同也影响和制约着教育发展的水平，改革开放以来，我国经济发展实施的支持东部地区率先发展、优先推进西部大开发、全面振兴东北地区老工业基地等经济发展策略，造成的资源配置的不平衡，加剧了基础教育不均衡的倾斜幅度；现在仍然存在的东西之间、城乡之间经济发展的差距，拉大了教育发展的差距。其次，从教育资源角度分析，虽然"十二五"期间我国在普及基础教育、教育资源配置方面对西部有所倾斜，但是不可否认的是东部地区和东北地区集中了全国大部分优质教育资源。以高等教育为例，全国大部分高校分布在东部及东北地区，而且重点院校在全国的比例也是最高的。东部地区的高质量教育，不断吸收着西部地区的人才流入，因此在东部地区形成了教育资源不断强化的现状。最后，从自然地理和人文因素来看，自然因素是影响人们文化教育活动的客观因素，与东部地区相比，西部地区一直存在的气候恶劣、自然灾害频繁、地域相对闭塞等不良状况，造成人口分散居住和交通不便，信息传播不畅，给学校布点和教育普及增加很大的难度，也对教育工作者和学生造成诸多负面影响，直接加大了教育的投入成本，直接造成了教育发展的不平衡。

"十二五"时期，我国区域发展总体战略进一步向纵深推进，教育现代化水平持续提高，教育建设事业进展明显，区域间、城乡间发展的协调性进一步增强。《西部大开发"十二五"规划》指出，积极发展学前教育，重点支持农村地区乡村幼儿园建设，促进义务教育均衡发展，巩固提高九年义务教育普及成果，完善农村义务教育经费保障机制。西部地区在推进义务教育学校标准化建设工程、进一步加强校车安全管理、推进寄宿制学校建设、继续实施农村义务教育阶段学校教师特设岗位计划、普及高中阶段教育、大力发展职业教育等方面取得有效成果。

虽然位于东部地区的北京、上海、天津集中着全国众多的高校教育资源和师资队伍，但东部地区的区域教育水平得分并没有高于东北地区，这与东部地区的其他省份教育的实际情况有关。以同处东部地区的河北、福建和广东等省份为例，河北省虽然在京津冀协同发展的背景下发展迅速，但其教育力量发展薄弱导致其平均受教育年限不足 9 年，低于全国平均水平；福建省虽然经济发展较强，但在教育水平上得分也不尽如人意，排名相对靠后；广东省虽然经济发展不俗，但是面临着外来人口涌入带来的压力，教育资源无法适应和满足人口的暴增式增长。2015 年，广东省初、中、高等教育生师比为 16.65，高于全国平均水平 15.52，突出反映广东省师资力量的不足。东北地区在高校资源和师资力量上虽不及北京、上海等地，但也拥有诸如吉林大学、哈尔滨工业大学等全国知名学府和一批优秀的高等院校。2015 年，黑龙江、吉林、辽宁三省的成人识字率分别为 97.26%、97.39%、98.09%，排在全国第 5、第 4、第 2 位，其平均受教育年限和文教娱乐消费占总消费性支出的比重也都排名前列，初、中、高等教育生师比也低于全国平均水平且排名比较集中，正是这种比较均衡的教育资源分布态势，使得东北地区教育水平评价较高。

3. 2011～2015年我国居民教育水平省际分析

表6反映了我国居民2011～2015年教育水平各省份得分和排名情况。

表6 2011～2015年各省（区、市）教育水平评价

地区	2011年	排序	2012年	排序	2013年	排序	2014年	排序	2015年	排序
北京	1.8167	1	1.8223	1	1.8279	1	1.8192	1	1.8263	1
天津	1.7747	3	1.7771	3	1.7760	3	1.7702	3	1.7719	3
河北	1.7156	15	1.7143	18	1.7250	16	1.7261	16	1.7275	18
山西	1.7389	10	1.7471	9	1.7589	7	1.7598	7	1.7673	5
内蒙古	1.7470	6	1.7487	6	1.7464	9	1.7489	9	1.7552	8
辽宁	1.7488	5	1.7595	4	1.7681	4	1.7663	5	1.7657	6
吉林	1.7508	4	1.7572	5	1.7628	6	1.7672	4	1.7674	4
黑龙江	1.7453	7	1.7479	8	1.7634	5	1.7643	6	1.7640	7
上海	1.7797	2	1.7825	2	1.7802	2	1.7815	2	1.7876	2
江苏	1.7445	8	1.7483	7	1.7527	8	1.7434	10	1.7448	10
浙江	1.7161	14	1.7285	13	1.7317	13	1.7250	19	1.7261	19
安徽	1.6903	25	1.7044	22	1.7051	25	1.7110	23	1.7139	23
福建	1.7253	12	1.7184	17	1.7212	18	1.7216	20	1.7211	20
江西	1.6975	22	1.7001	23	1.7166	21	1.7101	24	1.7091	25
山东	1.7171	13	1.7206	15	1.7276	15	1.7282	14	1.7292	17
河南	1.6867	26	1.6898	26	1.7094	23	1.7163	22	1.7136	24
湖北	1.7150	16	1.7307	12	1.7372	12	1.7384	12	1.7402	12
湖南	1.7125	19	1.7133	19	1.7198	20	1.7251	18	1.7304	14
广东	1.7146	17	1.7203	16	1.7239	17	1.7254	17	1.7313	13
广西	1.6906	23	1.6869	27	1.6926	27	1.6983	27	1.6974	28
海南	1.7136	18	1.7228	14	1.7293	14	1.7311	13	1.7304	14
重庆	1.7091	20	1.7079	21	1.7116	22	1.7189	21	1.7200	21
四川	1.6850	27	1.6963	25	1.7043	26	1.7025	26	1.7053	26
贵州	1.6562	30	1.6650	30	1.6801	30	1.6886	30	1.6839	29
云南	1.6781	28	1.6862	28	1.6907	28	1.6936	28	1.6992	27
西藏	1.6174	31	1.6037	31	1.5874	31	1.5905	31	1.6205	31
陕西	1.7279	11	1.7377	11	1.7434	10	1.7432	11	1.7524	9

续表

地区	2011 年	排序	2012 年	排序	2013 年	排序	2014 年	排序	2015 年	排序
甘肃	1.6997	21	1.7089	20	1.7207	19	1.7266	15	1.7300	16
青海	1.6772	29	1.6753	29	1.6881	29	1.6899	29	1.6815	30
宁夏	1.6905	24	1.6971	24	1.7071	24	1.7085	25	1.7183	22
新疆	1.7398	9	1.7389	10	1.7407	11	1.7491	8	1.7434	11

从各地区的横向比较来看，在 2011～2015 年我国各省（区、市）居民教育水平状况综合评价结果排名中，北京市、上海市、天津市、辽宁省、吉林省和黑龙江省排名比较靠前，而西藏自治区、云南省、贵州省和青海省排名比较靠后。2015 年居民教育水平状况综合评价结果前八名分别是北京市、上海市、天津市、吉林省、山西省、辽宁省、黑龙江省和内蒙古自治区，后四名分别是西藏自治区、青海省、贵州省和广西省。从表 6 中我们可以看出，各省份五年来的教育水平得分总体上呈现出一定稳定性，个别省份排名有波动。

2011～2015 年教育水平评价数据显示，北京、上海、天津三市教育水平稳居前三位，且分值均在 1.77 以上，而青海、贵州和西藏一直处于后三位，西藏在这五年中的教育水平得分值均在 1.58～1.62，远远低于其他省份。个别省份的波动幅度值得引起注意，如福建省 2010～2011 年教育水平评价得分保持在第 12 名，但到 2012 年开始下降，2015 年排名则变成了第 20 名，山东省和广西壮族自治区也存在不同程度的下降；与此相反，湖北省、山西省、海南省和广东省相对而言这五年中位次上升较明显，上升幅度在 3～4 个位次不等。

2011～2015 年各省（区、市）教育水平评价（见表 6）显示稳居前三位的北京、天津和上海，远高于其他省份。处于东北地区的黑龙江、吉林和辽宁，虽然得分不如以上三个地区，但是均值都很平均，且得分比较靠前，大体位于第 4～7 位的名次。部分省份如湖北、海南、广东、山西等近五年教育水平评价得分有了较大位次的提升，这主要是因为在"十二五"期间，这些省份的教育发展战略得到有效的实施，居民的受教育年限有了明显提高，居民的教育消费水平在近三年也迅速提升。而有些地区如福建、山东，则呈现下降的趋势，这些省份虽然有着丰富的教育资源，但是人口流动相对较大，教育水平评价指标存在不稳定因素，且近年来其教育事业发展增速不如其他省份，所以教育评价排名受到影响。大部分省份地区的位次变化不明显，呈现一种稳定的态势。同时我们应该注意到，广东省作为传统经济强省，在教育水平得分和位次排名上并不靠前。这充分说明了一个地区的教育水平并不是与该地区的经济发展水平呈正相关的。

从省份排名上看，北京、上海、天津是教育水平最发达的城市。这些地区集中了众多高等学府，并且门类、层次也最为齐全，依托得天独厚的地理区位和厚重的经济实力，北京、上海、天津汇聚了来自各个地区的优秀师资和生源力量，加之完善的基础教育教学设施，促进了这三大教育重心的形成。改革开放特别是进入 21 世纪以来，我国先后提出和实施了科教兴国和人才强国战略。2012 年党的十八大报告指出："广开进贤之路，广纳天下英才，是保证党和人民事业发展的根本之举。要尊重劳动、尊重知识、尊重人才、尊重创造，加快确立人才优先发展战略布局，造就规模宏大、素质优良的人才队伍，推动我国由人才大国迈向人才强国。"近年来，北京、天津、上海等地大力实施科教兴市战略和人才强市战略，加快推进教育科学率先发展，教育改革和发展取得巨大成就。

以排位为首的北京市为例，"十二五"期间，北京市教育成就显著。首先，教育普及水平进一步提升。0 ~ 3 岁婴幼儿家庭教育指导网络进一步健全，学前三年毛入园率达到 95%，义务教育毛入学率超过 100%，高中阶段教育毛入学率达到 99%，高等教育毛入学率达到 60%，就业人员受教育程度为大专及以上的比例超过 50%，从业人员继续教育年参与率超过 60%。其次，教育公平取得新突破。优质均衡的"北京教育新地图"初步形成，人民群众教育的实际获得感明显提升。2015 年小学就近入学比例达到 94.1%，初中就近入学比例达到 90.6%。北京市教育质量持续提高。"十二五"期间，新建改扩建幼儿园 843 所，新建改扩建中小学校 200 所，增建城乡一体化学校 65 所。2015 年，北京市初、中、高等教育生师比为 10.57，比 2010 年降低 7.6%，北京市坚持以社会主义核心价值观为引领，素质教育持续深化，中小学生减负工作取得明显进展，课程和教材建设持续推进，教育教学模式不断创新优化，教育质量保障体系和监测评估机制更加健全，学生全面发展和个性发展需求得到进一步满足，综合素养不断提高。另外，教育开放和辐射影响力不断扩大。首都教育培养高素质、国际化人才的能力不断增强，与国际优质教育资源交流合作的平台进一步拓展。国际学生教育体系持续优化，2015年在京国际学生规模近12万人次。以孔子学院（课堂）建设和北京教育国际宣传为依托，教育对外影响力持续扩大。京港、京澳、京台教育交流日益频繁，京津冀教育协同发展稳步推进，教育对口帮扶任务高质量完成。

再以上海市为例，"十二五"期间，上海市深入贯彻落实国家及上海市中长期教育改革和发展规划纲要，加快教育改革和发展取得新的成效。首先，推进各类各级教育全面普及。2015年，上海市学前三年毛入学率达到99%，幼儿园在校人数达53.59万人，比2010年增加33.87%；义务教育毛入学率达99.9%，在校生达121.10万人；高中阶段毛入学率达98%，比2010年增加6.3个百分点；高等教育在校生达92.15万人，其中研究生的比重比2010年增加3.6%。其次，推进基础教育均衡发展。上海市坚持通过实施学区化集团化办学、新优质学校创建、品牌学校赴郊区对口办学、郊区农村义务教育学校委托管理等方式，不断缩小城乡之间、学校之间办学水平差距。优化基础教育资源配置，启动实施基本建设项目807个，其中85%的项目落户郊区。实施"三个统筹"的投入机制，缩小各区县基础教育经费投入。不断完善随迁子女就读政策，保证符合条件的随迁子女全部接受免费义务教育。2014年，上海市整体通过国家义务教育均衡发展督导评估，在全国率先实现区县内义务教育基本均衡目标。同时，教育投入不断加大，教育质量不断提高。上海市完善教育经费投入机制和管理机制，从注重立项管理转向过程管理，从注重项目管理转向注重学校管理，从注重分配管理转向注重绩效管理。同时，引入高端人才，试点实施市属高校本科教学教师激励计划，极大地促进了教育质量的提高。2015年，上海市财政性教育经费投入达767.3亿元，比2010年增加350亿元，增加83.87%；上海平均受教育年限达10.95，远高于全国平均水平，每十万人口中有在校大学生3815人，研究生573人；主要劳动年龄人口平均受教育年限为11.9年，主要劳动年龄人口受过高等教育的比例为35%，比2010年增加8.4%。

（三）2011～2015年我国居民文化休闲资源综合评价结果的分析

根据对文化福祉指标的因素分类，我们进一步对文化福祉中的文化休闲资源做测试评价。

1. 2011～2015年我国居民文化休闲资源基本发展走势

文化事业费集中体现了各级政府对文化事业的资金投入，是反映文化事业发展的核心指标。从总量上看，"十二五"以来，我国文化事业费逐年增加，2011年和2012年保持在20%以上的增长速度，2013年、2014年增长速度有所减慢。2015年，全国文化事业费达682.97亿元，比上年增加99.53亿元，增长17.06%，增幅比上年回升7.08个百分点，又回到了较快的增长速度（见表7）。

表7　"十二五"以来文化事业费总量和增长速度

	文化事业费（亿元）	增长速率（%）
2011年	392.62	21.53%
2012年	480.10	22.28%
2013年	530.49	10.50%
2014年	583.44	9.98%
2015年	682.97	17.06%

"十二五"期间文化事业费不断增长，伴随着文化事业费总量的不断增加，全国人均文化事业费快速提高，2015年为49.68元，比上年增加7.03元，同比增长16.5%。2015年全国人均文化事业费约是2010年的2倍，2005年的4.8倍，2000年的10倍。人均文化事业费基本上呈现5年翻一番的趋势。

随着经济和技术的不断发展，互联网在居民生活中扮演着越来越重要的角色，为网民在信息获取、商务交易、交流沟通、网络娱乐等方面提供了重要渠道，也为企业进行客户服务、内部管理、电子商务、网络营销等方面提供了较好的平台。随着国家信息化建设的全面展开，计算机和网络技术不断创新，居民信息消费需求增长强劲，我国网民规模实现跨越增长，网络接入也更加普及。近年来，中国已成为网民绝对数量第一的大国，到

2015 年年末，我国互联网上网人数达到 6.88 亿，比 2010 年年末的 4.57 亿增长 0.5 倍，年均增长 10.1%。目前，互联网普及率由 2010 年的 34.3% 上升到 50.3%，比全球互联网普及率高 3.9 个百分点（见图 1）。为满足人民日益增长的通信需求，五年间，电信企业一直加大对宽带和互联网业务的投资力度，使互联网通信能力快速提高。2015 年年末，互联网宽带接入端口比 2010 年增长 2.1 倍，达到 57709.4 万个，年均增长 41.5%；互联网宽带接入用户继 2010 年达到 12629.1 万户之后，到 2015 年达到 25946.6 万户，年均增长 21.1%。

图 1　2011～2015 年网民数与互联网普及率

图书、报纸和期刊量是一个国家文化事业的重视和发展程度的重要体现。"十二五"期间，我国文化改革取得新的成效，文化事业得到进一步加强，文化服务体系建设进入稳定发展的重要时期，文化产业也得到快速的发展。2015 年年底，全国共有公共图书馆 3139 个，比 2010 年底增加 279 个；县文化馆 2037 个，增加 371 个；有线广播电视用户 23567 万户，有线数字电视用户 19776 万户，分别增加 4695 万户和 10906 万户；年末广播节目综合人口覆盖率为 98.2%，提高 1.4 个百分点；电视节目综合人口覆盖率为 98.8%，提高 1.2 个百分点。文化产业异军突起，各项指标均位居世界前列。2015 年共生产电视剧 23.31 万部 686.36 万集，动画电视 309060 小时；生产故事影片 686 部，科教、纪录、动画和特种影片 202 部；出版各类报纸 430.1 亿份，各类期刊 28.8 亿册，图书 86.6 亿册。

2. 2011~2015年我国居民文化休闲资源区域分析

为进一步考察我国居民休闲文化水平的地区差异，我们将东部、东北、中部和西部四大区域在 2011~2015 年的居民文化休闲资源状况综合评价得分进行了统计（见表 8）。

表 8　2011~2015 年各区域文化休闲资源评价

	2011 年	2012 年	2013 年	2014 年	2015 年
东部地区	0.5541	0.5946	0.5999	0.6097	0.6593
东北地区	0.5270	0.5462	0.5602	0.5829	0.6154
中部地区	0.4981	0.5125	0.5219	0.5303	0.5710
西部地区	0.5103	0.5346	0.5454	0.5601	0.5924
平均得分	0.5224	0.5470	0.5569	0.5708	0.6095

如表 8 所示，可以看出不同区域文化休闲资源方面存在的差异。从各区域得分来看，总体上呈现东部地区明显高于其他三个地区的情况，其次表现出东北地区、西部地区、中部地区递减的特点。我国文化发展受到经济发展水平、自然环境条件、历史文化传统等多种因素影响，因此不同地区之间存在较大的差异。从文化投入和公共文化发展程度来看，东部地区最好，西部次之，中部地区最差。除 2012 年东北地区文化休闲资源得分稍低于区域平均得分外，这五年间，东部地区和东北地区的文化休闲资源得分一直高于区域平均得分，相反中部和西部地区的得分均低于区域平均得分。在 2011~2015 年五年中位次处于靠前的地区除辽宁、吉林属于东北地区外，上海、北京、天津、浙江、江苏、福建等全部为东部地区省份。

同教育水平一样，区域社会的经济发展不平衡的格局和发展模式，影响着不同区域的休闲文化水平。这种不平衡，一方面表现在因自然和历史原因造成的休闲文化基础的悬殊，东部地区由于发展较早，地方财政投入较多，集中了较多的文化休闲资源，同时各种休闲设施等建设完善，加之富有人文气息的旅游资源，吸引着各个地区的人到东部会聚，而西部地区则更多地得益于中央的转移支付；另一方面在于政府的非均衡发展政策，文化休闲投资向部分地区倾斜，加剧了文化休闲资源配置的不平等和结构性短缺。仅以 2011 年人均文化事业费为例，上海地区是 102.99 元，而处于中部的河南省和湖南省分别只有 13.04 元和 14.98 元。经济发达的东部地区在文化休闲资源方面占有绝对的优势。

"统筹区域发展"是全面、协调、可持续发展的重要组成部分，文化休闲资源的区域协调发展是建设和谐社会的必然要求。"十二五"时期，《文化部"十二五"时期文化改革发展规划》《东北振兴"十二五"规划》《西部大开发"十二五"规划》等一系列政策文件，为区域文化休闲建设发展提供了重要的支持，特别是对西部地区文化建设起到很大的推动作用，这进一步缩小了区域之间休闲文化建设发展的差距。在错综复杂的国际环境和艰巨繁重的国内改革发展稳定任务中，在党中央、国务院的坚强领导和全国人民大力支持下，西部地区积极落实西部大开发的相关政策，推动着西部地区发展又迈上一个新台阶。西部地区经济实力稳步提升，主要指标增速高于全国和东部地区平均水平，城乡居民收入年均增长超过 10%。2015 年，地区生产总值占全国比重达到 20.1%，常住人口城镇化率达到48.7%。经济的快速增长也带动着文化休闲服务体系不断完善，公共文化服务覆盖面持续扩大，保障水平稳步提升。

"十二五"期间，西部地区各级党委、政府高度重视文化建设，根据《西部大开发"十二五"规划》提出的繁荣文化事业的发展目标，坚持中国特色社会主义文化发展道路，大力推进社会主义核心价值体系建设。进一步加强公共文化基础设施建设，以农村和基层为重点，实施广播影视和文化惠民工程，推动开展全民阅读活动，基本建成公共文化服务体系，建立健全基层公共文化服务体系经费保障机制。本着经济实用原则有序实施地市级图书馆、文化馆、博物馆建设工程，以及县及县以上城镇数字影院建设。大力推进以文艺骨干、文化大户为重点的文化人才队伍建设，加强对基层文化活动积极分子的培养和扶持。加强文物和非物质文化遗产保护工作，实施西部文化和自然遗产保护专项工程。深入挖掘民族传统文化资源，促进优秀传统文化传承、创新和发展。深入开展历史文化名城、名镇、名村及民族特色村寨保护与发展工作。加强基层公共体育设施和民族特色体育场馆建设，打造环青海湖国际自行车赛、宁夏银川国际摩托车赛、内蒙古赛马等特色体育竞技活动品牌，促进群众性文化体育活动发展。加快文化"走出去"步伐，扩大对外文化交流，构建以优秀民族文化为主体、吸收外来有益文化的对外开放格局。

这些支持西部大开发的政策文件的落实，为西部地区文化休闲资源提供强大的支持，这也是西部地区的文化休闲资源评价得分虽不能与东部地区相比，但是评分高于中部地区，甚至有些东部地区的省份的原因，例如新疆、青海等省份的得分甚至高于处于东部地区的山东等省份。

3. 2011~2015年我国文化休闲资源省际分析

表9反映了2011~2015年文化休闲资源各省份得分及排名情况。

表9　2011~2015年各省（区、市）文化休闲资源评价

地区	2011 年	排序	2012 年	排序	2013 年	排序	2014 年	排序	2015 年	排序
北京	0.6274	1	0.6812	2	0.6968	2	0.6915	2	0.7558	2
天津	0.5688	3	0.5877	4	0.5677	10	0.5842	10	0.6093	13
河北	0.5002	21	0.5267	19	0.5403	20	0.5473	22	0.5798	22
山西	0.5190	14	0.5301	18	0.5436	18	0.5519	20	0.5869	20
内蒙古	0.5287	10	0.5536	12	0.5715	8	0.5827	12	0.6129	11
辽宁	0.5328	9	0.5575	11	0.5813	6	0.6138	4	0.6582	5
吉林	0.5368	8	0.5589	8	0.5685	9	0.5858	9	0.6123	12
黑龙江	0.5114	20	0.5223	21	0.5307	22	0.5491	21	0.5756	23
上海	0.6267	2	0.7362	1	0.7208	1	0.7327	1	0.7500	3
江苏	0.5463	5	0.5835	5	0.5962	4	0.6104	5	0.6600	4
浙江	0.5613	4	0.6127	3	0.6237	3	0.6355	3	0.7613	1
安徽	0.4938	27	0.5106	26	0.5154	28	0.5184	29	0.5697	25
福建	0.5374	6	0.5816	6	0.5835	5	0.5969	6	0.6571	6
江西	0.4936	28	0.5057	29	0.5169	26	0.5257	27	0.5755	24
山东	0.5123	19	0.5265	20	0.5412	19	0.5537	19	0.5878	19
河南	0.4887	31	0.5011	31	0.5118	30	0.5211	28	0.5610	28
湖北	0.5001	22	0.5190	22	0.5269	24	0.5349	24	0.5816	21
湖南	0.4931	29	0.5086	28	0.5167	27	0.5300	25	0.5514	29
广东	0.5371	7	0.5577	10	0.5640	12	0.5723	15	0.6078	15
广西	0.4978	24	0.5189	23	0.5285	23	0.5381	23	0.5656	27
海南	0.5239	11	0.5523	13	0.5650	11	0.5721	16	0.6236	8
重庆	0.5189	15	0.5401	16	0.5526	17	0.5733	14	0.6177	10

续表

地区	2011 年	排序	2012 年	排序	2013 年	排序	2014 年	排序	2015 年	排序
四川	0.4990	23	0.5165	25	0.5355	21	0.5542	18	0.5903	18
贵州	0.4946	26	0.5018	30	0.5038	31	0.5125	31	0.5392	31
云南	0.4928	30	0.5088	27	0.5147	29	0.5182	30	0.5464	30
西藏	0.5173	17	0.5446	15	0.5569	16	0.5947	7	0.6090	14
陕西	0.5186	16	0.5399	17	0.5576	15	0.5676	17	0.6064	16
甘肃	0.4961	25	0.5187	24	0.5241	25	0.5277	26	0.5688	26
青海	0.5171	18	0.5580	9	0.5630	13	0.5840	11	0.6225	9
宁夏	0.5214	12	0.5509	14	0.5596	14	0.5780	13	0.6003	17
新疆	0.5210	13	0.5639	7	0.5766	7	0.5897	8	0.6297	7

从各地区的横向比较来看，在 2011～2015 年我国各省（区、市）居民文化休闲资源状况综合评价结果排名中，上海、北京、浙江和江苏排名比较靠前，而云南、贵州等省份排名比较靠后。各省（区、市）的文化休闲资源得分排名和文化福祉综合排名有很大的区别，且有些地区波动比较大。如黑龙江省在文化福祉综合排名中一直在中等偏上的水平，而在文化休闲资源排名中一直在 20 名之后；而在文化福祉综合排名中一直排在最后的西藏、青海，在 2015 年文化休闲资源评价中分别排在了第 14 和第 9 名。文化休闲资源得分排名波动比较大的还有天津、广东、四川等地区，这些地区都存在某年的得分急剧上升或下降的情况。而有些落后地区排名一直没有变化，且得分远远低于富裕地区。如贵州在 2013～2015 年休闲资源得分排名中一直位于最末位，且得分平均在 0.51 左右，而保持前三位的上海、北京、浙江等地区平均得分则在 0.69 左右。我们应该注意到，由于所选取的文化休闲资源指标与人口数量具有很强的相关性，这样就不难解释西藏、青海等省份虽然地处西部，经济欠发达，但是在文化休闲资源评价得分和排名方面比较靠前。同样道理，山东、广东等虽然是经济强省，但常住人口众多，而文化休闲资源的建设无法适应众多常住人口的需求，导致了山东、广东等在文化休闲资源评价得分和排名方面不是很理想。

上海在 2011～2015 年文化休闲资源评价中稳居前三的位置，且 2012～2014 年一直保持在第一名，这一方面得益于自身雄厚的经济基础、丰富的文化资源和健全完善的基础设施。"十二五"期间，上海市各级各类文化设施、基础网络建设、城市阅读氛围营造取得各项进展，为上海建设国际文化大都市奠定了强有力的基础。在公共文化设施方面，上海已基本形成涵盖区、市、街道、村居的四级公共文化基础设施网络。全市共有剧场135个，近五年新建、改建的专业剧场有近20个；共有图书馆238个，每10万市民拥有1.2家图书馆，人均藏书3.27册，均处于国内领先地位；共有博物馆125家，其中免费开放96家，每20万市民拥有1座博物馆，年均举办展览超过400场，年观众接待量超过2100万人次；共有美术馆76家，年举办展览近500场，接待观众人次超过500万。此外，上海广播电视基础网络发展迅速，全市有线电视数字化整转用户数已达691.2万户，全市整体转换率达到95%；下一代广播电视网（NGB）建设覆盖用户数从"十一五"末的50万元增至712万户。上海的文化产业快速发展，2015年，全市文化创意产业增加值为3028亿元，占全市GDP的比重为12.1%，文化创意产业已经成为上海国民经济发展的重要支柱性产业，电影、艺术品交易、网络游戏、网络视听等产业发展迅速。"十二五"期间，上海影视产业取得了快速发展，电影备案、完片数量大幅增长，市场票房、观影人次、场次等增幅明显。一大批重点电影企业，特别是一批新兴互联网企业都把影业公司注册在上海。上海制作完成的电视剧产量连续5年保持全国第三；全市共有电影院275家，1562块银幕，座位数超过22.6万个；2015年年底，全市影院共放映电影超过250万场，有超过7300万市民走进影院观影，放映场次、观影人次在全国单列市中位居前列。2014年，上海温哥华电影学院开学招生，围绕学院规划和建设的环上大国际影视园区，实现了由电影学院发展带动世界一流的影视园区、高端电影后期制作基地的建设。上海文化产业的快速发展，也营造了其文化休闲娱乐发展的氛围，对居民文化福祉的提升有重要促进作用。

浙江省也是文化产业大省，其影视、动漫等文化产业也促进居民文化休闲生活质量的提升。浙江省的文化休闲资源评价得分2012年以来一直排名前三，2015年跃居首位。浙江省先后出台《浙江省推动文化大发展大繁荣纲要（2008—2012)》《浙江省国民经济和社会发展第十二个五年规划纲要》《浙江省文化发展"十二五"规划》《浙江省文化产业发展规划

（2010—2015）》等政策文件。《浙江省文化发展"十二五"规划》提出，2011～2015 年是推动浙江省由文化大省向文化强省跨越的重要时期，各级政府部门认真执行各项决策部署，整合各项文化休闲资源，取得重大成就。"十二五"期间，浙江省加大对文化休闲基础建设的投入，2015 年浙江省文化、体育和娱乐业固定资产投入达 311.45 亿元，比 2010 年增长 4.14 倍；文化事业费投入 48.82 亿元，比 2010 年增长 101.7%，文化事业费占财政支出的比重一直保持在全国首位，约占 75%；浙江省互联网经济发展迅速，带动网络文化资源的不断发展，2015 年，浙江省万人接入互联网用户数达到 8609.64 户，达到全国最高水平，比 2010 年增加 2.56 倍。与此同时，乌镇互联网大会的落户，杭州市在准备 2016 年的 G20 峰会、申请 2022 年亚运会的举办权等方面工作极大地推进了浙江省文化和体育事业的发展，形成文化娱乐休闲良好的环境氛围，这对提升民众文化福祉起到了巨大的作用。

（四）我国居民文化福祉存在的主要问题

1. 我国居民文化福祉提升仍然缓慢

数据显示，"十二五"期间，我国居民文化福祉指数有了小幅度的提升，从 2011 年的 2.22 到 2015 年的 2.31。我国的文化发展状况与我国历史文化和发展规划有重要关系。我国有着丰富的历史文化，受传统文化的影响，我们传统、保守的思想观念对文化发展产生重要影响；另外，我国文化建设滞后与我国长期形成的传统发展观也存在相关性。中华人民共和国成立伊始，百废待兴，我国优先发展经济的战略忽视了人们的精神文化生活；改革开放后一段时间里也存在过分注重经济建设、文化建设不到位的问题。这种单纯追求经济一维发展、注重财富增长的发展理念导致了社会的畸形发展。对经济增长的过分青睐势必会减少与人们文化生活相关领域的资源投入，导致文化娱乐基础设施投入不足。虽然"十一五"和"十二五"期间我国逐渐重视居民文化生活水平的提高，并不断加大文化投入，但是从文化福祉指数变化来看，我国居民文化福祉提升仍然缓慢。

2. 教育资源区域发展不平衡

2011～2015 年各区域平均受教育年限均值（见表 10）显示，无论从不同年份各个地区数值还是从同一地区不同年份的数值来看，区域分值变化不大，东北地区和东部地区得分远高于中部地区和西部地区，同时东部地区又高于东北地区。其中西部地区的受教育年限与东部地区和东北地区相差很大，且这几年区域间差距并没有缩小，而这种教育资源的地区差异趋势，需要引起有关部门的高度重视。

表10　2011～2015年各区域平均受教育年限均值

单位：年

	2011 年	2012 年	2013 年	2014 年	2015 年
东部地区	9.48	9.60	9.68	9.66	9.77
东北地区	9.23	9.45	9.66	9.54	9.54
中部地区	8.78	8.89	9.03	9.01	9.13
西部地区	8.17	8.15	8.19	8.20	8.34

　　西部省份和欠发达区域发展落后的现象与国家在区域发展方面的政策导向不无关系。区域社会经济发展不平衡的格局和发展模式，必然影响不同区域的教育发展水平，并向教育发展提出不同的要求，带动教育发展也出现了不同的区域格局。这种不平衡，一方面表现在因地理位置产生的教育水平发展差异，如2015年上述各区域人均受教育年限，东部地区平均比西部地区多1.43年；另一方面在于政府的非均衡发展政策，教育投资向一部分学校倾斜，加剧了教育资源配置的不平等和结构性短缺。我国长期以来坚持东部地区优先发展战略，中西部资源源源不断地输送到东部，自身却并没有得到东部地区的技术和"反哺"。以初、中、高等教育生师比为例，2011～2015年最高值和最低值地区两者数值差虽然较"十一五"期间稍有减少，但还是基本维持在8个百分点左右，西部匮乏的师资和东部富足无处分流的教师队伍形成强烈的对比。

　　我国的区域教育水平差异是亟待解决的社会现实，若差距持续扩大必将激化资源配置公平与效率之间的矛盾，降低教育资源的使用效率，造成教育资源短缺与浪费并存的局面。从长远来看，它也将影响我国社会经济的整体发展和社会公平正义，影响社会的稳定，最终也会危害各区域教育的自身发展。

3. 居民休闲文化设施区域发展不均衡

前面教育水平的波动比较小，与此不同的是文化休闲资源评价体现出更大的波动性。目前，虽然我国整体公共休闲资源投入不断加大，人均占有量有所升高，但受经济发展水平、自然禀赋差异和历史文化传统等多种因素的影响，加之我国政府处于对公共休闲资源垄断性占有的强势地位，导致不同区域间公民享受文化产品和服务的不均衡现象非常突出。从发展程度来看，东部地区最好，西部次之，中部地区最差。从长远来看，这种不平衡必然影响我国社会经济的整体发展，还会破坏社会的公平与正义，影响社会的稳定，最终也会危害各区域休闲文化的自身发展。因此，进一步整合文化休闲资源，促进文化休闲基础设施建设的投资平衡，转变落后地区的休闲文化观念，加强文化市场的监管等成为满足人民群众文化需求亟待解决的问题。

4. 构成文化福祉的指标间发展不平衡

文化福祉的评价不仅包含整体的评价，还包括教育水平和文化休闲资源两个方面，而这两个方面又分别包含4个和3个指标。文化福祉的各方面存在差异。从宏观上看，指一个省份或者地区尽管在整体排名上较靠前，但在教育水平和文化休闲资源两个方面表现可能不尽相同。比如黑龙江省在文化福祉综合评价中基本稳定在第13、14名，但是在教育水平评价中则比较靠前，在第7位左右，相反在文化休闲资源评价中排名就很靠后。各个省份主体内部指标发展不平衡将会影响到它们文化福祉整体上的提升。从微观方面来看，则是指不同指标的衡量结果存在差异。因此，在文化福祉建设方面，不同省份面临的任务是迥异的，需要具体问题具体分析。

5. 文化福祉的指标本身存在问题

通过对2011～2015年各地区文化福祉综合评价和教育水平、文化休闲资源的分别评价，我们从各区域的得分情况可以看出，影响文化福祉水平的重要因素一是经济发展水平，二是各省份所实施的政策差异。在文化福祉的评价指标中，文化休闲资源指标因为去掉了一个彩色电视机普及率的指标比重下降，相对的教育水平比重较大，这也导致了文化福祉综合评价与教育水平的排名顺序相差比较小，与文化休闲资源的排名顺序相差比较大。另外，文化休闲资源的指标包括人均文化事业费，万人接入互联网的用户数，万人拥有图书、报纸、期刊的数目，都是人均指标，与地区人口数量有很大的相关性，这一方面也对上述结果产生了重要影响。例如，根据 2015 年数据统计，西藏人口较少，人均文化事业费一直保持在前三，2015 年居全国首位，所以西藏的文化休闲资源得分排名相对靠前，青海在这一方面也表现出同样的特征。另外，文化福祉相关指标中，以体现政府供给的指标为主，而缺少居民实际获得的文化生活评价指标，这也对文化福祉的评价结果造成了影响。

三　提升我国居民文化福祉的相关政策建议

（一）教育水平方面公共政策分析与建议

教育对一个国家，乃至世界来说都是亘古不变的话题，虽然中国教育在发展道路上走在了发展中国家的前列，对人类文明发展有着巨大贡献，已经有了瞩目的成就，但是存在的问题也不容忽视。进入 21 世纪以后，教育问题更是备受关注，教育均衡发展的话题不断在报纸、新闻、网络等媒体上被纷纷议论。党的十九大报告指出，坚持在发展中保障改善民生，在幼有所育、学有所教等方面不断取得新进展，保证全体人民在共建共享发展中有更多的获得感。因此，全面推进素质教育，提升国民素质，培养适应新世纪发展要求的创新型人才，这也是提升居民文化福祉的重要任务。

1. 完善均衡的教育投入机制，确保教育经费投入足额到位

党的十八大以来，全面实施素质教育，深化教育领域综合改革，着力提高教育质量取得显著成效。我国存在区域之间社会经济发展不平衡的现象，教育领域发展的不平衡也极其严重。因此，我们要坚持统筹全局、协调发展的原则，促进教育全面、协调、可持续发展。

首先，改革基础教育经费投入机制，提高国家教育财政投入比例。虽然在普及九年义务教育事业发展中我国取得了一定的成就，但是受经济发展因素的影响，一些地区距离真正的教育普及还有一定的差距。要实现区域教育均衡发展，首先要保证教育的纵向发展平衡。政府在加强对高等教育投入的同时，更应该注重加强基础教育的投入机制，尤其是欠发达地区的农村基础教育。强化政府对义务教育的保障责任，建立和完善教育公共财政体制，努力增加对教育的经费投入，同时，厘清省、市、县教育行政部门管理权限和管理责任，强化各级政府及有关部门管理与发展教育的责任。

其次，完善贫困地区教育经费投入机制。通过多种渠道增加对革命老区、贫困地区、边境地区、少数民族地区的教育投入，开展对贫困县的支援教育、加快民族地区的义务教育发展等措施，促进少数民族区域的教育发展。应该根据地区的经济发展和教育发展的状况，提供平等的办学条件、物质条件和师资队伍，使义务教育阶段的学校都能达到法定标准。作为政府，在公民的义务教育的支出方面，应该倾向于社会贫困弱势群体，财政部门应该加大对贫困人口的教育扶持力度，尤其是贫困家庭子女和农民工家庭子女的教育支持。建立农村免费义务教育专项资金，落实中小学公用经费标准和来源，建立健全教育基础设施建设保障机制。

最后，健全教育经费投入和使用的监管制度。地方政府、教育行政部门等应互相监督，严格规范公立学校的收费行为，应该规范地、安全地对公共财政制度进一步完善；为了让各级地方政府履行各自的职责提供财政资源，应该建立中央和地方纵向教育财政转移框架和各县之间的横向教育转移框架，建立和完善规范化转移支付制度，增强财政困难县义务教育经费的保障能力，制定刚性措施，使中央、省两级财政转移支付的资金足额到位，杜绝截留转移支付资金现象，健全教育审计机制。

2. 制定区域教育规划，统筹中西部教育发展

在各地区基础教育发展的基础上，还要制定区域教育规划，应对我国教育区域发展不平衡的问题。区域教育发展规划需要认真研究教育领域不均衡不充分的表现形式，抓主要矛盾，主动回应人民群众对教育新期待。推动教育政策法规的制定，从而在宏观调控方面发挥重要作用。要研究适合各区域共同发展的教育体制政策、教育经费政策、教育人事政策和教育质量政策，做到倾斜和协调相结合，不仅要保证教育均衡发展，还要保证教育标准化发展、一体化发展。

教育资源的均衡是教育平衡充分发展的基础，调整和重组现有教育资源，提高优质教育资源的使用效率，最大限度地满足人民"想上好学"的需求，这是区域教育发展规划必须要关注的问题。东部地区教育资源丰富，师资力量雄厚，而中西部地区则缺少师资，师资力量的不平衡阻碍教育一体化发展；另外，东部在基础教育之外，非学历教育培训机构重叠、实力雄厚，而中西部地区在这方面资源较为短缺。加强东西教育资源的整合，可以实现东西部教育发展的互补，更好地满足居民对高质量教育的需求。

3. 加强师资队伍建设，均衡师资队伍资源配置

教师队伍建设在教育发展中发挥着不可替代的作用，只有加强优秀合格教师队伍的建设和发展，做好师资队伍的合理配置工作，才能不断推动教育快速均衡发展。

一方面，教师的保障机制需要完善，尤其是农村地区的教师保障制度。农村教育保障制度的完善需要充分发挥农村教师的主体作用，我国政府需要加强农村教师保障制度的经费建设工作，结合国家财政预算管理，保证农村教师工资的按时发放，同时，也要保证农村教师工资的足额发放，不断完善农村教师的医疗保险制度，完善教师的事业保险制度，完善教师的住房公积金制度，加强农村教师的失业保险制度建设，在社会保障制度的健全方面，应结合农村教师的根本利益制度，并结合当地政府和学校的规模化建设和发展，对农村中小学教师的医疗养老保障制度进行完善，提高教师的生存质量，做好教师职业生涯的管理，在肯定教师工作业绩的同时，尽可能地弘扬尊师重教的精神，建设良好的教育环境，同时也创建较为宽松的教师舆论环境，更新教师的职业形象。

另一方面，进一步加强教师培训工作和交流制度。教师培训工作在城市学校较为常见，城市学校教师的专业发展也更为完善，而农村地区经济发展较为落后，在教育教学各方面存在一定的教师专业发展障碍，要考虑到国家在教师培训方面的城市化倾向，对于农村教师专业的培训模式应采用分层培训，按照民族分布、行政区域以及经济发展水平进行区别，这样的分层培训方式不仅能够照顾到各个地区经济发展、教育特色的不同，还可以更有针对性地实现教师专业化发展，有助于快速实现教育教学工作的推进。进一步加强和鼓励示范学校与薄弱学校的教师交流，定期组织城乡教师交流，完善教师交流培训保障措施。

推动教育改革的客观要求是全面提高教师整体素质，加强教师教学水平；还应该开展推进城市教师、师范类学生支教农村等活动，专门为农村学校开展教学和科研活动，启动"西部志愿者计划"等项目，开展指导农村教师在教学中存在问题的研究活动，促进教师水平发展均衡。为了促进教育公平，国家应该持续改进教师收入分配制度、绩效评估制度，完善社会保障体系，加强贫困地区师资队伍建设。

4. 促进教育信息化，引导网络教育发展

随着移动通信"云计算"物联网等新一代信息技术的快速发展和应用，大规模数据正在急速产生和流通，大数据的"威力"强烈地冲击着教育系统，正在成为推动教育系统创新与变革的颠覆性力量。随着国家"三通两平台"工程的大力实施和推进，区域教育信息化正在快速发展升级，为区域教育均衡发展提供了新的机遇。各级各类学校在数字校园建设过程中，部署了众多的信息化教学与管理系统，如学习管理系统、教务管理系统、设备资产管理系统等，不断产生着海量的教学、学习与管理信息，如何创新应用这些教育大数据助推我国区域教育均衡发展是深化教育领域综合改革亟待解决的重大问题。

政府在进一步加强教育信息化基础设施建设的基础上，真正激发网络教育的活力。目前网络教育主要是通过电视和互联网等传播媒介的远程教学模式，它解决了教育资源匮乏、实现资源共享的难题，对于实现我国教育区域发展均衡化、提升居民教育水平具有重要意义。但是目前网络教育在我国属于起步阶段，应用范围相对较小，还存在着一些质量问题，政府需要通过规范网络教育发展，创新网络教育模式，进一步促进网络教育发展。

（二）文化休闲方面公共政策分析与建议

休闲文化是人类生活的一种重要特征。它不仅是一个国家生产力水平高低的标志，更是衡量社会文明的尺度，同时也是人的一种崭新的生活方式、生活态度。随着社会经济的发展，科技革命和技术革命的不断突破进步，城市化、工业化的双重驱动，人们的生产方式和生活方式发生了深刻的变革，拥有更多闲暇时间和可支配收入的人们开始追求放松身心、怡情养性、审美愉悦等精神文化方面的需求，建立起休闲观念，向往高质量的休闲生活，休闲需求旺盛，休闲消费在家庭总消费中的比重不断增大，休闲文化亦应运而生。

从我国经济发展社会进步的实际情况来看，在经济和社会发展的不同阶段，人们对物质文化需求的标准和内容也是不同的，随着生活水平的提高，人们更加注重追求生活的品质，提高整体生活质量，尤其是文化生活质量。不仅要求改善城乡居民的物质生活，也要求人们的文化生活得到进一步充实；不仅要求个人物质文化消费水平的提高，也要求整体社会福利和文化生活条件的改善。为实现我国文化休闲水平的进一步提高，我们需要从以下几个方面进行努力。

1. 加大休闲投入，支持文化休闲产业发展

休闲文化的质量受经济水平的影响巨大，稳定经济收入是休闲文化质量提升的前提。因此政府需要稳定促进经济发展，努力提高人民群众的可支配性收入，切实保障休闲娱乐权利。根据马斯洛的需求理论，当人的低一级需求满足之后会主动寻求更高层次需求的满足。因此，随着人民生活水平的提高，休闲生活的比重将会越来越大。

一方面，政府要加大投入，建设符合群众需求的休闲文化设施和产品，扶植和培育特色休闲产业，不断满足人民日益增长的多元休闲文化消费需求。另一方面，政府要支持文化休闲产业创新，制定相应的税收政策、土地政策给予新型文化休闲产业政策扶持。目前，旅游休闲方式越来越受人们喜爱，政府通过积极引导树立健康、文明、环保的休闲理念，通过创造开展旅游休闲活动的便利条件，有利于让更多的国民投身旅游休闲，并通过休闲活动追求内心的宁静和现实，在休闲过程中获得心理和精神上的愉悦，进而提高个人和家庭的幸福指数，推动人与经济社会全面、协调、可持续发展。

2. 加强休闲教育和研究，倡导健康的生活方式

随着人们对美好生活需求的提高，人们对休闲生活的重视度也越来越高，而我国休闲文化事业发展不平衡不充分的问题仍然存在，这就要求我国政府应从关注民生、以人为本的发展理念出发，强化全民的休闲教育，发展休闲专业教育。随着带薪休假制度、长假制度等的实行，当前中国人民的休闲时间越来越多，而在如此多的闲暇时间里如何做到享受健康的休闲、科学合理的休闲，是值得政府和学术界深入思考的重要问题。政府和教育机构、休闲志愿者组织应该大力加强全民的休闲教育，让人们学会如何休闲。在高校建立休闲教育相关专业，开设休闲科学、休闲管理、休闲规划和政策等方面的课程，开展针对休闲行业的服务和管理人员的培训等将成为休闲教育的重要途径。

另外，鼓励支持发展休闲科学的研究，包括休闲研究组织、休闲刊物的建立和创办，通过休闲组织的相关活动推动和以通俗的休闲刊物实现休闲科学理论的大众化，引领文化休闲产业健康积极发展，不仅达到休闲教育目的，还能引导公众的休闲需求，倡导居民的休闲娱乐生活方式，对提升居民文化休闲生活质量具有重要促进作用。

3. 整合休闲资源，重视基层休闲发展

加大力度整合各种休闲资源，特别是基层群众的休闲资源，把一些无序的、散落的、潜在的休闲方式、产品集合起来，将健身、旅游、娱乐等多种需求会集起来，致力于满足居民日益多元化的休闲需求，提高休闲资源利用的效率。可以充分利用互联网资源，有效结合线上、线下资源的协调发展，同时要求政府部门规范互联网渠道，制定相关行业标准。

重视基层休闲资源的整合规划。基层场所，尤其是社区，是公民日常游憩和休闲活动的重要区域。对社区的社会与文化发展、社会稳定、青少年的健康成长、老年群体的幸福生活的创造都具有十分重要的作用。因此，我国各级政府应该重视社区休闲和游憩工作。为基层社区制定科学的社区休闲和游憩规划，并认真实施规划的项目，强化对社区休闲和游憩的管理。在吸收国外休闲文化方式的同时，应大力加强传统休闲文化物质遗产、精神遗产、行为遗产的整理保护、挖掘与开发工作，尤其应利用当前我国大力发展文化产业和文化事业的发展形势，在吸收和利用传统休闲文化的基础上，创造富有中国特色的休闲文化体系。

4. 协调区域平衡发展，加大对中西部地区的文化休闲资源投入

东部地区有着优越的条件，经济基础雄厚，文化休闲资源相对较丰富，东部城市应以合理调整产业结构、努力提升生态环境质量为目标，利用其雄厚的经济实力，完善城市休闲功能配置，重点拓展休闲文化产业，实现城市休闲化的优化升级。而中西部地区总体的城市化程度较低，城市经济比较不发达，部分城市自然条件严峻，生态脆弱，城市休闲化建设滞后。因此，政府在文化休闲建设政策方面应向中西部落后地区倾斜。

加大对中西部地区支持力度，一方面，要保障中西部地区的经济可持续发展，以更多的优惠政策积极扶持中西部地区特色的文化产业发展，既带动中西部地区的经济增长，也改善中西部地区的文化休闲消费观念；另一方面，要加大图书馆、文化馆以及互联网道路等基础设施建设的投入，保障居民的文化休闲资源的可利用率，为居民开展多样化的文化休闲活动提供有力的支持，为中西部人民群众提供更丰富的娱乐活动机会。同时，中西部地区是我国少数民族文化发展的主要区域，要集合少数民族特有的文化底蕴，鼓励和支持具有特色的文化产业，开展多样化的文化活动。西部大开发和"一带一路"中丝绸之路经济带建设为中西部地区文化休闲发展提供了机遇，中西部各省份，应抓住这次机会，在公共基础设施建设、生态环境保护方面不断取得新的突破，并充分利用西部的资源和特色优势，建设城市特色休闲旅游度假区，提升城市休闲吸引力，对提升中西部地区居民文化休闲生活质量具有重要意义。

（三）文化福祉综合评价结果的分析与建议

通过对文化福祉的评价分析，我们在一定程度上了解了我国居民文化福祉的总体状况，并通过对各省（区、市）的横向比较，发现文化福祉水平和发展存在许多差异，体现了我国地区居民文化生活保障状况和满足程度的不平衡、国家对地区文化政策的偏向性、文化福祉各方面存在差异等问题。基于这些问题，我们认为政府可以在公共政策上做一些调整。

1. 统筹经济社会平衡发展仍是我国政策指导的重要方向

首先，各地区之间经济发展的不平衡问题仍是我国地区居民文化生活需求得不到满足的主要原因。由于地区地理位置、资源分配等原因，我国东部地区本身具有经济发展的优势。虽然近年来我国实施的西部大开发、中部崛起、振兴东北老工业基地等政策措施，在一定程度上促进了我国中西部地区和东北地区的发展，但是中西部地区的经济实力与东部地区还存在显著差异；另外，不只地域之间存在差距，我国城乡之间的发展不平衡问题依然严重，从而进一步导致影响居民生活质量的各方面也存在严重的地区间不平衡。

其次，对文化事业发展的重视度和规划也是影响我国地区居民文化生活保障和满足程度的另一重要原因。在文化福祉的综合分析中，我们也发现作为经济大省的广东等省份，其文化福祉的排名并不靠前，其主要原因是教育水平的排名相比其他经济大省比较落后。广东是经济大省，就业机会众多，吸引着许多外来人口和商业进入，但是广东不像北京、上海、天津等地高校云集，教育整体发展及重视程度不如北京、上海。这说明了一个地区对文化建设的投入并不完全与经济发展成正比，文化福祉水平的提高需要政府的政策引导和支持。

2. 给予文化落后省份精准施策是区域协调发展的重要途径

近年来，国家财政对教育的支持力度不断加强，政策倾斜不断得到落实，但是因为政策实施本身缺乏精准度，城乡之间的扶持力度可能存在差异，所以促进文化的平衡充分发展不仅需要从国家层面、地区层面制定平衡的发展策略，还需要政府在经济和文化政策倾斜的时候精准发力，真正实现区域、城乡之间协调发展。

经济的发展、社会生产力水平的显著提高，已经满足人们物质生活的基本需求，在新时代发展的理念下，我们应该利用构建的指标体系及评价结果，调整和制定相关公共政策，在推动文化发展的基础上，着力解决文化发展不平衡不充分的问题，更好地满足居民在文化生活方面日益增长的需求，更好地推进人的全面发展，增强文化生活的获得感。

附录　本部分主要指标解释

1. 初、中、高等教育生师比指各初、中、高等学校学院中在校学生和专任教师比。

2. 成人识字率指15周岁以上人口中有读写能力的人口百分比。这一指标反映了一个国家或地区的教育水平，体现了教育的普及状况。成人识字率＝100% － 文盲率。

3. 平均受教育年限指人口群体中人均接受学历教育的年数。平均受教育年限是一项反映国民受教育程度的可持续指标，反映了一段时期内一个国家或地区总的教育发展水平和普及状况。

4. 文教娱乐消费占总消费性支出的比重指居民用于文化活动、娱乐用品及服务的支出与居民生活消费总支出的比。文教娱乐消费占总消费性支出的比重 = ［（农村文教娱乐消费支出/农村总支出）×农村人口比重 +（城市文教娱乐消费支出/城市总支出）×城市人口比重］×100%。

5. 人均文化事业费指国家用于发展社会文化事业的经费支出，主要包括对国有博物馆、图书馆、艺术馆、纪念馆、文艺团体以及新闻、通信、广播、电视、出版等部门的经费拨款。人均文化事业费是指在以一年为核算基准的前提下政府对文化事业的投入总额与该辖区内人数的比值。

6. 万人接入互联网的用户数指 10000 人中接入互联网的用户数。万人接入互联网的用户数 = 互联网端口数/各省（区、市）人口数×10000。

7. 万人拥有图书、报纸、期刊的数目指一段时间内（通常是以年度为基本的核算单位）地区出版图书、报纸、期刊的数目与地区总人口（万人）的比值。万人拥有图书、报纸、期刊的数目 = 各省（区、市）图书、报纸、期刊的种数/各省（区、市）人口数×10000。

（执笔人：吴东民　张红莉）

中国社会福祉报告

党的十九大进一步明确要加强社会保障体系建设，强调要全面建成覆盖全民、城乡统筹、权责清晰、保障适度、可持续的多层次社会保障体系，这为社会建设领域的发展指明了方向。20 世纪 60 年代以来，随着生活质量研究的兴起和迅速发展，社会生活质量成为生活质量研究的重要内容。社会生活质量的评价涉及社会凝聚状况、社会保障支出、志愿组织水平、社会支持水平、公共安全满意度等方面。本报告在对我们已经构建的社会福祉指标体系进行调整的基础上，全面描述"十二五"期间我国居民社会福祉的变化情况，并结合问题分析，按照党的十九大报告的方针战略，就社会福祉的提升发展提出有关政策建议。

一 中国社会福祉指标体系的调整

（一）社会福祉评价指标体系及其调整

在对社会福祉进行界定时，我们注意到以往各种社会福利经典理论虽然各有侧重，但综合起来看，仍然有一些相同点，基本涵盖了社会保障、福利性服务等内容，即国内学者所称的保障性福利和非保障性福利两部分。前一部分是社会福利发展之初，各国政府和研究者普遍关注的内容。后一部分则是 20 世纪 60 年代以来生活质量研究兴起后受到越来越多关注的内容。基于这种考量，我们将社会福祉界定为国家依法为公民普遍提供旨在保证一定生活水平和尽可能提高保障生活质量资金和服务的社会制度。它旨在解决广大社会成员在各个方面的福利待遇问题，总体上包括保障性福利和非保障性福利两个部分。这两种福利是满足居民基本生活和发展需要的必要社会条件。在评价指标体系构建上，本报告将社会福祉操作化为保障救济、社会互助和福利性服务三个部分。

自 2012 年开始，公开发布的失业保险率这一指标数据的统计口径就有所变化，主要是行业分类采用新的标准，第三产业总就业人数无法获得，从而造成失业保险覆盖率这个指标的数据无法进行前后比较。鉴于此，本轮分析我们剔除了失业保险覆盖率这个指标，最终采用的社会福祉评价指标体系见表 1。

表 1　中国社会福祉评价指标体系

评价因素	评价指标编号与名称	单位	新权重	旧权重	数据来源
保障救济	f_1 基本社会保险覆盖率	%	0.2470	0.1921	《中国民政统计年鉴》
	f_2 城镇低保平均支出水平	元	0.1037	0.1242	《中国民政统计年鉴》
	f_3 农村低保平均支出水平	元	0.1270	0.1191	《中国民政统计年鉴》
	f_4 人均民政事业费支出	元	0.0599	0.0594	《中国民政统计年鉴》
社会互助	f_5 人均社会捐赠款数	元	0.1328	0.0754	《中国统计年鉴》
	f_6 万人社会组织数	个	0.0783	0.0656	《中国统计年鉴》
福利性服务	f_7 千人医疗机构床位数	张	0.1508	0.1637	《中国统计年鉴》
	f_8 社区服务设施覆盖率	%	0.0624	0.0671	《中国统计年鉴》
	f_9 城镇每万人公共厕所数	座	0.0381	0.0399	《中国统计年鉴》

（二）社会福祉指标权重的确定

由于指标体系的调整，我们也相应地重新确定了指标权重。本报告采用层次 - 主成分分析法来对指标权重加以确定。该方法的基本思路是首先采用层次分析法进行指标定量化分析，确定各个具体指标的权重，然后运用主成分分析法对总目标进行综合评价。该方法兼顾了层次分析法与主成分分析法的优点，尽可能避免层次分析法中主观因素的影响，同时也尽可能减小主成分分析法对于数据的依赖性，使最终的总目标评价结果更全面，更符合客观实际。其中，层次分析重新开展了专家调查，本轮参与层次分析的 77 名专家都来自专家库中（入库专家一部分是 20 世纪 80 年代中期以来，参与和从事幸福指数相关领域研究的知名专家，另一部分则是选取了 2010 年中宣部主办的哲学社会科学骨干研修班中的第 33 期和第 34 期学员），共回收有效问卷 73 份，用于权重向量计算。

针对剔除指标的影响，我们重新进行了指标权重的确定，下面有必要对权重变化较大的指标进行分析。

基本社会保险覆盖率权重增加（由 0.1921 增加到 0.2470）。2016 年 3 月出台的"十三五"规划提出实施全民参保计划，基本实现法定人员全覆盖的社会保障建设目标。从完善职工养老保险个人账户制度，出台渐进式延迟退休年龄政策，到发展职业年金、企业年金、商业养老保险以及全面实施城乡居民大病保险制度等多方面为完善社会保险体系指明了方向。在老龄化背景下，养老、医疗与生活质量密切相关，基本社会保险的实施效果对人民福祉的反映更加深刻。

人均社会捐赠款数权重上涨（由 0.0754 增加到 0.1328）。政策上《民政事业发展第十三个五年规划》就慈善事业的发展提出了"贯彻落实慈善法，支持慈善事业发展"的建设目标，并就慈善组织、慈善参与、慈善支持、慈善监管以及福利彩票五个方面提出了建设要求。此外，各类慈善基金、志愿组织以及私人捐赠行为在社会福利领域愈来愈活跃，对社会的整体慈善质量影响程度不断加深。在兜底基本生活保障、解决贫困儿童教育问题上，各类民间慈善组织扮演的角色更加丰富。配合政府工作，民间组织为扶贫效果增加了更多的质量保证，在扶贫方面所起的积极作用不可忽视。基于越发活跃的社会慈善行为，2016 年我国迎来首部慈善法律——《中华人民共和国慈善法》，标志着慈善组织的发展迎来了真正的春天。人均社会捐赠款数作为衡量社会慈善质量的指标在新的形势下其权重有所上涨。

（三）社会福祉综合评价函数的形成

选取相关的 2006～2015 年的公开统计数据，无量纲化处理后进行加权转换，采用探索性因素分析法，按特征值大于 0.5 以及累计贡献率大于 85% 的加权原则对社会福祉的三个部分——保障救济、社会互助和福利性服务分别提取主成分因子，经过整合后，分别得到保障救济、社会互助和福利性服务三个评价函数：

$$Y_1 = 0.4427W_1X_1 + 0.3713W_2X_2 + 0.3442W_3X_3 + 0.3995W_4X_4 \tag{1}$$

$$Y_2 = 0.2338W_5X_5 + 0.7075W_6X_6 \tag{2}$$

$$Y_3 = 0.2425 W_7 X_7 + 0.3560 W_8 X_8 + 0.4187 W_9 X_9 \qquad (3)$$

将以上保障救济、社会互助和福利性服务三个部分的评价函数相加，得到最终的社会福祉综合评价函数：

$$Y = 0.4427 W_1 X_1 + 0.3713 W_2 X_2 + 0.3442 W_3 X_3 + 0.3995 W_4 X_4 + 0.2338 W_5 X_5 +$$
$$0.7075 W_6 X_6 + 0.2425 W_7 X_7 + 0.3560 W_8 X_8 + 0.4187 W_9 X_9 \qquad (4)$$

二 2011～2015 年我国居民保障救济质量

（一）保障救济质量地区层面的分析

根据我国地区间社会经济发展水平差异，我们将除港澳台外 31 个省（区、市）划分为四大区域：东部地区包括北京、天津、河北、上海、江苏、浙江、福建、山东、广东和海南共 10 个省份；东北地区包括辽宁、吉林和黑龙江共 3 个省份；中部地区包括山西、安徽、江西、河南、湖北和湖南 6 个省份；西部地区包括内蒙古、广西、重庆、四川、贵州、云南、西藏、陕西、甘肃、青海、宁夏和新疆共 12 个省份。图 1 是 2011～2015 年各个地区保障救济的评价结果，从图中我们可以看出各个地区在"十二五"期间保障救济的质量均呈现稳步增长的态势。尽管东部地区长期领先于全国而中部地区一直处于最低点，但经过整个"十一五"的建设发展，四个

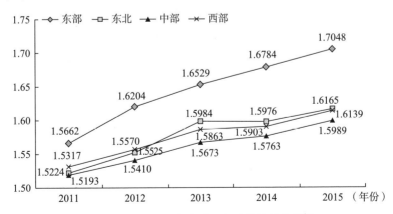

图 1　2011～2015 年各地区保障救济综合评价

地区在"十二五"初期有了相对公平的起点。值得注意的是，在"十二五"期间，地区差距出现了扩大的趋势，尤其是东部地区与其他三个地区差距明显拉大。

（二）保障救济质量的省际层面分析

表2是2011～2015年各省（区、市）保障救济评价结果。总体上看经济发展较好的省份在该部分的评价结果也比较突出，尤其是北京市的保障救济评价结果在整个"十二五"期间都排名第一。从纵向层面分析，"十二五"期间大多数省份的排名稳定。部分省份出现了某一年度排名的突然靠前和落后，例如上海市虽然在2012～2015年排名总体靠前，但在2011年的排名相对居后，对比后文保障救济的四个成分发现，2011年上海市在农村低保平均支出水平上排名第六，拉低了综合排名，而在"十二五"其他年份该指标跃居前三，综合排名因此上升；黑龙江省在2013年排名靠前是因为当年该省的城乡低保平均支出以及人均民政事业费有所上调，略高于同年多数省份数额；湖北省在2015年排名上升则是源于农村低保平均支出的扩大；广东省保障救济得分引人瞩目，其数额增长排名稳定上升，数据显示其排名由初期的第26名发展到最后的第9名，原因是"十二五"期间，广东省基本社会保险覆盖率节节攀升，由2011年的74.64%上涨到2015年的90.47%；重庆市的表现则相反，虽然五年的覆盖率均超过90%，但由于"十二五"期间其他省份基本社会保险覆盖率的上涨、得分增加，其排名有所下跌。

表2　2011～2015年各省（区、市）保障救济综合评价

地区	2011 年	排序	2012 年	排序	2013 年	排序	2014 年	排序	2015 年	排序
北京	1.7090	1	1.7724	1	1.8268	1	1.8906	1	1.9883	1
天津	1.5991	3	1.6406	4	1.7004	4	1.7613	2	1.7728	3
河北	1.4963	29	1.5353	23	1.5561	26	1.5600	28	1.5635	31
山西	1.5271	17	1.5284	28	1.5784	18	1.5804	19	1.5973	23
内蒙古	1.5772	5	1.6096	5	1.6522	5	1.6574	5	1.6640	7
辽宁	1.5412	12	1.5798	10	1.6087	9	1.6371	7	1.6460	10
吉林	1.5187	20	1.5458	16	1.5878	16	1.5738	24	1.5978	22

地区	2011 年	排序	2012 年	排序	2013 年	排序	2014 年	排序	2015 年	排序
黑龙江	1.5073	24	1.5318	27	1.5988	12	1.5818	17	1.6058	19
上海	1.5695	7	1.7680	2	1.7690	2	1.7569	3	1.8265	2
江苏	1.5867	4	1.6054	6	1.6327	7	1.6564	6	1.6743	6
浙江	1.6181	2	1.6770	3	1.7157	3	1.7467	4	1.7314	4
安徽	1.5369	13	1.5705	13	1.5896	14	1.5990	13	1.6160	15
福建	1.5105	23	1.5445	17	1.5679	23	1.5825	16	1.6049	20
江西	1.5249	19	1.5367	21	1.5573	25	1.5812	18	1.6049	21
山东	1.5284	16	1.5754	11	1.6006	11	1.6109	12	1.6212	12
河南	1.4859	30	1.5245	29	1.5459	30	1.5511	29	1.5658	29
湖北	1.5251	18	1.5333	26	1.5630	24	1.5750	22	1.6386	11
湖南	1.5157	21	1.5525	14	1.5696	22	1.5714	25	1.5709	27
广东	1.5020	26	1.5337	25	1.5888	15	1.6260	10	1.6478	9
广西	1.4815	31	1.5226	30	1.5337	31	1.5464	31	1.5642	30
海南	1.5425	11	1.5521	15	1.5713	21	1.5926	15	1.6169	14
重庆	1.5610	9	1.5899	8	1.6085	10	1.6132	11	1.6079	18
四川	1.4979	27	1.5213	31	1.5483	29	1.5507	30	1.5676	28
贵州	1.5060	25	1.5360	22	1.5560	27	1.5771	20	1.6117	17
云南	1.4968	28	1.5343	24	1.5549	28	1.5649	27	1.5918	25
西藏	1.5444	10	1.5711	12	1.5936	13	1.5929	14	1.6144	16
陕西	1.5652	8	1.5915	7	1.6460	6	1.6309	9	1.6556	8
甘肃	1.5346	14	1.5427	18	1.5824	17	1.5752	21	1.5903	26
青海	1.5714	6	1.5868	9	1.6119	8	1.6335	8	1.6864	5
宁夏	1.5129	22	1.5372	20	1.5732	20	1.5666	26	1.6183	13
新疆	1.5317	15	1.5415	19	1.5757	19	1.5749	23	1.5942	24

横向来看，保障救济状况综合评价结果的省际差异较大。以 2015 年的数据为例，排名前三位的北京、上海和天津得分分别为 1.9883、1.8265 和 1.7728，排名后三位的河北、广西和河南评价结果分布在 1.5642 左右。从

数据极差来看（见图2），"十二五"期间各省在保障救济水平上的不平衡性越来越严重，从初期2011年的0.2275到末期2015年的0.4248，保障救济的极差就扩大了接近一倍。

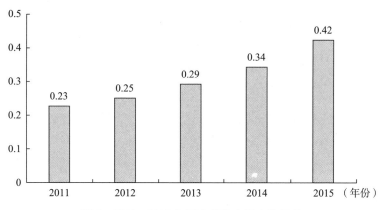

图2　2011～2015年保障救济水平省份极差

（三）保障救济质量分析

1. 基本社会保险覆盖率

基本社会保险覆盖率是指已参加基本养老保险和基本医疗保险人口占政策规定应参加人口的比重。图3是"十二五"期间各个地区社会保险的参保进度，从图中我们可以看到截至"十二五"末期各地区基本社会保险覆盖率都有较大幅度推进。尤其是在2011～2012年，四个地区均表现出最大程度的增幅。中部地区以一年之内接近十个百分点的增长速度超越东部地区领先于全国；东部地区与西部地区则在该项指标上表现出基本持平的特点；需要注意的是，东北地区在2013年达到峰值后出现转折，基本社会保险覆盖率跌破80%，在"十二五"末期与东部以及西部地区相差五个百分点，落后于中部地区十个百分点。

尽管东部地区具有良好的参保基础，在"十一五"期间领先于全国，但大部分省份的覆盖率普遍低于80%。"十二五"期间，东部地区基本社会保险覆盖率有所提高，以2015年为例，除上海市与天津市外其他地区该指标覆盖率均超过80%，个别省份甚至高达90%（见表3）。

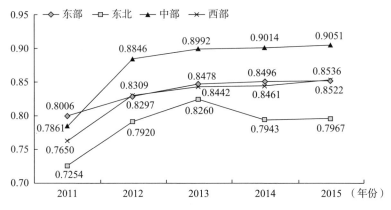

图3　2011～2015年各地区保障救济水平

表3　东部地区基本社会保险覆盖率以及发展情况

地区	2011 年	2012 年	2013 年	2014 年	2015 年	增长率*
北京	0.8125	0.8466	0.8743	0.8772	0.8823	0.09
天津	0.6851	0.6882	0.6998	0.5992	0.6069	-0.11
河北	0.7555	0.8589	0.8730	0.8820	0.8726	0.15
上海	0.7573	0.7276	0.7163	0.7399	0.7534	-0.01
江苏	0.8920	0.8935	0.8505	0.8826	0.8907	0.00
浙江	0.8183	0.8816	0.9032	0.9250	0.9150	0.12
福建	0.8295	0.8624	0.8756	0.8933	0.8967	0.08
山东	0.8852	0.9146	0.9390	0.9427	0.9195	0.04
广东	0.7464	0.7885	0.8655	0.8815	0.9047	0.21
海南	0.8245	0.8351	0.8810	0.8726	0.8804	0.07

* 增长率 = 2015 年覆盖率/2011 年覆盖率 - 1。下同。

　　值得思考的是，根据"十一五"末期以及"十二五"末期数据计算的增长率，上海、天津出现了负增长现象。这样的状况从实际情况来分析主要原因有两点：一是困难群体中断缴费的比较多，主要是部分个体、灵活就业人员收入低且不稳定；二是一些人在多地就业过程中未能及时接续保险关系，因而即使在新就业地已经参保也可能被原参保地统计为中断缴费人员。

　　东北地区三省在增长率上表现平常，但是吉林与黑龙江两省在2013～

2014 年同时出现了覆盖率的滑坡。在"十二五"末期，除了表现最好的辽宁省的基本社会保险覆盖率超过了 80%，其他两省均未达到这一层次（见表 4）。

表 4　东北地区基本社会保险覆盖率以及发展情况

地区	2011 年	2012 年	2013 年	2014 年	2015 年	增长率
辽宁	0.7990	0.8450	0.8592	0.8786	0.8804	0.10
吉林	0.7271	0.7815	0.8463	0.7925	0.7968	0.10
黑龙江	0.6502	0.7494	0.7725	0.7118	0.7128	0.10

吉林、黑龙江两省在 2013～2014 年的覆盖率下降现象与当年基本社会保险参与人数减少有关。以吉林省为例，查阅《吉林省 2013 年国民经济和社会发展统计公报》与《吉林省 2014 年国民经济和社会发展统计公报》发现：截至 2013 年年末，全省城镇基本养老保险覆盖总人数达到 688.6 万人；而到 2014 年年末，全省城镇基本养老保险覆盖总人数只有 676.8 万人，下降约 12 万人次。

中部地区在"十二五"期间关于推广基本社会保险的努力值得肯定。至 2015 年，除了山西省表现欠佳，其他五省覆盖率均分布在 90% 附近，其中河南省以 95.15% 的覆盖率在 2015 年居于全国之首（见表 5）。

表 5　中部地区基本社会保险覆盖率以及发展情况

地区	2011 年	2012 年	2013 年	2014 年	2015 年	增长率
山西	0.7568	0.8214	0.8883	0.8388	0.8394	0.11
安徽	0.8398	0.9386	0.9420	0.9373	0.9419	0.12
江西	0.8022	0.8583	0.8767	0.8817	0.8943	0.11
河南	0.7001	0.8970	0.8872	0.9448	0.9515	0.36
湖北	0.8054	0.8700	0.8668	0.8811	0.8780	0.09
湖南	0.8120	0.9224	0.9340	0.9249	0.9254	0.14

西部地区所包含的大部分省（区、市）相对落后，从各省份的数据来看，绝大多数省份在"十二五"末期基本社会保险覆盖率已经达到 80%。表现较差的内蒙古、宁夏、新疆不仅在覆盖率上处于落后境况，在增长率

上的表现也同样令人担忧,这一点值得关注。虽然重庆由"十二五"初期到末期覆盖率下降了0.02,覆盖率却长期高于90%,就趋势而言是相对稳定的(见表6)。

表6 西部地区基本社会保险覆盖率以及发展情况

地区	2011 年	2012 年	2013 年	2014 年	2015 年	增长率
内蒙古	0.7605	0.7931	0.8429	0.7843	0.7877	0.04
广西	0.7011	0.8115	0.8254	0.8310	0.8394	0.20
重庆	0.9269	0.9411	0.9018	0.9055	0.9083	-0.02
四川	0.7435	0.8515	0.8679	0.8787	0.8826	0.19
贵州	0.7384	0.8271	0.8386	0.8838	0.9045	0.22
云南	0.7023	0.8365	0.8392	0.8294	0.8402	0.20
西藏	0.7839	0.8269	0.8577	0.8703	0.8936	0.14
陕西	0.8089	0.8900	0.9042	0.9074	0.9117	0.13
甘肃	0.7675	0.8656	0.8807	0.8774	0.8793	0.15
青海	0.7611	0.8077	0.8384	0.8452	0.8561	0.12
宁夏	0.7642	0.7689	0.7744	0.7819	0.7887	0.03
新疆	0.7215	0.7508	0.7590	0.7586	0.7508	0.04

综上,整个"十二五"期间的基本社会保险覆盖率方面,除极少数省份表现出负增长,总体上进展顺利,参保率均向更高水平推进。我国社会保险覆盖率的快速均衡发展与我国在"十二五"期间的方针政策是分不开的。早在党的十八大报告中就提出人民生活水平全面提高的建设目标,并确立了"收入分配差距缩小,中等收入群体持续扩大,扶贫对象大幅减少。社会保障全民覆盖,人人享有基本医疗卫生服务,住房保障体系基本形成,社会和谐稳定"的社会保障建设任务。为进一步完善城乡居民医疗保障制度,健全多层次医疗保障体系,有效提高重特大疾病保障水平,我国政府于2012年出台《关于开展城乡居民大病保险工作的指导意见》;2014年在总结新型农村社会养老保险和城镇居民社会养老保险试点经验的基础上,国务院出台《关于建立统一的城乡居民基本养老保险制度的意见》,决定将新农保和城居保两项制度合并实施,在全国范围内建立统一的城乡居民基本养老保险制度。这些政

策将党的十八大的精神具体化，直接推动了基本社会保险的建设发展。

2015年人力资源和社会保障部对外发布《中国社会保险发展年度报告2014》，首次以政府部门的名义向社会公开社会保险制度建设、管理运行、经办服务等方面的具体情况。《报告》重点反映了2014年各项社会保险制度的发展情况，并与2009年以来的相关数据进行了对比分析。养老保险方面：截至2014年年底，城镇职工基本养老保险参保人数达到34124万人，比上年增加1906万人，增长5.9%；比2009年年底增加10574万人，年平均增长7.7%；全国城乡居民基本养老保险参保人数达到50107万人，比上年增加357万人，增长0.7%；比2010年增加39830万人，年平均增长48.6%。医疗保险方面：2014年年底，职工基本医疗保险参保人数为28296万人，比上年增加853万人，增长3.1%；比2009年增加6359万人，年平均增长5.2%；城镇居民基本医疗保险参保人数达31451万人，比上年增加1822万人，增长6.1%；比2009年增加13241万人，年平均增长11.5%。数据结果证明整个"十二五"期间基本社会保险建设成果显著。

2. 城镇、农村低保平均支出水平

城镇/农村低保平均支出水平为城镇/农村低保计划资金支出与当地最低生活保障人数的比值。从绝对值数量增减情况来看，整个"十二五"期间，无论是城镇低保平均支出水平还是农村低保平均支出水平各地区均呈现上升趋势（见表7）。

表7　各地区城镇、农村低保平均支出水平

地区		2011年	2012年	2013年	2014年	2015年
东部	城镇	3761.74	4504.20	5006.35	5501.59	5781.92
	农村	1807.82	2477.32	2813.44	3131.24	3514.01
东北	城镇	3031.50	3559.83	4424.70	4744.76	5182.16
	农村	1348.64	1480.27	1850.06	1896.13	2152.17
中部	城镇	2806.00	2815.96	3264.05	3494.26	3846.49
	农村	1258.78	1253.77	1515.95	1589.91	1898.68
西部	城镇	2928.54	3190.87	3659.64	3784.87	4297.82
	农村	1287.32	1384.52	1678.23	1711.95	1925.01

考虑到地区消费水平的差异，横向比较绝对值并没有意义。表8通过将各地区当年城镇、农村低保平均支出分别与各地区当年平均人均可支配收入（小康数据）作比得到城镇、农村低保平均支出占当年人均可支配收入的比例，并分别做出城镇、农村"十二五"期间低保平均支出占当年人均可支配收入比例折线图。

表8　各地区城镇、农村低保平均支出占当年人均可支配收入比例

地区		2011 年	2012 年	2013 年	2014 年	2015 年
东部	城镇	0.1863	0.2035	0.2151	0.2203	0.2165
	农村	0.0895	0.1119	0.1209	0.1254	0.1316
东北	城镇	0.2582	0.2727	0.3053	0.3000	0.3043
	农村	0.1149	0.1134	0.1276	0.1199	0.1264
中部	城镇	0.2783	0.2489	0.2568	0.2529	0.2569
	农村	0.1248	0.1108	0.1193	0.1151	0.1268
西部	城镇	0.3270	0.3194	0.3253	0.3113	0.3267
	农村	0.1438	0.1386	0.1492	0.1408	0.1463

从图4可以看到：尽管在绝对值上东部地区长期领先，但在占人均可支配收入的比例上，东部地区一直处在最低点，围绕在21%上下；相反西部地区一直居于31% ~ 33%位列第一；东北地区与中部地区介于二者之间，唯一的不同在于中部西部地区在"十二五"末期相比于初期有所下降，但从整个"十二五"期间来看，这一指数趋于平稳，说明城镇低保的支出水平相对稳定。

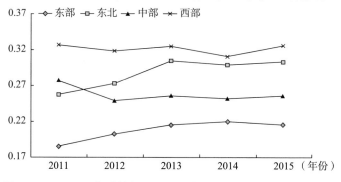

图4　2011 ~ 2015 年城镇低保平均支出占当年人均可支配收入比例

与城镇低保平均支出占当年人均可支配收入比例的稳定趋势有所不同，农村低保平均支出占当年人均可支配收入比例表现出波动的特点（见图5）。除了东部地区稳定上涨到13%附近，其他地区均出现不同程度的浮动。总体来看，依旧是西部地区农村低保平均支出占当年人均可支配收入的比例最高，但各地区总体分布在"十二五"末期有所靠近，无论是城镇还是农村在该指标中都表现出差距缩小的趋势。

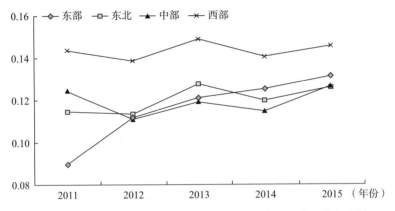

图5　2011～2015年农村低保平均支出占当年人均可支配收入比例

从数据展示的结果来看，《民政事业发展第十二个五年规划》中的最低生活保障目标基本实现。《规划》指出"完善城乡最低生活保障制度，巩固动态管理下的应保尽保。落实社会救助和保障标准与物价上涨挂钩的联动机制，实行物价短期波动发放补贴、持续上涨调整标准。规范最低生活保障标准制定和调整工作，确保救助标准年均增幅不低于同期城乡居民人均生活消费支出增幅"，而最低生活保障相对稳定的人均可支配收入占比说明保障水平与物价水平实现正比。在《民政事业发展第十三个五年规划》中提到的"社会救助标准大幅提升，低保标准动态调整机制、社会救助保障标准与物价上涨挂钩联动机制普遍建立，'十二五'期间城乡最低生活保障标准年均增长率均超城市低保"也提供了证明。

横向对比城镇与农村数据发现：西部地区因为政策倾斜的缘故在该指标上长期占据第一；东部地区的农村低保发展最为迅速。尽管受到物价水平影响，东部地区的最大绝对值并没有太大优势，但农村低保平均支出水平从2011年的第四名攀升至2015年的第二名，超越中部、东北部地区。比例的平稳说明低保平均支出发展速度与人均可支配收入增长比例保持了一致，快速的增加则说明低保平均支出支持力度超过了居民人均可支配收入的增长速度。低保平均支出水平的增长可以归因于两个方面：一是经济社会的发展所带来的低保人数的减少；二是政府财政的支持力度上升。根据《2011 年社会服务发展统计公报》数据：2011 年年底，全国共有城市低保对象 1145.7 万户 2276.8 万人；全年各级财政共支出城市低保资金 659.9 亿元，2011 年全国城市低保平均标准为 287.6 元/（人·月）；全国城市低保月人均补助水平为 240.3 元（含一次性生活补贴）。农村低保方面，2011 年年底，全国有农村低保对象 2672.8 万户 5305.7 万人。全年各级财政共支出农村低保资金 667.7 亿元。2011 年全国农村低保平均标准为 143.2 元/（人·月）；全国农村低保月人均补助水平为 106.1 元（含一次性生活补贴）。《2015 年社会服务发展统计公报》显示：截至 2015 年年底，全国有城市低保对象 957.4 万户 1701.1 万人；全年各级财政共支出城市低保资金 719.3 亿元，相比 2011 年增长 9%。全国有农村低保对象 2846.2 万户 4903.6 万人。全年各级财政共支出农村低保资金 931.5 亿元，相比 2011 年增长 39.5%。2015 年全国农村低保平均标准为 3177.6 元/（人·年）；全国农村低保年人均补助水平为 1766.5 元。总体来说，"十二五"期间领取最低生活保障人数减少，财政支出持续增加，且农村的增长速度明显高于城镇。

3. 人均民政事业费支出

人均民政事业费支出是指民政事业费用支出/当地总人口。同样为了方便阐释，根据我国地区间社会经济发展水平差异，我们将 31 个省（区、市）划分为东部、东北、中部和西部四大区域。

2011 年出台的《民政事业发展第十二个五年规划》是这一时期主导民政事业发展的核心文件。这一内容详尽、结构严谨的规划充分体现了党和政府对民政事业的重视和发展民政事业的决心。该规划从灾害应急救助、社会救助体系、基层民主政治建设、民间组织、拥军优抚安置制度、社会福利事业、慈善事业等多个方面对未来的工作提出发展目标，并提出了推进民政法制建设、创新发展机制、加强资金投入和监督管理、加强人才队伍建设、加强标准化信息化建设和民政科技研发、加强基层民政能力建设以及加强与国际和港澳台交流合作七个方面的政策措施。同时，为了推动民政事业均衡发展，该规划提到"在统筹兼顾基础上，抓住牵动全局的主要工作、事关群众利益的突出问题，着力推进、重点突破。统筹城乡、区域协调发展，鼓励有条件的地区先行先试。创新体制机制，破解制约民政事业发展的瓶颈。加大对农村地区和革命老区、民族地区、边远地区、贫困地区民政事业发展的支持力度，推动民政事业全面、协调、可持续发展"。

图6展示了我国各个区域人均民政事业费统计情况，从图中我们可以看到除了东北地区从2013年开始表现出下降态势，其他地区的人均民政事业费基本逐年递增。得益于国家对西部优惠政策以及人口较少的特点，西部地区起步最高，一直居于首位。尽管后期有所下降，"十二五"末期东北地区仍超过中部地区，中部地区在2015年才勉强超过300元，远落后于其他地区。与高人口密度相联系，东部地区在这一指标上并未表现出与经济发展水平相一致的特点。

东北地区的人均民政事业费减少主要是因为2013年以后东北地区的人口减少以及民政事业费用支出下降，例如黑龙江省2013年常住人口为3835万人，民政事业费用总支出为158.96亿元，到2014年常住人口为3833万人，民政事业费用总支出只有137.35亿元，下降比例超出人口减少比例导致了东北地区人均民政事业费的缩水。与之相反，其他地区的人均民政事业费则在"十二五"期间不断上涨。

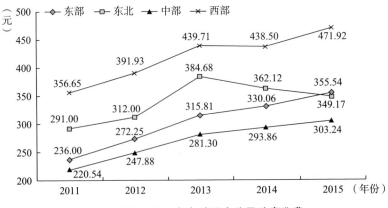

图6　2011～2015年各地区人均民政事业费

可以说在这个规划的指导下，我国民政事业建设取得了显著成效，其结果便是我国民政事业发展迅速。然而不得不指出，虽然我国人均民政事业费不断提高，但区域差距并没有缩小。就整体而言，我国民政事业的发展还处于刚刚起步的阶段，人均民政事业费还处于相当低的水平，因此如何更进一步发展民政事业，加大民政事业投入，同时缩小地区、城乡差距是我国民政事业建设的一个难点。

三　2011～2015年我国居民社会互助质量

（一）社会互助质量地区层面分析

图7是"十二五"期间各地区的社会互助综合评价结果，由极值来看，东部地区与中部地区分别占据历年的最大值与最小值；从总体分布来看，东部地区以最低0.6821的得分遥遥领先，其他三个地区分布大体接近，介于0.56～0.61；考虑增长趋势，除了东北地区由2013年开始有所下降，其他三个地区均呈现不同幅度的增长。

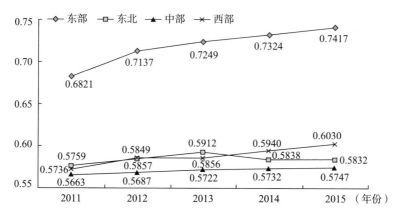

图7　2011～2015年各地区社会互助得分

（二）社会互助质量省际层面分析

总体上看，排名状况与经济发展水平有关，沿海省份总体靠前，整个东部地区除了河北省五年排名最低，其他地区表现良好。与保障救济综合评价有所不同，社会互助综合评价得分的排名在整个"十二五"期间表现得相对稳定，以广东省为例，其保障救济综合排名经历了由2011年的第26名到2015年的第9名的增长，但在社会互助的排名中则一直稳定在第5名左右。辽宁省在2015年因为人均社会捐赠款数滞后导致了一个6名的倒退。表中变动比较明显的数据发生在2014年的云南省，其排名迅速提高到第9名，资料分析发现原因在于该省2014年人均社会捐赠款数的激增（见表9）。

表9　2011～2015年各省（区、市）社会互助综合评价

地区	2011年	排序	2012年	排序	2013年	排序	2014年	排序	2015年	排序
北京	0.9406	1	1.0079	1	1.0389	1	1.0204	1	1.1259	1
天津	0.5730	16	0.5688	18	0.5846	17	0.5957	14	0.5992	15
河北	0.5393	31	0.5485	31	0.5448	31	0.5454	31	0.5482	31
山西	0.5604	21	0.5525	30	0.5625	25	0.5595	26	0.5592	27
内蒙古	0.5578	22	0.5619	23	0.5714	20	0.5753	20	0.5819	20
辽宁	0.6028	10	0.6246	9	0.6339	8	0.6178	10	0.5934	16
吉林	0.5703	17	0.5745	17	0.5847	16	0.5823	19	0.6013	14
黑龙江	0.5545	26	0.5556	26	0.5550	28	0.5514	30	0.5548	29
上海	0.6798	4	0.8577	2	0.8153	4	0.9856	2	0.8926	3
江苏	0.6919	3	0.8241	4	0.8650	2	0.9022	3	0.9656	2
浙江	0.8797	2	0.8413	3	0.8567	3	0.7720	4	0.7528	4
安徽	0.5563	25	0.5594	24	0.5681	22	0.5691	22	0.5755	23
福建	0.6406	7	0.6072	10	0.6043	12	0.5958	13	0.6054	13
江西	0.5510	29	0.5592	25	0.5567	27	0.5595	27	0.5619	26
山东	0.6506	6	0.6541	7	0.6450	7	0.6299	8	0.6501	9
河南	0.5528	28	0.5531	28	0.5473	30	0.5529	29	0.5508	30
湖北	0.5931	12	0.5920	13	0.5941	14	0.5913	15	0.5875	17
湖南	0.5844	14	0.5961	12	0.6043	11	0.6071	12	0.6135	11
广东	0.6686	5	0.6637	6	0.7036	5	0.6915	5	0.6903	5
广西	0.5464	30	0.5529	29	0.5592	26	0.5656	23	0.5703	24
海南	0.5571	23	0.5641	22	0.5913	13	0.5855	17	0.5867	18
重庆	0.6078	8	0.6295	8	0.6276	9	0.6798	6	0.6683	7
四川	0.5853	13	0.5874	15	0.6016	13	0.5890	16	0.5867	19

地区	2011 年	排序	2012 年	排序	2013 年	排序	2014 年	排序	2015 年	排序
贵州	0.5570	24	0.5536	27	0.5497	29	0.5535	28	0.5581	28
云南	0.5823	15	0.5804	16	0.5685	21	0.6259	9	0.5804	21
西藏	0.5537	27	0.5906	14	0.5667	23	0.5625	25	0.6708	6
陕西	0.5627	19	0.5665	19	0.5833	18	0.5719	21	0.5767	22
甘肃	0.5692	18	0.5651	21	0.5810	19	0.5845	18	0.6086	12
青海	0.5957	11	0.6046	11	0.6050	10	0.6130	11	0.6139	10
宁夏	0.6030	9	0.6696	5	0.6481	6	0.6429	7	0.6562	8
新疆	0.5619	20	0.5661	20	0.5652	24	0.5647	24	0.5637	25

（三）社会互助质量构成指标分析

1. 人均社会捐赠款数

从分地区的人均社会捐赠款数来看，依旧是东部地区以每年人均60元左右的数额领先。其他三个地区在该指标上的差异并不明显，历年都徘徊在人均10元左右。这一结果并不意外，尽管受到地区人数影响，但就总捐款数来说东部经济发达地区显现出了巨大优势。以北京和青海为例，2015年北京社会捐赠款数为47.6亿元，而同年青海社会捐赠款数仅为0.6亿元，北京是青海的79倍之多。

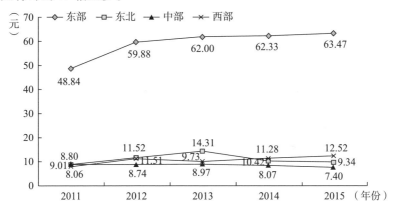

图8　2011～2015 年各地区人均社会捐赠款数

值得一提的是，该指标受到自然灾害的影响程度较大，例如2014年的云南省，以及 2015 年的西藏自治区，其排名的突然提高都源于社会捐赠款数激增，这里仅选择云南省做出数据解释。图 9 显示 2014 年云南省社会捐赠款数达到 12.2 亿元，查阅资料发现 2014 年云南省鲁甸县发生 6.5 级强震引发社会捐赠款数的快速增长，这一现象与 2008 年的汶川地震以及 2010 年的玉树地震情况类似。

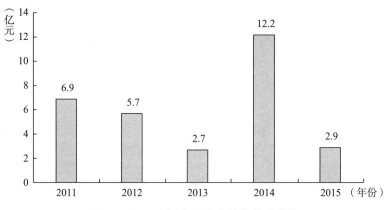

图 9　2011～2015 年云南省社会捐赠款数

2014 年国家层面出台了第一个专门规范慈善事业的文件《国务院关于促进慈善事业健康发展的指导意见》，《意见》指出"改革开放以来特别是近年来，我国慈善事业蓬勃发展，在扶贫赈灾、扶老助残、恤幼济困、助学助医、生活帮扶、环境保护等领域发挥了积极作用，成为党和政府保障和改善民生不可或缺的重要补充。但从总体上讲，我国慈善事业发展仍处于初级阶段，面临参与渠道不够畅通、扶持措施不够系统、慈善活动不够规范、社会氛围不够浓厚、监管措施不够完善、与社会救助衔接不够紧密等问题"。与党的十八大、十八届三中全会和四中全会关于支持发展慈善事业、发挥慈善事业在扶贫济困中积极作用精神相呼应，《意见》就慈善事业的方方面面提出共十六项主要任务，为慈善事业开展提供了政策支持。2016 年《中华人民共和国慈善法》将慈善事业发展正式纳入法律体系之中，树立了我国慈善事业发展史上的里程碑。相信在"十三五"期间人均社会捐赠款数会有良好的表现。

2. 万人社会组织数

万人社会组织数是指社会组织数/当地总人口（万人）。数据显示，尽管我国民间社会组织发展情况总体呈现上行走势，但发展速度不明显，2011～2015年发展最快的东部地区仅实现人均1.6503的增幅，各省（区、市）5年的数据也未有大的变化。在绝对值上依旧是东部领先，中部最低；各地区在"十二五"期间万人社会组织数均表现出不同程度的增长，但东北地区增长平缓，从2011年到2015年仅有0.4385的差额，增长幅度落后于其他地区。

在2006年出台的《民政事业发展第十一个五年规划》中，特别强调发展民间组织。但2011年出台的《民政事业发展第十二个五年规划》将重心转移到监督与管理上来。对于社会组织该规划指出要"落实统一登记、各司其职、协调配合、分级负责、依法监管的社会组织管理体制，一手积极引导发展，一手严格依法管理，发挥社会组织在社会管理服务中的协同作用"，并从政策引导、培育发展、管理监督三个层面提出政策要求。不过《国民经济和社会发展第十二个五年规划纲要》除了强调要加强社会组织监管，也提出了促进社会组织发展的相关政策："重点培育、优先发展经济类、公益慈善类、民办非企业单位和城乡社区社会组织；推动行业协会、商会改革和发展，强化行业自律，发挥沟通企业与政府的作用；完善扶持政策，推动政府部门向社会组织转移职能，向社会组织开放更多的公共资源和领域，扩大税收优惠种类和范围。"上述政策产生了良好的社会效果，"十二五"期间我国社会组织数目不断增加，质量不断提升，社会作用不断增大（见图10）。

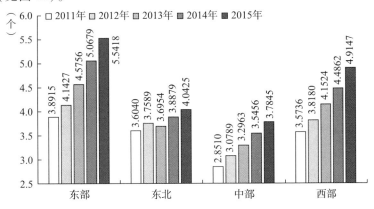

图10 2011～2015年各地区万人社会组织数

四　2011～2015年我国居民福利性服务质量

（一）福利性服务质量地区层面分析

从图11数据起点上可以看到，2011年东北地区福利性服务得分甚至高于东部地区居全国首位。尽管"十二五"期间有所发展，但在发展速度上慢于东部、西部地区，导致东北地区在2015年位于第三位。归因于起点较低的缘故，中部地区虽然保持着不错的增长势头，但在"十二五"末期才勉强超过0.48，达到2012年的东北、东部地区平均水平，中部地区在社会福利事业的发展上与其他地区差距较大。

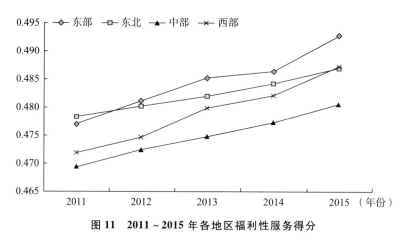

图11　2011～2015年各地区福利性服务得分

（二）福利性服务质量省际层面分析

表10展示2011～2015年各省（区、市）福利性服务水平状况综合评价结果排名。从统计数据中可以总结出福利性服务水平的以下问题。与社会互助中的问题相似，福建等一些经济条件相比于西部地区更加发达的省份，福利性服务水平得分却相对较低，失衡于经济发展水平。而西部地区部分经济实力相对较弱的省份福利性服务水平并不低。排名靠前的依然是经济实力强劲的地区如北京、江苏、浙江，但是天津的福利性服务质量较低。原因在于在社区服务设施覆盖率得分上，天津表现平庸，最好成绩仅为

2011 年的第 10 名；千人医疗机构床位数与城镇每万人公共厕所数得分更是倒数，排名倒数一二。东北三省中，吉林、黑龙江五年内排名出现大滑坡，指标排名显示吉林排名的下降是由于千人医疗机构床位数与城镇每万人公共厕所数排名在"十二五"期间同步下降。而黑龙江的排名下降归因于社区服务设施覆盖率的排名跌落。至于山东 2011～2015 年排名跌落 9 名则是因为在固有的千人医疗机构床位数这一指标名次靠后的前提下，其他两个指标排名双双跌落。排名上升引人注目的广西在社区服务设施上下足了功夫，社区服务设施覆盖率排名从 2011 年的第 23 名攀升到 2015 年的第 7 名，福利性服务总体排名因此上升。

分析各指标排名发现，福利性服务的得分水平与人口密度关系密切，尤其是千人医疗机构床位数与城镇每万人公共厕所数。尽管经济发达地区排名靠前，但在这两者的得分上都不理想。相反，在这两个指标中排名靠前的主要是东北、西部地区人口较少的省份。从纵向上考虑，"十二五"期间多数省份福利性服务发展水平排名变化不大，虽然部分省份出现排名的退后，但纵向的绝对值得分仍然保持了增长势头。

表 10　2011～2015 年各省（区、市）福利性服务综合评价

地区	2011 年	排序	2012 年	排序	2013 年	排序	2014 年	排序	2015 年	排序
北京	0.5020	1	0.5053	1	0.5058	1	0.5068	1	0.5095	2
天津	0.4698	20	0.4699	26	0.4722	29	0.4722	29	0.4740	30
河北	0.4722	18	0.4734	22	0.4821	11	0.4834	15	0.4889	14
山西	0.4734	14	0.4748	19	0.4770	21	0.4773	23	0.4782	28
内蒙古	0.4776	9	0.4802	9	0.4825	10	0.4845	11	0.4884	15
辽宁	0.4794	7	0.4820	8	0.4852	7	0.4873	7	0.4905	9
吉林	0.4751	11	0.4765	15	0.4775	19	0.4789	21	0.4814	22
黑龙江	0.4807	5	0.4826	7	0.4836	9	0.4869	8	0.4891	12
上海	0.4844	3	0.4849	6	0.4846	8	0.4853	10	0.4957	6
江苏	0.4836	4	0.4912	2	0.4968	3	0.4992	2	0.5149	1
浙江	0.4800	6	0.4860	5	0.4872	6	0.4892	6	0.4959	5
安徽	0.4679	25	0.4710	25	0.4726	28	0.4742	28	0.4783	27
福建	0.4662	27	0.4690	27	0.4731	27	0.4743	27	0.4786	26

地区	2011 年	排序	2012 年	排序	2013 年	排序	2014 年	排序	2015 年	排序
江西	0.4637	30	0.4679	28	0.4687	31	0.4707	31	0.4718	31
山东	0.4746	12	0.4789	10	0.4798	16	0.4805	17	0.4826	21
河南	0.4692	22	0.4720	23	0.4745	25	0.4765	24	0.4796	25
湖北	0.4733	15	0.4759	17	0.4807	13	0.4845	12	0.4900	10
湖南	0.4698	21	0.4734	21	0.4761	23	0.4803	18	0.4855	17
广东	0.4762	10	0.4906	3	0.4975	2	0.4990	3	0.5089	3
广西	0.4639	29	0.4660	29	0.4764	22	0.4780	22	0.4845	18
海南	0.4612	31	0.4629	30	0.4735	26	0.4751	26	0.4800	24
重庆	0.4727	17	0.4762	16	0.4819	12	0.4859	9	0.4940	7
四川	0.4713	19	0.4766	14	0.4800	15	0.4810	16	0.4880	16
贵州	0.4692	23	0.4782	12	0.4902	4	0.4936	4	0.5010	4
云南	0.4662	26	0.4714	24	0.4747	24	0.4761	25	0.4803	23
西藏	0.4643	28	0.4548	31	0.4698	30	0.4712	30	0.4756	29
陕西	0.4730	16	0.4759	18	0.4797	17	0.4834	14	0.4895	11
甘肃	0.4683	24	0.4748	20	0.4771	20	0.4790	20	0.4834	19
青海	0.4743	13	0.4768	13	0.4802	14	0.4843	13	0.4891	13
宁夏	0.4782	8	0.4785	11	0.4790	18	0.4800	19	0.4830	20
新疆	0.4853	2	0.4868	4	0.4880	5	0.4896	5	0.4915	8

（三）福利性服务质量具体指标分析

1. 千人医疗机构床位数

千人医疗机构床位数是指地区医疗机构拥有所有床位数/当地总人口（千人）。根据我国地区间社会经济发展水平差异，我们将 31 个省（区、市）划分为东部、东北、中部和西部四大区域。图 12 是我国各个区域千人医疗机构床位数统计图，从图中我们可以看出四个地区 2012 年以后均明显表现出不同程度的增长。在 2011～2012 年除了东北地区达到了 4.5，其他三个地方都介于 3.5～4.0，差距不大。但在"十二五"末期东部、中部、西部的差距达到了最大值。

对于东部地区而言，千人医疗机构床位数排名末位主要是因为人口过

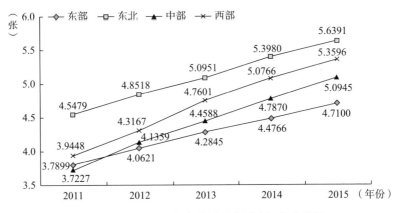

图12　2011～2015年各地区千人医疗机构床位数

多。东部地区受益于经济、教育的优势集中了大量的医疗资源，此外，每年也会有大量的患者为寻求优质医疗服务向东部地区集中，无疑给千人医疗机构床位数排名最低的东部带来巨大压力。

加强医疗基础设施建设，提升居民医疗卫生条件一直是党和政府工作的重点。党的十八大报告中，党中央将"提高人民健康水平"作为改善民生的建设目标，提出"要坚持为人民健康服务的方向，坚持预防为主、以农村为重点、中西医并重，按照保基本、强基层、建机制要求，重点推进医疗保障、医疗服务、公共卫生、药品供应、监管体制综合改革，完善国民健康政策，为群众提供安全有效方便价廉的公共卫生和基本医疗服务"，同时"健全农村三级医疗卫生服务网络和城市社区卫生服务体系，深化公立医院改革，鼓励社会办医"。从"十二五"期间的成就来看，我国千人医疗机构床位数总体有了明显的提高。但针对数据所反映的人口聚集、经济上游的东部、中部地区在面临千人医疗机构床位数落后的现象，如何做到引导患者正确选择医疗资源、缓解医疗服务压力仍然是亟待解决的问题。

2. 社区服务设施覆盖率

社区服务设施覆盖率是指社区服务设施数/（村委会数＋居委会数）。社区服务设施数指以非营利为目的，为本社区居民服务，特别是为老年人、残疾人和儿童服务的社区服务中心、活动站、服务站、养老站、老年公寓（托老所）、残疾人工疗站、残疾儿童日托所、家居服务站、婚姻介绍所等福利性设施以及职工社会保险管理服务的机构数。从图13可以看到"十二五"期间东部地区社区服务设施覆盖率遥遥领先，2015年甚至超过100%；其他三个地区的覆盖率较低，2011～2014年均在20%左右，虽然西部地区在2015年有较大势头增长，但始终落在50%以下，地区差异十分明显。

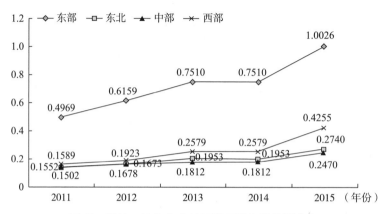

图13　2011～2015年各地区社区服务设施覆盖率

2011年，国务院办公厅印发了《社区服务体系建设规划（2011—2015年)》，为落实"十二五"期间将基本公共服务覆盖到社区的目标任务，《规划》提出，要依托社区综合服务设施，开展面向全体社区居民的劳动就业、社会保险、社会服务、医疗卫生、计划生育、文体教育、社区安全、法制宣传、法律服务、邮政服务、科普宣传、流动人口服务管理等服务项目，切实保障优抚对象、低收入群体、未成年人、老年人、残疾人等社会群体服务需求。虽然"十二五"期间社会服务设施建设有所发展，但就总体情况而言，我国社区服务体系建设仍然处于初级阶段，存在一些困难和问题：社区服务设施总量供给不足，社区服务设施建设缺口较大；社区服务项目较少，水平不高，供给方式单一；社区服务人才短缺，素质偏低，结构亟待优化；社区服务体制机制不顺畅，缺乏统一规划，保障能力不强，社会参与机制亟待完善。

3. 城镇每万人公共厕所数

城镇每万人公共厕所数是指城市公共厕所数/城市总人口（万人）。根据我国地区间社会经济发展水平差异，图14是我国各个区域城镇每万人公共厕所数统计情况，从图中我们可以看出：人口密度与城镇每万人公共厕所数之间存在一定关系。东北地区和西部地区人口密度较小，东部和中部地区人口密集，所以呈现两高两低的情况，但从时间维度上看，除了西部地区相对稳定，其他地区在"十二五"期间的公厕数量都呈现下降趋势。

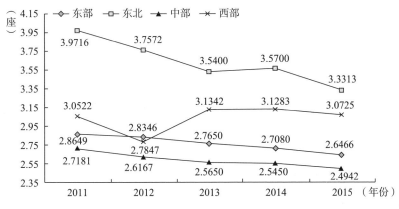

图14 2011~2015年各地区城镇每万人公共厕所数

由于西部地区在2012年有明显下降，因此对西部地区该年的数据做具体分析（见表11）。

表11 2011~2015年西部地区城镇每万人公共厕所数

地区	2011年	2012年	2013年	2014年	2015年
内蒙古	5.11	5.08	4.85	4.67	4.76
广西	2.32	2.33	2.29	2.15	1.43
重庆	1.76	1.78	1.85	2.29	2.40
四川	2.82	2.89	2.90	2.17	2.14
贵州	2.05	2.09	2.06	2.17	2.24
云南	2.19	2.79	3.14	2.87	2.94
西藏	3.38	0.77	4.62	4.51	4.19
陕西	3.52	3.48	3.81	4.30	4.58
甘肃	2.34	2.36	2.41	2.50	2.39
青海	4.65	4.32	3.98	4.04	3.73
宁夏	3.23	2.30	2.54	2.51	2.63
新疆	3.26	3.22	3.16	3.36	3.44

从表中可以看到，西藏自治区在2012年城镇每万人公共厕所数的断崖

式下跌拉低了当年的西部地区均值。分析相关政策发现 2012 年西藏自治区颁布《拉萨市公共厕所管理办法》，在"全面规划、合理布局、改建并重、卫生适用、方便群众"的原则下对公共厕所进行了拆除、改造与建设，导致当年统计的公共厕所绝对数减少。

与建设公共厕所相关的政策文件在"十二五"期间寥寥无几，能够找到的早期文件包括 1990 年最早的公共厕所建设政策文件《城市公厕管理办法》、2006 年建设部印发的《全国城镇环境卫生"十一五"规划》，对城镇厕所粪便处理能力较低、公厕建设任务较重的现状，提出了建设目标。2008年，住房和城乡建设部颁布《关于加强城市公共厕所建设和管理的意见》，有关于公共厕所的建设任务与要求。然而，现实状况是我国城镇每万人公共厕所数呈连年下降趋势，主要有以下三方面的原因。第一，随着我国城镇住房条件和办公条件的改善，居民家庭厕所和工作单位厕所数目不断提升，满足了大部分城镇居民需求。第二，我国政府在这一时期的城市建设，已经由公共厕所建设转向城市废水处理、城市工业生活垃圾处理、城市供水供暖供气建设和城市绿化，我国"十二五"期间颁布的城市建设的法规大部分集中在上述四个方面。第三，我国城镇化进程不断加快，城市人口激增，客观造成了我国城镇每万人公共厕所数连年下降趋势。

五　2011～2015 年中国社会福祉综合评价

（一）2011～2015年中国社会福祉地区层面分析

按照我国目前地区间社会经济发展水平，我们将 31 个省（区、市）划分为四大区域：东部地区包括北京、天津、河北、上海、江苏、浙江、福建、山东、广东和海南 10 个省份；东北地区包括辽宁、吉林和黑龙江 3 个省份；中部地区包括山西、安徽、江西、河南、湖北和湖南 6 个省份；西部地区包括内蒙古、广西、重庆、四川、贵州、云南、陕西、西藏、甘肃、青海、宁夏和新疆 12 个省份。这四大区域在"十二五"期间的社会福祉综合评价结果平均值见图 15。

从各地的得分排名来看，东部地区的社会福祉综合评价得分明显高于

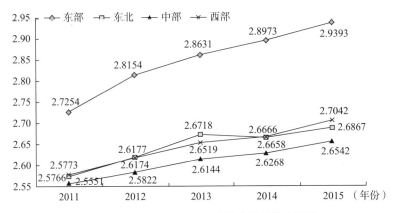

图 15　2011～2015 年各区域社会福祉综合评价

其他地区，截至"十二五"末期，东北、西部、中部地区均未达到东部地区在"十二五"初期的水平。

东北地区居民的社会福祉与西部地区旗鼓相当，平均得分差距不是十分明显，但东北地区在 2014 年有一个低落期，这与当年东北地区保障救济以及社会互助得分下降有关。中部地区长期处于低落状态，无论是各部分得分还是综合评分表现都不如意。

四个区域的社会福祉评价结果在整个"十二五"期间都得到了不同水平的增长，但区域之间仍然存在一定差距，尤其是东部地区的社会福祉水平要远高于其他地区。而且从 2011 年到 2015 年我国社会福祉的地区差异呈现持续扩大的趋势。这一方面是由于各地区经济、社会、资源、人口等方面的现实发展不均衡，另一方面是受到改革开放以来倾斜性社会政策的影响。

（二）2011～2015 年中国社会福祉省际层面分析

表 12 是 2011～2015 年各省份社会福祉评价结果。虽然在各组成部分的省际评价中部分省份表现出波动特点，但在综合评价结果中整个"十二五"期间各省份排名结果相对稳定。总的来说，东部地区整体表现良好，占据排名靠前的大部分席位，但山东省受福利性服务排名下降的影响名次倒退明显；东北地区除辽宁省排名相对靠前外，其他两省与中部地区省份一样排序偏后；相反西部地区并没有预想中的排名最后。值得注意的是，各地

区内部省份得分并不平衡，例如东部地区河北省就多次排名倒数第二，西部地区的青海省却常年徘徊在 10 名左右，西藏自治区因 2015 年社会互助部分的评价高分在综合评价上跃居第 9 名。不过最该引起注意的应属中部六省，各项评分均排名最后。特别是山西、江西、河南等省份在每年的评分中均排名靠后，需要引起重视。

表 12　2011～2015 年各省（区、市）社会福祉综合评价

地区	2011 年	排序	2012 年	排序	2013 年	排序	2014 年	排序	2015 年	排序
北京	3.1516	1	3.2856	1	3.3715	1	3.4178	1	3.6236	1
天津	2.6418	7	2.6793	10	2.7572	6	2.8292	5	2.8459	6
河北	2.5078	30	2.5571	28	2.5830	28	2.5888	30	2.6006	30
山西	2.5609	22	2.5556	29	2.6179	25	2.6172	27	2.6348	28
内蒙古	2.6126	12	2.6518	12	2.7060	11	2.7172	11	2.7343	12
辽宁	2.6233	10	2.6864	8	2.7278	7	2.7423	8	2.7299	13
吉林	2.5641	19	2.5968	19	2.6501	14	2.6349	21	2.6805	19
黑龙江	2.5424	26	2.5700	25	2.6374	19	2.6201	26	2.6497	24
上海	2.7338	4	3.1107	2	3.0689	2	3.2277	2	3.2148	2
江苏	2.7622	3	2.9207	4	2.9945	4	3.0578	3	3.1548	3
浙江	2.9779	2	3.0043	3	3.0596	3	3.0078	4	2.9801	4
安徽	2.5611	21	2.6009	18	2.6304	21	2.6423	19	2.6697	22
福建	2.6173	11	2.6207	15	2.6452	16	2.6525	17	2.6889	16
江西	2.5396	27	2.5638	27	2.5827	29	2.6113	28	2.6387	27
山东	2.6537	5	2.7083	5	2.7254	8	2.7212	10	2.7540	11
河南	2.5079	29	2.5496	30	2.5677	31	2.5805	31	2.5962	31
湖北	2.5915	15	2.6012	17	2.6377	18	2.6508	18	2.7161	15
湖南	2.5699	18	2.6220	14	2.6500	15	2.6587	15	2.6699	21
广东	2.6468	6	2.6880	7	2.7899	5	2.8165	6	2.8471	5
广西	2.4918	31	2.5415	31	2.5693	30	2.5900	29	2.6190	29
海南	2.5607	23	2.5791	24	2.6360	20	2.6532	16	2.6836	17
重庆	2.6415	8	2.6956	6	2.7180	9	2.7789	7	2.7702	8
四川	2.5545	24	2.5853	22	2.6299	23	2.6207	25	2.6422	26
贵州	2.5322	28	2.5678	26	2.5959	27	2.6242	24	2.6708	20

地区	2011 年	排序	2012 年	排序	2013 年	排序	2014 年	排序	2015 年	排序
云南	2.5454	25	2.5861	21	2.5981	26	2.6669	14	2.6525	23
西藏	2.5624	20	2.6164	16	2.6302	22	2.6266	23	2.7607	9
陕西	2.6009	13	2.6339	13	2.7089	10	2.6862	13	2.7218	14
甘肃	2.5721	17	2.5825	23	2.6405	17	2.6387	20	2.6823	18
青海	2.6415	9	2.6682	11	2.6971	13	2.7308	9	2.7894	7
宁夏	2.5941	14	2.6853	9	2.7003	12	2.6895	12	2.7574	10
新疆	2.5789	16	2.5943	20	2.6288	24	2.6291	22	2.6495	25

六 提升中国社会福祉的政策建议

增进民生福祉是社会发展的根本目的。在反复强调民生福祉的同时，党的十九大报告也为保障和改善民生指明了方向，"党和政府必须多谋民生之利、多解民生之忧，在发展中补齐民生短板、促进社会公平正义，在幼有所育、学有所教、劳有所得、病有所医、老有所养、住有所居、弱有所扶上不断取得新进展，深入开展脱贫攻坚，保证全体人民在共建共享发展中有更多获得感，不断促进人的全面发展、全体人民共同富裕"。结合本报告"十二五"期间的数据分析结论，在此为决胜全面建成小康社会、增进人民福祉提出以下建议。

（一）针对保障救济的政策建议

1. 深化已有改革，提高保障救济质量

近年来，党中央、国务院对社会保障改革与制度建设做出了一系列重大决策部署，党的十八大在实现人民生活水平全面提高的目标中具体提到"收入分配差距缩小，中等收入群体持续扩大，扶贫对象大幅减少。社会保障全民覆盖，人人享有基本医疗卫生服务，住房保障体系基本形成，社会和谐稳定"的同时，也指出"要坚持全覆盖、保基本、多层次、可持续方针，以增强公平性、适应流动性、保证可持续性为重点，全面建成覆盖城乡居民的社会保障体系"。

"十二五"期间基本社会保险覆盖率总体提高。但养老保险与医疗保险只是考量全面社会保障体系的一部分，全面建成覆盖城乡居民的社会保障体系仍然长路漫漫。首先，加快完善社会保险制度。落实统一的城乡居民基本养老保险制度，将与企业建立稳定劳动关系的农民工纳入城镇职工基本养老和医疗保险。做好城镇职工基本养老保险关系的转移接续，逐步推进城乡养老保险制度有效衔接。全面落实城镇职工基本养老保险省级统筹，实现基础养老金全国统筹。继续通过划拨国有资产、扩大彩票发行等渠道充实全国社会保障基金，积极稳妥推进养老基金投资运营。完善基本养老金正常调整机制，稳步提高企业退休人员基本养老金水平。其次，逐步落实城乡居民基本医疗保险，继续推进生育保险和职工基本医疗保险合并试点，适应实施全面二孩政策，加强生育医疗保健服务。发挥商业保险补充性作用。最后，制定和修改社会保险法的配套法规和规章。完善失业保险条例、基本医疗保险条例、全国社会保障基金条例，健全生育保险以及社会保险登记、申报、缴纳等方面的规章。

2. 加强社会救助体系建设

完善城乡最低生活保障制度，规范管理，分类施保，实现应保尽保。健全低保标准动态调整机制，合理提高低保标准和补助水平。加强城乡低保与最低工资、失业保险和扶贫开发等政策的衔接，提高农村五保供养水平，做好自然灾害救助工作。提高城乡低保和社会救助水平，完善城乡低保标准的科学制定机制和动态调整机制，推行城乡低保分类施保，提高老年人、残疾人、未成年人和重病患者的救助水平。逐步降低或者取消医疗救助起付线，推广医疗救助诊疗费用结算"一站式"服务模式。完善临时救助制度，保障低保边缘群体的基本生活，全面建立临时救助制度。[①] 在新的形势下，深入实施精准扶贫、精准脱贫。

（二）针对社会互助的政策建议

1. 提高社会捐赠透明度与公信度

从指标人均社会捐赠款数可见，人均社会捐赠不够常态化。在没有特

---

① 陈涵、丁敬雯、孙克强：《社会建设的重要领域及当前的热点问题》，《江苏纺织》2011 年
第 3 期，第 1～7 页。

大自然灾害的年份，各省（区、市）人均社会捐赠款数极低。近年来，频频发生在社会捐赠领域的危机事件阻碍了我国的民间捐赠事业的深入发展，完善社会公益捐助透明和问责机制迫在眉睫。2016 年 9 月 1 日起《中华人民共和国慈善法》正式实施，同年 9 月 5 日迎来首个"中华慈善日"。作为我国慈善领域首部基础性、综合性法律，《慈善法》的出台是我国慈善事业迈入法治化轨道的标志，成为我国慈善事业发展史上的一座里程碑。配合《慈善法》的推进，慈善事业的开展要注意以下几方面的问题。

（1）建立多元化的监督体系，通过规范募捐行为、慈善服务的活动项目等，对慈善事业的发展进行监管。加大社会监督力度，一是要积极推行慈善信息公开透明制度；二是建立和完善以慈善业务年审为主要手段的监管制度。强化内部监控机制，慈善机构内部应设立专门资金管理机构和监事机构，要在组织内部建立约束组织和成员的规章制度，不断提高管理人员的素质和完善内部管理监督程序。同时，完善慈善组织的信息披露机制和第三方监督，针对捐赠者、大众与慈善组织的不完全信息博弈问题，要增加慈善的透明度，建立慈善信息披露机制。

（2）科学界定政府在慈善事业中的角色定位，在慈善事业发展中，政府应给民间社会更多的发展空间。应改变政府与慈善组织的行政关系，改革严格的行政审批制度，取消现有的对慈善组织从注册登记到运作管理等各个方面程序性、实质性的行政管理。改变审批制，对慈善组织的成立只负责登记，取消现行法规中要求慈善组织必须有业务主管单位的规定，让慈善组织真正承担起民事责任。

2. 完善社会组织管理创新

从已有统计数据来看，我国目前阶段的社会组织发展仍然面临很多制约。为此，各级政府要充分认识新时期社会组织的地位、作用，准确把握我国社会组织的阶段性特点和本质特征，积极探索适合社会组织发展的管理思路，将社会组织发展纳入经济社会发展计划和政府绩效考核体系，为社会组织发展提供良好的环境；合理规划，建立完善的社会组织服务网络；及时研究解决问题，推动社会组织健康有序发展。健全和完善社会组织管理机制，抓好社会组织管理机制创新和完善，推动社会组织管理进入"快车道"。

（三）针对福利性服务的政策建议

我国城乡社区服务体系建设仍处于初级阶段，城乡社区服务现状与全面建成小康社会的总体要求相比还有不小的差距。福利性服务体系建设发展不平衡，农村滞后于城市的局面尚未得到彻底扭转；城乡社区服务设施配套和技术更新相对滞后，服务项目和资源投入依然紧张；社会力量和市场主体参与不充分，专业教育和人员培训亟待加强。[1]

针对上述问题，《城乡社区服务体系建设规划（2016－2020年）》提出了"加强城乡社区服务机构建设；扩大城乡社区服务有效供给；健全城乡社区服务设施网络；推进城乡社区服务人才队伍建设；加强城乡社区服务信息化建设；创新城乡社区服务机制"等主要任务。《规划》强调要加强法规制度建设和标准化建设、健全领导体制和工作机制、加大资金投入、完善扶持政策、强化规划实施等政策措施和组织保障以确保规划建设任务保质保量完成。此外，加快社会事业改革，提高社会福利性服务水平同样迫在眉睫。为此，要推进社会领域制度创新，实现政府治理和自我调节的协调、有序发展。坚持公办事业单位去行政化改革，实施事业单位统一登记管理制度。改进社会治理方式，发挥政府主导作用，鼓励和支持社会各方面参与。

（四）针对社会福祉综合评价结果的政策建议

1. 缩小地区差距，推动均衡发展

党的十九大将不平衡的发展确立为社会主要矛盾的一方面。与之呼应，综合评价结果显示，地区差距是我国社会福祉面临的巨大挑战。"十二五"期间东部地区与其他地区的社会福祉差距不断扩大。在社会福祉的构成三指标中，东部地区在保障救济、社会互助以及福利性服务三方面都领先于其他地区。社会福祉应与经济发展水平挂钩，东部地区得分靠前成为必然。然而社会福祉也受国家政策的影响，这解释了西部地区能在排名上超越中部地区的原因。反观中部地区，在保障救济、社会互助、福利性服务上全

---

[1]　http://www.ndrc.gov.cn/fzgggz/fzgh/ghwb/gjjgh/201707/t20170707_854160.html。

部低陷。中部省份处境尴尬，既没有东部地区得天独厚的条件，也享受不到西部地区的优惠政策，在人口数量上更是远超东北三省。中部省份经济发展起步晚，在追求 GDP 导向的经济建设中，社会福祉容易被忽视。虽然在经济成就上领先于西部，但在社会福祉上中部地区一直排名最低。在推动我国社会福祉全面增长的同时，各地区福祉应纳入同一个建设框架之中，传统的优惠政策偏向西部地区的做法值得反思。

2. 促进城乡社会福祉协调发展

《"十三五"规划》提到推动城乡协调发展。促进城乡公共资源均衡配置，健全农村基础设施投入长效机制，把社会事业发展重点放在农村和接纳农业转移人口较多的城镇，推动城镇公共服务向农村延伸。社会福祉部分虽然只在最低生活保障支出水平上涉及城乡发展差距，但已经暴露了城乡差距的问题。从城乡消费水平的差距来理解，城镇最低生活保障支出水平在绝对值上高于农村最低生活保障支出水平毋庸置疑，不过在各地区占人均可支配收入的比重上可以看到"十二五"期间各地区农村最低生活保障平均支出占人均可支配收入的比例也未能达到"十二五"初期各地区城镇同类数据的最低值，且历年数据普遍落后，这样的差异远远大于城乡消费水平差距。此外，就社会福祉的指标体系构建而言，能够搜集到的有关农村社会福祉的指标少之又少本身也是一个问题。例如福利性服务部分的社区服务设施覆盖率以及城镇每万人公共厕所数根本就无法考量农村福祉。而农村的社会福祉如何远远落后于城镇众所周知。因此，如何增进农村社会福祉，统筹城乡社会保障体系建设，并实现城乡社会保障均衡发展的目标成为摆在各级政府面前的课题。加大对农村社会福祉的财政性建设资金支持，倾斜对农村的政策优惠，缩小城乡财富差距以及收入分配差距，改善农村基本公共服务将是增进农村社会福祉的重点。

3. 加大公共建设投入，提高城市公共服务水平

在社会福祉的评价体系中，福利性服务得分很大程度上受人口密度影响。而在所有的具体指标发展趋势中，唯有城镇每万人公共厕所数表现出下降。前文提到城市人口增加是导致该指标减少、福利下降的原因之一。作为反映城市福利的指标，宏观来看城镇每万人公共厕所数的下降意味着在城镇化过程中，城镇人口的激增将会给社会福祉带来负面影响。目前情况是我国城市管理服务水平不高，"城市病"问题日益突出。一些城市空间无序开发、人口过度集聚，重经济发展、轻环境保护，重城市建设、轻管理服务，交通拥堵问题严重，公共安全事件频发，城市污水和垃圾处理能力不足，大气、水、土壤等环境污染加剧，城市管理运行效率不高，公共服务供给能力不足，城中村和城乡接合部等外来人口集聚区人居环境较差。解决这些问题需加强市政公用设施和公共服务设施建设，增加基本公共服务供给，增强对人口集聚和服务的支撑能力。

附录　本部分主要指标解释

1. 基本社会保险覆盖率：已参加基本养老保险和基本医疗保险人口占政策规定应参加人口的比重。

2. 城镇／农村低保平均支出水平：城市（农村）低保计划资金支出／当地最低生活保障人数。

3. 人均民政事业费支出：民政事业费用支出／当地总人口。

4. 人均社会捐赠款数：社会捐赠款数／当地总人口。

5. 万人社会组织数：社会组织数／当地总人口（万人）。

6. 千人医疗机构床位数：地区医疗机构拥有所有床位数／当地总人口（千人）。

7. 社区服务设施覆盖率：社区服务设施数／（村委会数＋居委会数）。

8. 城镇每万人公共厕所数：城市公共厕所数／城市总人口（万人）。

（执笔人：王怡　张顺峰）

中国环境福祉报告

环境福祉是指在一定时期内，所有人平等拥有享受清洁环境而不遭受环境伤害的权利，以及承担与环境保护相对称的义务。所有人都享有在安全、健康的环境中工作，而不必被迫在不安全的生活环境与失业之间做出选择的权利，同时强调那些在家工作的人也有免于环境危害的权利（*People of Color Environmental Leadership Summit*，1991）。"十二五"期间我国生态环境保护在认识深度、措施力度和推进效度上取得了前所未有的成绩，生态文明建设效果显著。党的十九大进一步提出了要建设美丽中国，昭示了党中央在生态文明建设上的意志和决心，也为未来我国不断改善生态环境，提升广大人民群众生存环境质量指明了方向。本报告在已有研究的基础上，运用所编制的我国居民环境福祉评价指标体系，基于我国客观环境数据，对我国环境福祉进行评价，并提出相应的对策建议。

一 中国环境福祉指标体系的调整

（一）环境福祉指标体系的构建理念

环境福祉指标体系是由一系列相互联系、相互补充、具有层次性和结构性的评价指标构成的一个科学的、动态的有机整体。在构建环境福祉指标体系时，除了充分考虑数据的可得性，我们应从整体和系统的观点出发，遵循全面性与代表性相结合原则、系统性和科学性相结合原则、有效性和可比性相结合原则、简洁性和可操作性相结合原则、动态性与相对独立性相结合原则、前瞻性与政策关联性相结合原则以及城乡兼顾原则。

具体来讲，全面性与代表性相结合原则规定的是指标体系构建的多层次、多视角，环境福祉是一个复杂的多层面概念，指标要有全面的涵盖面和充分的信息量。系统性和科学性相结合原则是指整个指标体系应该是一个有机整体，从不同的角度反映被评价系统的主要状况，把指标放在研究对象的总体中去系统地加以考虑；不仅如此，指标还要符合社会发展规律、经济规律，必须含义明确、测量准确等。有效性和可比性相结合原则是指建构的指标体系必须反映真实的环境福祉状况，使其横向地区之间可比，纵向不同历史时期可比。简洁性和可操作性相结合原则是指选取的指标及最终形成的环境福祉指标体系要以最少的指标数反映最多的信息量，要简明易懂；可操作性要求各指标数据必须可得且准确。动态性与相对独立性相结合原则是说环境福祉是动态的、随时间变化的变量，选取的指标要能体现这种动态性；指标的相对独立性是指指标间的完全独立很难达到，但要尽力避免指标间高度的相关以维持较好的指标区分度。前瞻性与政策关联性相结合原则要求构建的环境福祉指标体系既要反映当前，又要有一定的前瞻眼光，对将来的情形和发展趋势具有预测功能，从而为决策层提供政策性调控的依据信息。城乡兼顾原则要求环境福祉指标体系既要反映城市环境福祉，又要兼顾乡村，做到指标体系的统筹考虑与综合建构。[①]

环境是包括水环境、大气环境、土壤环境、生态环境、地质环境、噪声、辐射等环境要素优劣的一个综合概念。按照以上对环境福祉的定义，以及构建环境福祉指标体系的原则，考虑到环境问题主要是城市环境问题，迫于环境统计数据可得性的限制，我们选择了包括自然环境满意度在内的19个指标，涉及水质量、能源利用率、空气质量、生态质量、植被绿化、耕地资源、环境污染和破坏事故、工业三废排放与治理和生活垃圾处理等方面。

（二）中国居民环境福祉指标权重的调整与评价函数的形成

按照首层、健康与基本生存质量、经济生活质量、生存环境质量、文化生活质量和社会生活质量六部分各40位专家填写的初步设计，需对现有专家库进行补充。生存环境质量部分由原来的19位专家增加到40位。

本研究采用层次－主成分分析法，构建环境福祉评价函数。在层次分

---

① 邢占军：《中国幸福指数报告（2006～2010）》，社会科学文献出版社，2014，第213～214页。

析阶段，从专家库中抽取 36 位相关领域的专家进行问卷调查，实际回收 26 份答卷进入数据分析，得到环境福祉各个指标所对应的首轮权重 W_i（见表 1）。选取相关指标 2006 ~ 2015 年的公开统计数据，无量纲化处理后使用首轮权重 W_i 进行加权转换，再采用探索性因素分析法，按照特征值大于 0.5 以及累计方差贡献率大于 85% 的原则对构成环境福祉的两个部分分别提取主成分因子。

表 1　环境福祉指标体系首轮权重

分类	评价指标编号与名称	权重 W_i
资源与环境	C1 单位 GDP 能耗	$W_1 = 0.0678$
	C2 城市空气质量达标率	$W_2 = 0.2817$
	C3 城市人均绿化覆盖面积	$W_3 = 0.1484$
环境污染及治理	C4 工业废气排放总量	$W_4 = 0.1192$
	C5 工业废水排放处理率	$W_5 = 0.1316$
	C6 工业固体废物综合利用率	$W_6 = 0.0752$
	C7 环境污染治理投资占 GDP 的比重	$W_7 = 0.0881$
	C8 城市生活垃圾无害化处理率	$W_8 = 0.0880$

因素分析显示，资源与环境可得特征根大于 0.5 的因子有 3 个，能够解释整体的 100%，有效。环境污染及治理可得特征根大于 0.5 的因子有 4 个，能够解释整体的 92.57%，超过 85%，比较有效。同时，我们也可以得到以上两大部分共 7 个主成分的载荷矩阵。

使用旋转成分矩阵的因子载荷值除以因子初始特征值的平方根便得到主成分中每个指标所对应的系数，即可得到特征向量，再将得到的特征向量与首轮权重进行加权转换后的指标数据相乘，就可以得出资源与环境质量部分三个主成分的表达式：

$$F_1 = 0.4940 W_1 X_1 + 0.6122 W_2 X_2 + 0.6174 W_3 X_3$$

$$F_2 = 0.8690 W_1 X_1 - 0.3707 W_2 X_2 - 0.3277 W_3 X_3$$

$$F_3 = 0.0282 W_1 X_1 + 0.6984 W_2 X_2 - 0.7151 W_3 X_3$$

以及环境污染及治理部分四个主成分的表达式：

$$F_4 = -0.3971W_4X_4 + 0.5980W_5X_5 + 0.5884W_6X_6 + 0.2147W_7X_7 + 0.3039W_8X_8$$

$$F_5 = 0.3116W_4X_4 + 0.1134W_5X_5 + 0.2045W_6X_6 - 0.8387W_7X_7 + 0.3805W_8X_8$$

$$F_6 = 0.2757W_4X_4 - 0.2610W_5X_5 - 0.1220W_6X_6 + 0.4097W_7X_7 + 0.8205W_8X_8$$

$$F_7 = 0.8098W_4X_4 + 0.2368W_5X_5 + 0.3498W_6X_6 + 0.2874W_7X_7 - 0.2883W_8X_8$$

为了得到较好的综合评价，以每个主成分对应的方差贡献率为系数，加权求和后分别得到资源与环境、环境污染及治理部分的评价函数，再将以上资源与环境同环境污染及治理两个部分的评价函数相加，便得到了最终的环境福祉综合评价指数：

$$Y = 0.4886W_1X_1 + 0.3463W_2X_2 + 0.0124W_3X_3 + 0.0657W_4X_4 + 0.2650W_5X_5 +$$
$$0.3207W_6X_6 + 0.0427W_7X_7 + 0.3049W_8X_8$$

（三）中国居民环境福祉指标主观权重变化的讨论

值得注意的是，本轮专家主观权重与五年前得到的首轮指标权重存在差异（见表2）。随着"十二五"规划的推进，我国整体及各地区的居民环境福祉也发生了变化，专家学者对具体衡量资源与环境状况、环境污染及治理状况的指标的看法有所变动是正常现象，但是对于一些相对而言主观权重变动较大的指标，本报告也尝试从相关政策和指标特性等角度对这种变动做出基本解释。

表 2　主观权重变化情况

指标	新权重	旧权重	变动差	变动率
C1 单位 GDP 能耗	0.0678	0.1380	- 0.0702	- 50.87%
C2 城市空气质量达标率	0.2817	0.2329	0.0488	20.95%
C3 城市人均绿化覆盖面积	0.1484	0.1713	- 0.0229	- 13.37%
C4 工业废气排放总量	0.1192	0.1208	- 0.0016	- 1.32%
C5 工业废水排放处理率	0.1316	0.0754	0.0562	74.54%
C6 工业固体废物综合利用率	0.0752	0.0676	0.0076	11.24%
C7 环境污染治理投资占 GDP 的比重	0.0881	0.0963	- 0.0082	- 8.52%
C8 城市生活垃圾无害化处理率	0.0880	0.0978	- 0.0098	- 10.02%

（1）单位 GDP 能耗指标主观权重下降的原因。这一指标主观权重的下降很大程度上是因为指标自身数值的下降，这一指标也是环境福祉指标体系中为数不多的逆指标之一，在整个环境福祉指标体系中属于资源与环境部分的基础指标。2006～2015 年趋势见图 1，2006～2010 年国内生产总值按 2005 年可比价格计算，2010～2015 年国内生产总值按 2010 年可比价格计算。

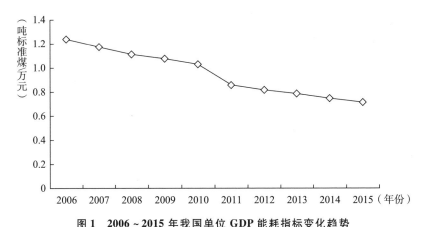

图 1　2006～2015 年我国单位 GDP 能耗指标变化趋势

单位 GDP 能耗只是客观上衡量环境福祉的重要指标，在主观上的重要程度有所下降，在判断影响一个地区环境福祉的因素时，被调查专家更多地倾向于城市空气质量达标率和城市人均绿化覆盖面积在指标体系中占重要地位。单位 GDP 能耗指标于 2005 年年底首次纳入国家经济社会发展五年计划，在党中央、国务院的正确领导下，各地区、各部门攻坚克难，基本实现"十一五"规划单位 GDP 能耗下降 20% 的目标。《"十二五"规划纲要》明确指出"十二五"期间我国单位 GDP 能耗降低 16%。单位 GDP 能耗宏观上描述一个国家（或地区）经济社会发展对能源消耗的依赖程度。单位 GDP 能耗是一项"约束性指标"，是促使各地区、各行业要更加重视提高经济发展的质量和效益，更加重视科学发展、可持续发展，加快走上新型工业化道路，引导人们过上更加舒适、便捷、绿色、低碳的生活。从趋势来看，2006～2015 年，我国单位 GDP 能耗总体呈下降状态。

下降原因：产业结构调整和能源效率提高。从第三产业 GDP 占全国GDP 以及能源消耗总量的比重来看，第三产业属于能耗比重小、对经济增长贡献大的产业。因此，增加第三产业的比重，在不影响实体经济的前提下降低第二产业的比重，都可以保证经济的增长和单位 GDP 能耗的降低。在这种大环境下，"十二五"期间依托电子信息、互联网金融、旅游业等现代服务业，显得非常迫切。推进服务业的发展，促进产业结构的优化，将对我国经济的发展产生巨大作用。

第二产业内部结构得到优化，能源利用效率有所提高。我国第二产业处于能耗高、效率低的状态。第二产业能耗之所以高，是因为工业中存在大量的高耗能部门，如石油加工、炼焦及核燃料加工、化学原料及化学品制造业等行业。"十二五"期间，国家加大了对第二产业内部结构性调整的力度，推广技术节能，加强了对高耗能企业尤其是钢铁、石化两大基础行业的改革，提高了产品的技术含量；发展技术先进的制造业；逐步淘汰耗能高、效率低、污染重的工业，这些措施都使得单位 GDP 能耗下降明显。

（2）工业废水排放处理率主观权重上升的原因。这一指标主观权重的上升很大程度上是因为国家对于水污染治理力度的加大，"十一五"期间，我国在水污染方面投入约 3000 亿元，"十二五"时期达到 5000 亿元。除了要对污染比较严重的水域进行水质改善，对已有的比较好的水质还要加强保护。"十一五"期间我国对常规污染物监控比较严格，在"十二五"期间还要继续加强，比如重金属、有机污染物的监控。国家环保部科技标准司副司长胥树凡此前介绍，"十二五"期间我国环保发展第一大重点领域就是污水处理，具体包括脱氮除磷、现有污水处理厂升级改造、中小城市污水处理厂建设以及工业废水处理等。所以工业废水排放处理率会引起公众的关注、专家的重视，在环境质量指标体系中所占的重要性有所提高。2010 年，全国工业废水排放达标率为 95.3%，比上年提高 1.1 个百分点（见图 2）。工业废水排放达标率高于 95% 的省份依次为天津、北京、福建、河北、山东、江苏、上海、安徽、海南、陕西、河南、广西、湖北、四川和浙江。

指标变化说明：工业废水排放达标率（指标解释：工业废水排放达标量/工业废水排放量×100%），统计局并未找到此指标。2011 年开始《中国环境统计年鉴》中只有工业废水排放总量和工业废水处理量，无废水排放达标量，废水排放量是指废水经过处理后达到排放标准的量，故用工业废水排放量/工业废水处理量×100% 来代替。根据 2012 年 10 月 24 日中华人民共和国国务院新闻办公室发表的《中国的能源政策（2012）》白皮书，

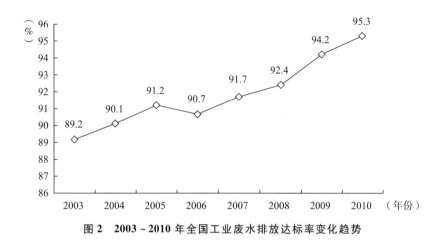

图 2　2003～2010 年全国工业废水排放达标率变化趋势

"十二五"期间中国能源发展政策所取得的成就中，环境保护成效突出，废水排放达标率达到 100%。对污染源加强管理，保证工业废水排放达标率 100%，这是我国采取的一项重要措施。所以我们认为工业废水的排放量就是工业废水的排放达标量，废水排放达标率达到 100%。

工业废水是指工业生产过程中产生的废水和废液，其中含有随水流失的工业生产用料、中间产物、副产品以及生产过程中产生的污染物，是造成环境污染，特别是水体污染的重要原因。工业废水排放量是指经过企业厂区所有排放口排到企业外部的工业废水量，包括生产废水、外排的直接冷却水、超标排放的矿井地下水和与工业废水混排的厂区生活污水，不包括外排的间接冷却水（清污不分流的间接冷却水应计算在内）。工业废水排放达标量是指报告期内废水中各项污染物指标都达到国家或地方排放标准的外排工业废水量，包括未经处理外排达标的、经废水处理设施处理后达标排放的，以及经污水处理厂处理后达标排放的。工业废水处理量是指报告期内各种水治理设施实际处理的工业废水量，包括处理后外排和处理后回用的工业废水量和虽经过处理但未达到国家或地方排放标准的废水量。

二　2011～2015 年中国环境福祉分析

（一）2011～2015年我国环境福祉整体概况

"十二五"期间，我国生态文明建设成效显著。大力度推进生态文明建设，全党全国贯彻绿色发展理念的自觉性和主动性显著增强，忽视生态环境保护的状况明显改变。生态文明制度体系加快形成，主体功能区制度逐步健全，国家公园体制试点积极推进。全面节约资源有效推进，能源资源消耗强度大幅下降。重大生态保护和修复工程进展顺利，森林覆盖率持续提高。生态环境治理明显增强，环境状况得到改善。引导应对气候变化国际合作，成为全球生态文明建设的重要参与者、贡献者、引领者。

2011年是"十二五"规划开局之年。国务院印发《国务院关于加强环境保护重点工作的意见》和《国家环境保护"十二五"规划》，召开第七次全国环境保护大会，原中共中央政治局常委、国务院副总理李克强提出要坚持在发展中保护、在保护中发展，积极探索代价小、效益好、排放低、可持续的环境保护新道路，进一步明确了"十二五"期间环境保护目标任务、重点工作及政策措施。

主要污染物减排扎实推进，工程减排进展顺利，结构减排卓有成效，管理减排取得进展。重点流域区域污染防治不断深化，切实保障饮用水水质安全。深入推进重点流域水污染防治，吉林、贵州、黑龙江、河南等省份规划完成情况全国领先，全国地表水水质继续好转。继续加强大气污染防治，健全大气污染联防联控机制。加快农村环境保护，积极开展生物多样性保护和生态建设示范区创建活动。环境立法取得积极进展，环境政策日益深化，环保规划编制工作进展顺利，环境科技工作继续加强，环境监测水平不断提高，国际环境合作深入推进，环境宣传教育广泛开展。加大环保投入，经国务院批准，增设中央财政湖泊生态环境保护专项资金。[①]

2012年中国共产党第十八次全国代表大会胜利召开，把生态文明建设纳入中国特色社会主义事业五位一体的总体布局，提出推进生态文明，建设美丽中国，实现中华民族永续发展，着力解决影响科学发展和损害群众健康的突出环境问题，环境保护工作取得新进展。

主要污染物减排年度任务全面完成，拟定《"十二五"主要污染物总量减排统计办法》，制定《建设项目主要污染物排放总量指标审核及管理暂行办法》，建立和完善了减排长效机制。

---

① 《2011年中国环境状况公报》，环境保护部。

出台实施环境空气质量新标准。经国务院同意，发布新修订的《环境空气质量标准》和《环境空气质量指数（AQI）技术规定（试行）》，出台新标准实施"三步走"的总体方案。强化饮用水水源保护和地下水污染防治，国务院批复《全国农村饮水安全工程"十二五"规划》。推进重金属、危险废物和化学品污染防治，中央安排重金属专项治理资金54亿元，环境保护部印发《重金属污染综合防治"十二五"规划》实施考核办法及相关细则。重点流域区域污染防治有较大突破，国务院批复《重点流域水污染防治规划（2011—2015年）》，完善重点流域水污染防治专项规划实施情况考核指标体系，扎实推进"三湖"污染防治工作，太湖等重点湖泊流域水质初步改善。①

习近平总书记对生态文明建设和环境保护提出了一系列新思想新论断新要求，为进一步加强环境保护，建设美丽中国，走向生态文明新时代，指明了前进方向。党的十八届三中全会通过了《中共中央关于全面深化改革若干重大问题的决定》，要求紧紧围绕建设美丽中国深化生态文明体制改革，加快建立生态文明制度，健全国土空间开发、资源节约利用、生态环境保护的体制机制，推动形成人与自然和谐发展现代化建设新格局。

制定实施《大气污染防治行动计划》（大气十条），提出十条35项具体措施，重点治理细颗粒物（PM2.5）和可吸入颗粒物（PM10）污染。中央政治局常委听取了"大气十条"汇报，国务院常务会进行了审议，2013年9月10日国务院印发实施。扎实推进主要污染物减排，强化考核严格问责，国务院办公厅转发"十二五"总量减排考核办法，环境保护部会同有关部门印发减排统计和监测办法。强力推进工程减排，2013年新增城镇污水日处理能力1194万吨，全国排污权有偿使用和交易金额累计超过30亿元。2013年，全国二氧化硫、氮氧化物、化学需氧量和氨氮排放总量比2012年分别下降3.5%、4.7%、2.9%和3.1%，其中氮氧化物排放总量首次降至2010年减排基数以下，为实现"十二五"目标奠定了良好基础。②

2014年是全面深化改革的开局之年。大气、水、土壤污染防治迈出新

---

① 《2012年中国环境状况公报》，环境保护部。
② 《2013年中国环境状况公报》，环境保护部。

步伐，加强重点行业污染治理，推进区域协作。加强大气环境执法监管，完善监测预警体系。中央财政先后安排专项资金100亿元，支持各地开展大气污染防治，2014年首批实施新环境空气质量标准监测的74个城市细颗粒物（PM2.5）年均浓度为64微克/立方米，同比下降11.1%。

积极推进水污染防治，编制《水污染防治行动计划（送审稿）》，印发《水质较好湖泊生态环境保护总体规划（2013—2020年）》。中央财政安排专项资金55亿元，支持55个水质较好湖泊保护。完善减排政策体系，国务院办公厅印发《2014—2015年节能减排低碳发展行动方案》，2014年全国化学需氧量、氨氮、二氧化硫、氮氧化物排放总量同比分别下降2.47%、2.90%、3.40%、6.70%。①

2015年是"十二五"规划的收官之年，是全面深化改革的关键之年。党的十八届五中全会提出创新、协调、绿色、开放、共享的发展理念，党中央、国务院对生态文明建设和环境保护做出一系列重大决策部署，各地区、各部门坚决贯彻落实，以改善环境质量为核心，着力解决突出环境问题，取得积极进展。全力打好环境治理攻坚战，深入实施《大气污染防治行动计划》，2015年全国城市空气质量总体趋好，首批实施新环境空气质量标准的74个城市细颗粒物（PM2.5）平均浓度比2014年下降14.1%。出台实施《水污染防治行动计划》。新增城镇（含建制镇、工业园区）污水日处理能力为1096万吨，再生水日利用能力为338万吨，全国城市污水处理率达91.97%。

严格环保执法监管。深入开展《环境保护法》实施年活动，依法落实地方政府环保责任，深化生态环保领域改革。② 2015年，全国环境状况如下。全国338个地级以上城市中，有73个城市环境空气质量达标，占21.6%。338个地级以上城市平均达标天数比例为76.7%；平均超标天数比例为23.3%，其中轻度污染天数比例为15.9%，中度污染为4.2%，重度污染为2.5%，严重污染为0.7%。338个地级以上城市开展了集中式饮用水水源地水质监测，取水总量为355.43亿吨，达标取水量为345.06亿吨，占

---

① 《2014年中国环境状况公报》，环境保护部。
② 《2015年中国环境状况公报》，环境保护部。

97.1%。废水中主要污染物方面，化学需氧量排放总量为 2223.5 万吨，比 2014 年下降 3.1%，比 2010 年下降 12.9%；氨氮排放总量为 229.9 万吨，比 2014 年下降 3.6%，比 2010 年下降 13.0%。2015 年，废气中主要污染物二氧化硫排放总量为 1859.1 万吨，比 2014 年下降 5.8%，比 2010 年下降 18.0%；氮氧化物排放总量为 1851.8 万吨，比 2014 年下降 10.9%，比 2010 年下降 18.6%。

（二）2011~2015 年中国环境福祉的区域分析

按照我国目前地区间社会经济发展水平，我们将除港澳台外 31 个省（区、市）划分为四大区域：东部地区包括北京、天津、河北、上海、江苏、浙江、福建、山东、广东和海南 10 个省份；东北地区包括辽宁、吉林和黑龙江 3 个省份；中部地区包括山西、安徽、江西、河南、湖北和湖南 6 个省份；西部地区包括内蒙古、广西、重庆、四川、贵州、云南、陕西、甘肃、青海、宁夏、新疆和西藏 12 个省份。这四大区域在 2011~2015 年的资源与环境质量、环境污染及治理和环境福祉综合评价指数如表 3、表 4、表 5 所示。

表 3　2011~2015 年各区域资源与环境质量评价

	2011 年	2012 年	2013 年	2014 年	2015 年
东部地区	0.8939	0.8939	0.7927	0.8035	0.8257
东北地区	0.8877	0.8861	0.8080	0.8050	0.8061
中部地区	0.8796	0.8843	0.7669	0.7831	0.8085
西部地区	0.8771	0.8791	0.8051	0.8275	0.8470

从区域资源与环境质量评价（见表 3）来看，"十二五"期间的前两年，东部地区要明显优于中部地区和西部地区，但是从 2013 年开始西部地区的资源与环境质量得分要高于东部地区，主要是由于城市空气质量达标率这一指标的变化对东部地区产生影响，从 2013 年开始，城市空气质量监测物中加入了 PM2.5 和 PM10，直接导致东部地区的大部分省（区、市）这一指标明显下降。西部地区的大部分省（区、市）城市化率低，城市空气质量达标率变动不大，所以，2013 年以后在资源与环境评价上超过了东部

地区。资源与环境质量部分主要涉及的指标有单位 GDP 能耗、城市空气质量达标率、城市人均绿化覆盖面积。将 2011 年和 2015 年城市空气质量达标率指标进行对比，2011 年东部地区城市空气质量达标率在 90% 以上的省份有海南、福建、上海和浙江，而 2015 年此指标在 90% 以上的省份只有海南。综合全国来看，2011 年全国城市空气质量达标率在 90% 以上的省份有 14 个，占比高达 45.2%；而 2015 年此指标在 90% 以上的省份只有 4 个，比例下降到 12.9%。从 2013 年开始，中部地区的资源与环境质量评价得分处于全国最低的水平，城市空气质量下降是最严重的问题，中部地区省份在发挥自身资源优势大力发展经济的同时，给自然环境造成的压力不容忽视。西部地区资源与环境质量有较大的改善，主要得益于国家"西部大开发"战略对生态环境的重视。西部地区生态地位重要，生态建设关系到西部乃至全国的可持续发展。"十二五"时期，西部地区更加注重生态建设和环境保护，牢固树立绿色、低碳发展理念，从源头上扭转生态恶化趋势，通过建立和完善生态补偿机制、开展重点生态工程建设等措施，着力建设国家生态安全屏障。建立生态补偿机制，努力实现生态补偿的制度化和法制化；巩固和发展退耕还林、退牧还草成果，推进天然林保护、京津风沙源治理、石漠化综合治理和防护林体系建设；推进重点流域和区域水污染防治，严格饮用水水源地保护，提高饮用水水质达标率，确保饮用水安全；建立健全工业污染防控体系，推进固体废弃物综合利用及污染防治，加强农业面源污染治理；加强资源节约和管理，合理控制能源消费总量，严格实行主要污染物排放总量控制，实施节能减排重点工程，发展循环经济；坚持防治结合、以防为主的方针，全面提高综合防灾减灾能力和灾害风险管理水平。

环境污染及治理呈现"稳中有升"的发展趋势，这肯定了国家"十二五"期间做出的努力与取得的成效。全社会、政府组织乃至公民个人，都应该时刻保持对资源与环境质量下降趋势的清醒认识，在发展经济的同时，慎重权衡环境损耗，以科学发展观为指导，保护我们赖以生存的资源和环境，继续在环境污染及治理方面做出更大成绩。

环境污染及治理的评价结果（见表4）显示，东部地区与中部地区都处于比较高的水平，西部地区与中部地区相差不大，东北地区最差。从趋势来看，各地区环境污染及治理水平均处于上升趋势。国家环境保护"十二五"规划纲要指出，东北地区要加强森林等生态系统保护，开展三江平原、松嫩平原湿地修复，强化黑土地水土流失和荒漠化综合治理，加强东北平原农产品产地土壤环境保护。辽中南、长吉图、哈大齐和牡绥等区域要加强采暖期城市大气污染治理，推进松花江、辽河流域和近岸海域污染防治，加强采煤沉陷区综合治理和矿山环境修复，强化对石油等资源开发活动的生态环境监管。以辽宁省为例，辽宁省虽然在上个五年规划期间在环境保护工作上取得了显著成效，但目前环境形势总体依然严峻，一方面，经济发展方式尚未实现根本性转变；另一方面，随着老工业基地的全面振兴，沿海经济带开发开放上升为国家战略，沈阳经济区被确定为综合配套改革试验区，全省经济总量快速增加的同时，不可避免地对资源环境提出更高的要求。同时，"十二五"时期，辽宁省环境问题将变得更加复杂，污染介质从以大气和水为主向大气、水、土壤三种污染介质共存转变；污染源由原来的工业点源、城市生活面源向工业点源、城市和农村面源污染并存转变；污染类型从常规污染向常规污染和新型污染的复合型转变；污染防治范围从以城市和局部地区为主向涵盖全省城乡范围转变，在常规污染尚未得到有效控制的情况下，环境问题的复杂化导致环境质量改善的难度持续增加。特别是辽宁沿海沿河分布大量重化工等企业，潜在的重大环境风险问题较多，保障环境安全的任务更加艰巨。

表4 2011~2015年各区域环境污染及治理评价

	2011年	2012年	2013年	2014年	2015年
东部地区	0.6586	0.6624	0.6637	0.6642	0.6636
东北地区	0.6402	0.6434	0.6470	0.6461	0.6511
中部地区	0.6532	0.6562	0.6591	0.6603	0.6606
西部地区	0.6514	0.6524	0.6542	0.6559	0.6554

中部地区环境污染及治理面临前所未有的挑战：一是农田面积逐步减少，耕地质量严重下降，土壤持久性有机污染和重金属污染问题日益突出；二是流域生态安全遭受严重胁迫，中部地区属于严重缺水地区，2012年人均水资源占有量不到全国人均水资源占有量的1/5，水资源短缺的同时水体

污染也十分严重；三是城镇化的快速发展和以重工业为主的工业结构严重威胁着中部地区的人居环境。中部地区必须优化区域发展模式，采取措施改善现状：第一，推进以绿色循环为核心的新型工业化，推进以高效生态为主导的农业现代化，推进以宜居低碳为主导的新型城镇化；第二，优先改善大气环境，实施能源结构优化与煤炭消费总量控制，实施多种大气污染物协同控制策略，将二氧化硫、氮氧化物、颗粒物、挥发性有机物、氨等一次污染物作为主要协同控制对象，将传统重污染行业污染与机动车污染、扬尘污染协同防治；第三，水资源保障与水体污染防治，推广高效节水灌溉技术，规范城市水资源利用，加大对污染严重河流及地下水污染严重区域的修复治理力度，完善生态环境保护体制机制，实施生态环境战略性保护，促进经济社会与生态环境协调可持续发展，推动中部地区绿色崛起。

表 5 2011～2015 年各区域环境福祉综合评价

	2011 年	2012 年	2013 年	2014 年	2015 年
东部地区	1.5525	1.5563	1.4565	1.4677	1.4894
东北地区	1.5279	1.5294	1.4550	1.4512	1.4572
中部地区	1.5328	1.5406	1.4260	1.4434	1.4690
西部地区	1.5286	1.5315	1.4593	1.4834	1.5024

在环境福祉综合评价（见表5）方面，东部地区明显优于中部地区和东北地区。2013 年往后，东部地区在环境福祉综合评价方面要略低于西部地区，主要原因还是 2013 年国家出台政策文件严格控制空气质量，导致东部地区城市空气质量达标率下降明显，这对环境福祉整体评价得分影响较大，其他年份波动不大。

（三）2011～2015年中国环境福祉的省级层面数据分析

1. 各省（区、市）环境福祉评价结果

从资源与环境质量的评价结果横向比较来看（见表6），各省（区、市）的资源与环境质量在五年里略有下降。从各省（区、市）的均值比较情况来看，2013 年下降明显，2013 年后又有所上升（见图3）。评价较为稳定靠前的省份为海南、福建、云南和西藏。其中，2011~2013 年西藏的资源与环境质量评价最高；而 2014 年和 2015 年海南一直占据着排名最靠前的位置；广东和广西的得分一直居于前列，说明其资源与环境质量水平高且相对稳定。山东、河南、河北、辽宁等省份资源与环境质量评价在 2013 年有一个较大幅度的下降，原因在于城市空气质量达标率下滑幅度过大导致整体水平的下降。与 2011 年相比，资源与环境质量改善较大的省份主要在西部地区，有贵州、青海、陕西、甘肃、重庆，说明国家在改善西部地区资源与环境质量方面取得了明显的效果。

表6 2011~2015 年各省（区、市）资源与环境质量评价

地区	2011 年	排序	2012 年	排序	2013 年	排序	2014 年	排序	2015 年	排序
北京	0.8609	27	0.8567	28	0.7664	22	0.7677	26	0.7826	27
天津	0.8839	16	0.8718	23	0.7453	26	0.7702	23	0.8039	22
河北	0.8734	22	0.8758	22	0.6587	31	0.6988	31	0.7668	29
山西	0.8554	29	0.8689	25	0.7410	27	0.7704	22	0.7984	23
内蒙古	0.8934	12	0.8948	11	0.7911	16	0.8137	15	0.8436	11
辽宁	0.8867	14	0.8849	16	0.7966	14	0.7773	21	0.7915	25
吉林	0.9006	8	0.8958	10	0.8111	11	0.8194	11	0.8190	18
黑龙江	0.8757	21	0.8774	21	0.8162	9	0.8184	12	0.8078	21
上海	0.8995	9	0.9042	7	0.8276	8	0.8542	9	0.8336	13
江苏	0.8839	15	0.8837	18	0.7894	17	0.7819	20	0.8171	19
浙江	0.8968	11	0.8992	8	0.8005	13	0.8043	18	0.8256	15
安徽	0.8697	23	0.8921	13	0.7721	20	0.7495	28	0.8202	17
福建	0.9175	4	0.9206	3	0.9056	2	0.8792	4	0.9073	2
江西	0.9068	7	0.8930	12	0.8138	10	0.8657	5	0.8798	8
山东	0.8815	18	0.8847	17	0.6906	30	0.7138	30	0.7279	31
河南	0.8790	20	0.8803	20	0.7341	29	0.7355	29	0.7371	30
湖北	0.8690	25	0.8811	19	0.7560	23	0.7695	25	0.7802	28
湖南	0.8975	10	0.8907	15	0.7847	18	0.8080	17	0.8353	12
广东	0.9198	3	0.9192	4	0.8395	6	0.8583	8	0.8830	7
广西	0.9076	6	0.9083	6	0.8484	5	0.8625	6	0.8889	5

续表

地区	2011 年	排序	2012 年	排序	2013 年	排序	2014 年	排序	2015 年	排序
海南	0.9221	2	0.9226	2	0.9035	3	0.9070	1	0.9095	1
重庆	0.8828	17	0.8962	9	0.7934	15	0.8253	10	0.8631	9
四川	0.8805	19	0.8577	27	0.7368	28	0.7995	19	0.7964	24
贵州	0.8895	13	0.8917	14	0.8384	7	0.8584	7	0.8915	4
云南	0.9122	5	0.9120	5	0.8867	4	0.9042	2	0.9057	3
西藏	0.9249	1	0.9243	1	0.9069	1	0.8913	3	0.8849	6
陕西	0.8694	24	0.8701	24	0.7522	25	0.7647	27	0.8282	14
甘肃	0.8103	31	0.8317	31	0.7718	21	0.8165	13	0.8221	16
青海	0.8561	28	0.8552	29	0.7774	19	0.8148	14	0.8436	10
宁夏	0.8666	26	0.8649	26	0.8030	12	0.8094	16	0.8122	20
新疆	0.8324	30	0.8427	30	0.7552	24	0.7699	24	0.7840	26

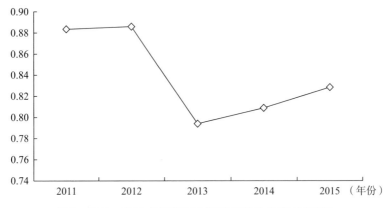

图 3 2011～2015 年资源与环境质量评价均值变化趋势

表7 是 2011～2015 年各省（区、市）环境污染及治理的评价结果。各省的环境污染及治理评价得分呈上升趋势（见图 4），但上升速度有所放缓，说明我国环境污染及治理取得明显的效果。环境污染及治理评价较为靠前的省份有北京、天津、重庆、浙江。大多为经济发展程度较高的沿海省份，主要体现在环境污染治理投资占 GDP 的比重较大，拉动了环境污染及治理的综合评价。北京在 2015 年环境污染及治理评价降低幅度很大，原因在于工业固体废物综合利用率、环境污染治理投资占 GDP 的比重、城市生活垃

圾无害化处理率等指标相较于 2014 年都有不同程度的降低。上海在 2011~2015 年在环境污染及治理方面稳步提升，在 2015 年已经排在全国首位。贵州和青海两省在 2013 年往后评价得分有所降低，原因在于受东部地区空气质量下降的影响，东部各省份加大了环境治理的力度，从而导致资源与环境质量本身良好的西部省份在污染治理方面受东部省份排名上升的影响而有所下降。宁夏加大了环保投资和环境能力建设，环境执法更加严格，建立了系统的环境管理机制，明确责任落实与环保队伍年轻化、精英化建设，在环境污染及治理方面有较大提高且居于全国前列。"十二五"期间，环境污染及治理评价有较大改善的省份主要有上海、湖北、宁夏。

表 7　2011~2015 年各省（区、市）环境污染及治理评价

地区	2011 年	排序	2012 年	排序	2013 年	排序	2014 年	排序	2015 年	排序
北京	0.6631	5	0.6673	3	0.6695	2	0.6706	1	0.6588	16
天津	0.6719	1	0.6715	1	0.6703	1	0.6706	2	0.6677	3
河北	0.6387	28	0.6423	27	0.6429	30	0.6451	28	0.6519	27
山西	0.6482	22	0.6534	20	0.6554	19	0.6576	19	0.6575	20
内蒙古	0.6529	17	0.6535	19	0.6554	20	0.6582	18	0.6562	21
辽宁	0.6454	26	0.6508	25	0.6500	26	0.6493	26	0.6495	29
吉林	0.6377	29	0.6382	30	0.6478	27	0.6455	27	0.6530	25
黑龙江	0.6376	30	0.6411	28	0.6433	29	0.6436	30	0.6507	28
上海	0.6520	19	0.6625	8	0.6659	8	0.6705	3	0.6700	1
江苏	0.6635	4	0.6636	7	0.6655	9	0.6647	9	0.6657	6
浙江	0.6660	3	0.6675	2	0.6684	3	0.6685	4	0.6681	2
安徽	0.6587	8	0.6616	10	0.6666	6	0.6664	6	0.6662	5
福建	0.6606	7	0.6667	5	0.6673	5	0.6662	8	0.6641	8
江西	0.6553	14	0.6559	17	0.6574	18	0.6573	20	0.6578	18
山东	0.6623	6	0.6653	6	0.6663	7	0.6662	7	0.6647	7
河南	0.6545	15	0.6563	14	0.6580	16	0.6592	16	0.6611	13
湖北	0.6469	24	0.6513	22	0.6575	17	0.6599	14	0.6578	19
湖南	0.6557	12	0.6591	12	0.6598	14	0.6613	11	0.6630	9
广东	0.6523	18	0.6554	18	0.6583	15	0.6592	17	0.6626	11
广西	0.6571	9	0.6600	11	0.6607	12	0.6592	15	0.6604	14

续表

地区	2011 年	排序	2012 年	排序	2013 年	排序	2014 年	排序	2015 年	排序
海南	0.6554	13	0.6622	9	0.6631	10	0.6600	13	0.6627	10
重庆	0.6672	2	0.6673	4	0.6676	4	0.6674	5	0.6668	4
四川	0.6512	21	0.6510	24	0.6533	23	0.6540	24	0.6551	22
贵州	0.6543	16	0.6577	13	0.6544	21	0.6572	21	0.6580	17
云南	0.6465	25	0.6505	26	0.6538	22	0.6548	23	0.6540	23
西藏	0.6431	27	0.6400	29	0.6440	28	0.6440	29	0.6437	30
陕西	0.6566	11	0.6562	15	0.6604	13	0.6601	12	0.6614	12
甘肃	0.6323	31	0.6337	31	0.6352	31	0.6426	31	0.6431	31
青海	0.6567	10	0.6560	16	0.6511	24	0.6548	22	0.6536	24
宁夏	0.6481	23	0.6514	21	0.6631	11	0.6643	10	0.6593	15
新疆	0.6513	20	0.6512	23	0.6511	25	0.6538	25	0.6528	26

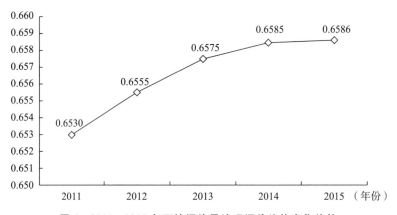

图 4　2011～2015 年环境污染及治理评价均值变化趋势

从 2011～2015 年我国环境福祉的总体评价结果来看（见表 8），居民环境福祉稳中向好，区域差异与省际差异正在逐步缩小，政策支持与财政投入力度越来越大，"十二五"期间所采取的一系列公共政策成效显著。从综合评价结果可以看出，海南、广东、福建的环境福祉稳定性强且一直保持在较高的水平，西藏的环境福祉综合评价高，得益于国家不断加大对西藏生态环境保护的投入力度，2009 年 2 月，国务院审议并通过了《西藏生态安全屏障保护与建设规划（2008～2030 年）》，提出用近 5 个五年规划，投资 155 亿元，实施 10 项生态保护与建设工程，基本建成西藏生态安全屏障。同时，与 2011 年相比，贵州、云南、甘肃等省份的环境福祉有明显的提升。

表8　2011～2015 年各省（区、市）环境福祉综合评价

地区	2011 年	排序	2012 年	排序	2013 年	排序	2014 年	排序	2015 年	排序
北京	1.5240	23	1.5240	23	1.4360	20	1.4383	22	1.4414	25
天津	1.5558	9	1.5434	17	1.4156	22	1.4407	21	1.4715	19
河北	1.5121	28	1.5181	26	1.3016	31	1.3439	31	1.4187	29
山西	1.5036	29	1.5223	24	1.3964	27	1.4280	24	1.4559	23
内蒙古	1.5463	14	1.5483	15	1.4465	17	1.4719	13	1.4998	11
辽宁	1.5321	19	1.5357	19	1.4466	16	1.4266	25	1.4410	26
吉林	1.5383	17	1.5341	20	1.4589	14	1.4648	16	1.4720	18
黑龙江	1.5133	26	1.5185	25	1.4595	13	1.4620	17	1.4584	22
上海	1.5515	11	1.5667	5	1.4935	7	1.5247	5	1.5036	10
江苏	1.5475	13	1.5474	16	1.4549	15	1.4466	20	1.4828	17
浙江	1.5628	6	1.5667	6	1.4689	10	1.4728	12	1.4937	14
安徽	1.5285	21	1.5536	10	1.4386	19	1.4158	28	1.4864	16
福建	1.5781	1	1.5873	1	1.5728	1	1.5454	3	1.5714	2
江西	1.5621	7	1.5489	14	1.4711	9	1.5229	6	1.5376	7
山东	1.5438	16	1.5500	11	1.3569	30	1.3800	30	1.3925	31
河南	1.5335	18	1.5365	18	1.3921	28	1.3947	29	1.3982	30
湖北	1.5159	24	1.5324	21	1.4135	23	1.4294	23	1.4380	27
湖南	1.5532	10	1.5497	12	1.4444	18	1.4693	15	1.4983	12
广东	1.5721	3	1.5746	3	1.4978	6	1.5175	8	1.5456	6
广西	1.5647	5	1.5683	4	1.5091	5	1.5218	7	1.5493	5
海南	1.5775	2	1.5848	2	1.5667	2	1.5670	1	1.5722	1
重庆	1.5501	12	1.5635	8	1.4610	12	1.4927	10	1.5299	8
四川	1.5317	20	1.5088	29	1.3901	29	1.4535	19	1.4516	24
贵州	1.5438	15	1.5494	13	1.4928	8	1.5155	9	1.5495	4
云南	1.5586	8	1.5625	9	1.5405	4	1.5590	2	1.5597	3

续表

地区	2011 年	排序	2012 年	排序	2013 年	排序	2014 年	排序	2015 年	排序
西藏	1.5680	4	1.5642	7	1.5509	3	1.5353	4	1.5286	9
陕西	1.5259	22	1.5262	22	1.4126	24	1.4249	26	1.4896	15
甘肃	1.4426	31	1.4654	31	1.4071	25	1.4591	18	1.4652	21
青海	1.5128	27	1.5112	28	1.4285	21	1.4696	14	1.4972	13
宁夏	1.5148	25	1.5164	27	1.4661	11	1.4737	11	1.4715	20
新疆	1.4836	30	1.4940	30	1.4063	26	1.4237	27	1.4368	28

从表 8 环境福祉综合评价得分和排序情况得知，北京市 2015 年在环境污染及治理方面排名有所下降；辽宁省在 2014 年环境福祉综合评价下降；浙江省在五年时间里环境福祉评价排名匀速小幅下降；山东、河南、天津三个省份情况相似，均是在 2013 年环境福祉综合评价排名和得分下降明显；西部地区的贵州和青海两省环境福祉排名不降反升，尤其从 2013 年开始得分和排名上升明显；陕西省在 2015 年综合评价排名上升了 11 个名次，环境福祉提升明显，以下本报告将对这些省份具体分析。

2. 部分省份环境福祉评价结果的典型分析

2011～2015 年，我国 31 个省（区、市）环境福祉指数及排名情况是比较平稳的，但也有起伏较大、波动明显的情况。为此，我们选取了东部地区的北京、天津、山东、浙江 4 个省（市），东北地区的辽宁省，中部地区的河南省，西部地区的贵州、青海、陕西 3 个省，总共 9 个具有典型性的省份进行具体分析。

（1）北京市

北京市作为全国政治经济文化中心，其环境福祉的评价一直受到各界关注。结合图 5 和图 6 得分和排名的变化，我们可以看出北京市的资源与环境质量得分在 2013 年有小幅下降，但是排名情况变化不大，说明资源与环境质量得分的下降是全国范围内的普遍现象。从指标数据中我们发现北京市空气质量达标率从 2012 年的 76.78% 下降到 2013 年的 45.75%，下降幅度达到 40%，原因在于 2012 年北京市积极开展细颗粒物（PM2.5）监测，率先发布监测数据。按照新的国家《环境空气质量标准》（GB3095－2012）

的要求，优化和建设空气质量自动监测网络，建成由 35 个自动监测子站组成的空气质量监测网络。到了 2013 年，细颗粒物（PM2.5）污染凸显，全市空气中细颗粒物（PM2.5）年平均浓度值为 89.5 微克/立方米，超过国家标准 156%；二氧化硫（SO_2）年平均浓度值为 26.5 微克/立方米，达到国家标准；二氧化氮（NO_2）年平均浓度值为 56.0 微克/立方米，超过国家标准 40%；可吸入颗粒物（PM10）年平均浓度值为 108.1 微克/立方米，超过国家标准 54%。2013 年 1 月，因极端不利气象条件，北京市中东部地区出现大范围空气重污染。受此影响，各项污染物月均浓度值达到全年最高水平，其中 PM2.5 月均浓度值达到 159.5 微克/立方米。

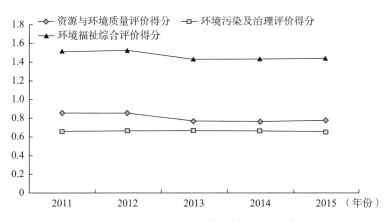

图 5 2011～2015 年北京市环境福祉评价得分变化趋势

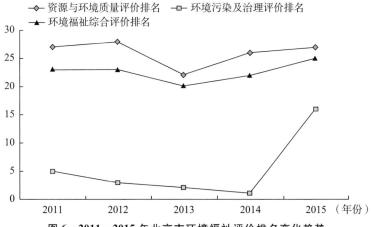

图 6 2011～2015 年北京市环境福祉评价排名变化趋势

表 9　北京市主要环境指标原始数据

年份	城市空气质量达标率（%）	单位 GDP 能耗（吨标准煤/万元）	环境污染治理投资占 GDP 的比重（%）	城市生活垃圾无害化处理率（%）
2011 年	78.36	0.46	1.31	98.24
2012 年	76.78	0.44	1.92	99.12
2013 年	45.75	0.38	2.22	99.30
2014 年	46.03	0.36	2.93	99.59
2015 年	50.96	0.34	1.79	78.75

在环境污染及治理方面，从得分角度来看，北京市整体处于稳定状态，变化不大，但是从排名角度来看，2015 年北京市的环境污染及治理出现了排名下滑的情况，指标数据中环境污染治理投资占 GDP 的比重和城市生活垃圾无害化处理率也都在 2015 年出现了下降的情况，原因在于 2015 年北京市生活垃圾清运量从 2014 年的 733.84 万吨增加到 790.33 万吨，而无害化处理厂的数目仅增加了 1 座，垃圾处理能力跟不上，导致生活垃圾无害化处理量下降了 108.41 万吨，城市生活垃圾无害化处理率的降低导致了北京市环境污染及治理排名的下降。

从环境福祉综合评价来看，北京市"十二五"期间的环境状况是比较稳定的，居于全国中等水平偏下。2012 年，北京市落实清洁空气行动计划，把以治理 PM2.5 为重点的环境保护工作，作为生态文明建设的重要载体。大力开展结构减排和工程减排，259 家污染企业关停退出，双山水泥集团、北京鹿牌都市生活用品有限公司等企业实现原址停产。新增污水处理和再生水生产能力 32 万吨/日。机动车和农业源污染物总量减排取得新进展。编制实施《北京市 2012—2020 年大气污染治理措施》，加大力度开展大气污染防治。加快压减燃煤，2600 蒸吨燃煤锅炉改用清洁能源，城市核心区 2.1 万户平房实现"煤改电"，四大燃气热电中心全面建设。推行绿色文明施工管理模式，对 11 家扬尘污染严重单位通报批评并暂停其在京投标资格。

2014 年，北京市主要污染物二氧化碳、氮氧化物、化学需氧量和氨氮排放总量比上年分别下降 9.35%、9.24%、5.40% 和 3.82%，提前超额完成"十二五"时期污染减排任务。大气、地表水和声环境质量稳中向好，生态环境状况略有改善，环境安全得到有效保障，造就了弥足珍贵的"期污染减蓝"。发布实施了《北京市新增产业的禁止和限制目录》《北京市工业污染行业、生产工艺调整退出及设备淘汰目录（2014 年版）》，退出 392 家污染企业。启动了 116 项环保技改项目，燃气电厂全部实现烟气脱硝治理。将扬尘控制作为企业市场准入条件，26 家施工单位因此暂停在京投标；关停退出了 25 家无资质的混凝土搅拌站，6800 余辆密闭化渣土车投入使用；道路清扫保洁新工艺作业覆盖率达到 85%。亚太经合组织第二十二次领导人非正式会议于 2014 年 11 月上旬在北京召开。京津冀及周边地区政府、企业、社会通力合作，采取了力度空前的污染排放控制措施，在气象条件极为不利的情况下，会议期间北京空气清新，区域空气质量大幅改善。

2015 年，北京市全市共同努力，主要污染物排放进一步削减，二氧化硫、氮氧化物、化学需氧量和氨氮排放量比上年分别下降 9.80%、8.83%、4.33% 和 12.98%。大气环境质量持续改善，地表水和声环境质量稳中有进，辐射环境质量保持正常，生态环境状况持续良好，环境安全得到有效保障。京津冀协同发展环境保护率先突破实现良好开局，抗战胜利 70 周年纪念活动和北京国际田联世锦赛空气质量保障工作圆满完成。贯彻《中共中央国务院关于加快推进生态文明建设的意见》精神，北京市政府印发《关于进一步健全大气污染防治体制机制　推动空气质量持续改善的意见》，以减排为根本，聚焦重点领域，不断加大污染治理力度，全面落实《北京市 2013—2017 年清洁空气行动计划》，超额完成 2015 年减排措施任务。[①]

（2）辽宁省

辽宁省作为我国东北地区中心省份，是我国重要的重工业基地、农业强省、经济强省，被誉为"共和国长子"，其环境福祉评价比较有代表性。环境福祉综合评价得分（见图 7、图 8）方面，辽宁省遇到的问题与北京市一样，在 2013 年评价得分有所降低，这主要是由城市空气质量达标率下降导致的。与北京市不同的是，辽宁省从 2014 年才开始全面实施新的《环境空气质量标准》（GB3095–2012），所以从排名情况来看，2014 年、2015 年辽宁省排名下滑明显，其原因除城市空气质量达标率下降外，工业废气排放总量的升高是导致其排名下滑的重要因素，2014 年辽宁省工业废气排放

---

① 2011~2015 年《北京市环境状况公报》。

总量相较于上年增加了 5084.5 亿立方米，增幅达到 17.3%（见表 10）。工业废水排放处理率、工业固体废物综合利用率和环境污染治理投资占 GDP 的比重这三个指标也在 2014 年和 2015 年有小幅下降。

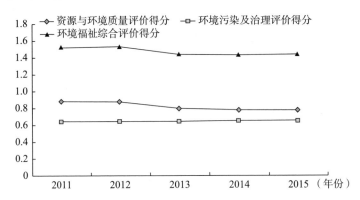

图 7　2011～2015 年辽宁省环境福祉评价得分变化趋势

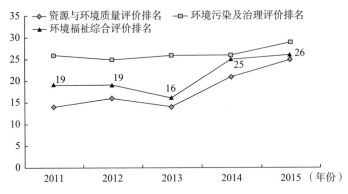

图 8　2011～2015 年辽宁省环境福祉评价排名变化趋势

表 10　辽宁省主要环境指标原始数据

	城市空气质量达标率（%）	工业废气排放总量（亿立方米）	环境污染治理投资占 GDP 的比重（%）	工业废水排放处理率（%）
2011 年	90.96	31701.00	1.69	25.70
2012 年	89.89	31917.00	2.75	25.70
2013 年	58.90	29443.00	1.28	25.70
2014 年	52.05	34527.50	0.95	25.70
2015 年	56.71	34017.00	1.02	25.70

2014 年，辽宁全省 14 个城市首次全面实施《环境空气质量标准》（GB3095 – 2012）。按照新标准评价，全省城市环境空气质量达标天数比例平均为 70.9%，超标天数比例平均为 29.1%，其中重度及以上污染天数比例为 2.7%。与 2013 年相比，可吸入颗粒物、二氧化硫和二氧化氮平均浓度分别上升 15.1%、9.5% 和 12.5%，环境污染形势严峻。污染物排放方面，化学需氧量、氨氮、二氧化硫、氮氧化物的减排比例分别为 2.85%、3.13%、3.16%、5.59%，但是工业废气排放总量升高，减排力度仍需提高。

2015 年，辽宁省按照新实施的标准评价，全省城市环境空气质量达标天数比例平均为 75.1%，超标天数比例平均为 28.5%，其中重度以上污染天数比例为 4.0%。[①] 与 2014 年相比，细颗粒物（PM2.5）、可吸入颗粒物（PM10）、二氧化硫、二氧化氮年均浓度分别下降 5.2%、6.1%、13.0%、8.3%。经环保部核算，到 2015 年年底，辽宁省全面完成"十二五"主要污染物总量减排目标。全省化学需氧量排放 116.75 万吨，比 2014 年下降 4.07%，比 2010 年下降 15.00%；氨氮排放量为 9.63 万吨，比 2014 年下降 3.83%，比 2010 年下降 14.41%；二氧化硫排放量为 96.88 万吨，比 2014 年下降 2.60%，比 2010 年下降 17.34%；氮氧化物排放量为 82.81 万吨，比 2014 年下降 8.19%，比 2010 年下降 18.83%。2015 年辽宁省已淘汰黄标车和老旧车 14 万余辆。全省使用清洁能源、新能源公交车和出租车数量分别同比去年增加了 12% 和 14.2%。大力开展乡镇污水处理设施建设和运行工作，狠抓乡镇污水处理设施建设和运行，乡镇污水处理设施已运行 163 座，日处理污水约 13 万吨。

（3）浙江省

浙江省位于我国东部沿海地区，是我国经济最活跃的省份之一。其环境污染及治理水平一直稳居国内各省前列，但是浙江省环境福祉综合评价排名（见图9、图10）从 2011 年的第 6 位逐步下跌到 2015 年的第 14 位。分析其原因除城市空气质量达标率因政策标准改变而下降外，其工业废气排放总量从 2012 年开始呈现上升趋势，2014 年浙江省工业废气排放总量上升 2393.3 亿立方米，上升幅度为 9.74%。工业废水排放处理率指标在 2014

---

① 2011 ~ 2015 年《辽宁省环境状况公报》。

年也出现降低现象，且环境污染治理投资占 GDP 的比重一直在 1% 附近，环境治理投资没有大的增长。好的一方面，浙江省"十二五"期间，单位GDP 能耗逐年降低，城市人均绿化覆盖面积逐年升高，2015 年浙江省城市人均绿化覆盖面积达到 100.28 平方米/人，高于全国平均水平（见表11）。

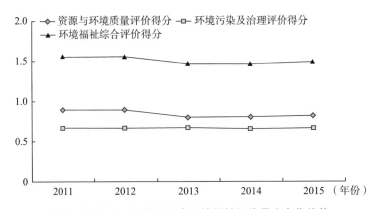

图9 2011～2015 年浙江省环境福祉评价得分变化趋势

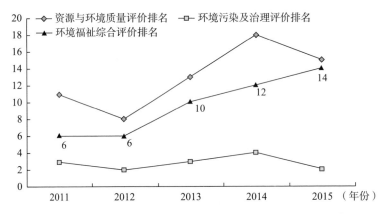

图10 2011～2015 年浙江省环境福祉评价得分排名变化趋势

表11 浙江省主要环境指标原始数据

	城市空气质量达标率（%）	城市人均绿化覆盖面积（平方米/人）	工业废气排放总量（亿立方米）	工业废水排放处理率（%）
2011 年	91.23	83.99	24790.00	59.90
2012 年	91.80	97.09	23967.30	68.37
2013 年	58.08	97.45	24565.00	63.72

	城市空气质量达标率（%）	城市人均绿化覆盖面积（平方米/人）	工业废气排放总量（亿立方米）	工业废水排放处理率（%）
2014 年	59.18	99.53	26958.30	58.51
2015 年	66.30	100.28	26841.00	65.08

2011 年，浙江省单位 GDP 能耗降低 3.1%，化学需氧量、氨氮和二氧化硫减排比例分别为 2.81%、2.53% 和 3.15%，氮氧化物增加 0.68%。2012 年，浙江全省单位 GDP 能耗下降达到 6.1%；化学需氧量、氨氮、二氧化硫和氮氧化物减排比例分别为 3.92%、2.73%、5.48% 和 5.86%，县级以上城市空气质量达到二级标准的占 98.6%，生态环境状况指数继续位居全国前列。2013 年，浙江省以治水为突破口倒逼转型升级，全面实施"河长制"，深入开展"四边三化"和"双清"行动，积极防治空气污染，积极推进节能减排，全省单位 GDP 能耗下降 3.7%；化学需氧量、氨氮、二氧化硫和氮氧化物减排比例分别为 3.95%、4.26%、5.18% 和 6.90%，全省环境质量基本保持稳定，城市空气质量（AQI）达标天数比例平均为 68.4%，舟山市各项污染物指标年均浓度达到《环境空气质量标准》（GB3095－2012）二级标准，是全国三个达标城市之一。2014 年，浙江省强势推进水环境治理，全面实施大气污染防治行动计划，加强城乡环境治理，强化节能减排，深入推进高耗能重污染行业整治，取得明显效果。单位 GDP 能耗降低 6.1%；化学需氧量、氨氮、二氧化硫和氮氧化物减排比例分别为 3.94%、4.00%、3.25% 和 8.65%，环境治理总体稳中向好。2015 年，浙江省深入推进"五水共治"、全面实施大气污染防治行动计划，切实加大节能减排力度，抓好重点行业整治收官，统筹城乡环境综合治理，生态环保工作取得显著成效。全省单位 GDP 能耗降低 3.5%；化学需氧量、氨氮、二氧化硫和氮氧化物减排比例分别为 5.77%、4.62%、6.35% 和 11.69%，均超额完成年度减排目标。①

（4）山东省、河南省、天津市

山东、河南和天津是我国华北地区经济大省（市），同时也是环境污

---

① 2011～2015 年《浙江省环境状况公报》。

染的重灾区。这三个省（市）在环境福祉方面有相似性，三省（市）的环境福祉综合评价在2013年均有不同程度的下降（见表12），原因在于资源与环境质量的下降，而资源与环境质量的下降主要是由空气质量标准改变，城市空气质量达标率下降导致的。受空气质量标准改变影响，从2012年到2013年，山东省城市空气质量达标率从88.52%下降到21.64%，降幅达到66.88个百分点；河南省和天津市的空气质量降幅分别为50.45和43.60个百分点。环境污染及治理方面，天津市与山东省的环境污染治理水平均位居全国前列（见表13），环境污染治理投资占GDP的比重也比较高，工业固体废物综合利用率接近100%，体现出良好的环境污染治理能力（见表14）。山东省2014年增加工业废气排放4935.30亿立方米，增幅10.5%，2015年增加工业废气排放4712.7亿立方米，增幅9%，山东省工业废气减排刻不容缓。

表12　2011～2015年山东、河南、天津环境福祉评价得分

	省份	2011年	2012年	2013年	2014年	2015年
资源与环境质量评价得分	山东	0.8815	0.8847	0.6906	0.7138	0.7279
	河南	0.8790	0.8803	0.7341	0.7355	0.7371
	天津	0.8839	0.8718	0.7453	0.7702	0.8039
环境污染及治理评价得分	山东	0.6623	0.6653	0.6663	0.6662	0.6647
	河南	0.6545	0.6563	0.6580	0.6592	0.6611
	天津	0.6719	0.6715	0.6703	0.6706	0.6677
环境福祉综合评价得分	山东	1.5438	1.5500	1.3569	1.3800	1.3925
	河南	1.5335	1.5365	1.3921	1.3947	1.3982
	天津	1.5558	1.5434	1.4156	1.4407	1.4715

表13　2011～2015年山东、河南、天津环境福祉评价排名

	省份	2011年	2012年	2013年	2014年	2015年
资源与环境质量评价排名	山东	18	17	30	30	31
	河南	20	20	29	29	30
	天津	16	23	26	23	22

	省份	2011 年	2012 年	2013 年	2014 年	2015 年
环境污染及治理评价排名	山东	6	6	7	7	7
	河南	15	14	16	16	13
	天津	1	1	1	2	3
环境福祉综合评价排名	山东	16	11	30	30	31
	河南	18	18	28	29	30
	天津	9	17	22	21	19

表 14　山东、河南、天津主要环境指标原始数据

	省份	2011 年	2012 年	2013 年	2014 年	2015 年
城市空气质量达标率（%）	山东	87.67	88.52	21.64	29.32	33.97
	河南	87.12	87.16	36.71	36.99	37.26
	天津	87.67	83.33	39.73	47.95	59.18
工业废气排放总量（亿立方米）	山东	50452.00	45420.20	47160.00	52095.30	56808.00
	河南	40791.00	35001.90	37665.00	39628.70	36286.00
	天津	8919.00	9032.20	8080.00	8800.00	8355.00
工业固体废物综合利用率（%）	山东	92.40	91.80	93.40	94.90	91.65
	河南	74.80	75.50	76.10	76.80	77.48
	天津	99.50	99.60	99.40	99.40	98.59
环境污染治理投资占 GDP 的比重（%）	山东	1.35	1.48	1.55	1.39	1.10
	河南	0.61	0.71	0.90	0.84	0.80
	天津	1.55	1.22	1.33	1.77	0.76

　　山东省 2011 年废水排放总量为 44.3 亿吨，比上年增加 1%。其中生活废水排放量为 25.6 亿吨，占 57.7%；工业废水排放量为 18.7 亿吨，占 42.2%。截至 2011 年年底，山东省已建成城市污水处理厂 211 座，年污水处理量为 30.77 亿吨，污水处理厂集中处理率达到 90.48%，较去年提高了 2.63 个百分点。山东省城市环境空气中主要污染物为可吸入颗粒物（PM10），占污染负荷的 42.9%；其次为二氧化硫和二氧化氮，分别占 39% 和 18.1%。全省可吸入颗粒物年均浓度为 0.135 毫克/立方米，比 2010 年下降 11.2%。2013 年山东省废水排放总量为 49.5 亿吨，同比增加 3.3%。其

中生活废水排放量为 31.3 亿吨，占 63.2%，同比增加 6.1%；工业废水排放量为 18.1 亿吨，占 36.6%，同比减少 1.6%。截至 2013 年年底，全省设市城市和县城共建成污水处理厂 250 座，污水处理能力为 1150 万立方米/日，污水处理厂集中处理率达到 93.9%，较去年提高 1.42 个百分点。2013 年环境空气中主要污染物为可吸入颗粒物（PM10），占污染负荷的 40.1%；二氧化硫和二氧化氮差别不大，分别占 29.7% 和 30.2%。全省可吸入颗粒物年均浓度为 0.160 毫克/立方米，同比上升 24%。大气污染防治工作体系基本建立。山东省政府印发实施《山东省 2013—2020 年大气污染防治规划》及《山东省 2013—2020 年大气污染防治规划一期（2013—2015 年）行动计划》，明确了"调结构、促管理、搞绿化"的总体工作思路和到 2020 年全省环境空气质量比 2010 年改善 50% 左右的奋斗目标。2015 年是"十二五"收官之年，山东省围绕"改善环境质量、确保环境安全、促进科学发展"三条主线，科学务实，积极作为，较好地完成了"十二五"各项目标任务。2015 年，全省化学需氧量（COD）、氨氮、二氧化硫（SO_2）、氮氧化物（NOx）排放量分别比 2010 年下降 12.8%、13.5%、18.9%、18.2%，四项污染物减排均完成国家下达的"十二五"目标任务。全省 PM2.5、PM10、二氧化硫、二氧化氮平均浓度比 2013 年分别改善 22.4%、18.1%、36.6%、14.6%，超额完成国家下达的考核目标。省控重点河流在 2010 年全部恢复鱼类生长的基础上，2015 年年底基本消除劣 V 类水体，实现了水环境质量连续 13 年持续改善。[1]

天津市 2011 年环境质量主要指标保持较高水平。环境空气质量达到或优于二级良好水平的天数为 320 天，占总监测天数的 87.7%，其中可吸入颗粒物（PM10）、二氧化硫（SO_2）、二氧化氮（NO_2）年均值分别为 0.093 毫克/立方米、0.042 毫克/立方米、0.038 毫克/立方米，均达年均值二级标准。全市用于城市环境基础设施建设、工业污染源治理、新建改建扩建项目"三同时"环保设施建设、环境管理能力建设等环境保护投入 298.79 亿元。2011 年，全市化学需氧量排放量为 23.58 万吨，比 2010 年下降 1.09%；氨氮排放量为 2.64 万吨，比 2010 年下降 5.34%；二氧化硫排放量

---

[1] 2011～2015 年《山东省环境状况公报》。

为 23.09 万吨，比 2010 年下降 3.00%；氮氧化物排放量为 35.89 万吨，比 2010 年上升 5.49%。2012 年，全市环境质量主要指标保持基本稳定。按照《环境空气质量标准》（GB3095 - 1996），环境空气中可吸入颗粒物（PM10）、二氧化硫（SO_2）、二氧化氮（NO_2）年均值分别为 0.105 毫克/立方米、0.048 毫克/立方米、0.042 毫克/立方米，可吸入颗粒物年均值超过国家年均值二级标准（$0.10mg/m^3$）5.0%，二氧化硫、二氧化氮均达年均值二级标准。2012 年，全市化学需氧量排放量为 22.95 万吨，比 2011 年下降 2.68%；氨氮排放量为 2.55 万吨，比 2011 年下降 3.29%；二氧化硫排放量为 22.45 万吨，比 2011 年下降 2.80%；氮氧化物排放量为 33.42 万吨，比 2011 年下降 6.87%。2013 年全市环境质量主要指标保持基本稳定。环境空气质量达标天数为 145 天，占全年的 40%。化学需氧量、氨氮、二氧化硫、氮氧化物排放总量分别比 2012 年下降 3.48%、2.82%、3.43%、6.75%。2014 年，天津市环境质量稳步改善，环境空气质量达标天数为 175 天，同比增加 30 天，全年 PM2.5 平均浓度下降 13.5%；化学需氧量、氨氮、二氧化硫、氮氧化物排放总量分别比 2013 年下降 3.24%、1.24%、3.47%、9.44%。2015 年，天津市出台《天津市大气污染防治条例》，重点实施控煤、控尘、控车、控工业污染、控新建项目"五控"治理工程，加强京津冀联防联控，全力推进清新空气行动。制定《天津市水污染防治条例》，大力推动水环境治理。严守生态保护红线，推进生态文明制度改革创新。科学妥善应对天津港"8·12"特别重大火灾爆炸事故，加强环境安全保障。积极运用新《环境保护法》赋予的新手段严厉打击环境违法行为；开征施工扬尘排污费并实施差别化排污收费制度，化学需氧量、氨氮、二氧化硫、氮氧化物排放总量分别比 2014 年下降了 2.46%、2.63%、2.34%、3.55%，圆满完成 2015 年减排任务。2015 年全市环境质量进一步改善。环境空气质量达标天数为 220 天，同比增加 45 天，全年 PM2.5、PM10 平均浓度分别同比下降 15.7%、12.8%；城市集中式饮用水源地监测断面水质达标率保持 100%。[①]

河南省 2011 年化学需氧量、氨氮、二氧化硫排放量比 2010 年分别下降 3.08%、1.27%、4.85%，氮氧化物排放量上升 4.76%。城市环境空气质量

---

① 2011～2015 年《天津市环境状况公报》。

优、良天数达标率为88.5%，但是全省环境形势依然严峻：产业结构不尽合理，污染减排压力持续增大；自然资源禀赋较差，环境容量十分有限；城乡环境保护发展不平衡，重金属、土壤、灰霾等新污染问题日益凸显，突发环境事件时有发生；环境保护体制机制仍不完善，基础能力相对滞后等。实现不以牺牲生态和环境为代价的"三化"协调发展，任务十分艰巨。2012年，河南省化学需氧量、氨氮、二氧化硫、氮氧化物排放量分别比上年下降3.00%、2.61%、6.90%、2.37%。地表水环境质量断面化学需氧量、氨氮平均浓度同比分别下降12.3%、23.0%；全省省辖市、省直管县（市）环境空气质量优、良天数累计百分比分别为89.3%、82.8%（按《GB3095-1996》评价）。2014年，河南省化学需氧量、氨氮、二氧化硫和氮氧化物排放量分别为131.87万吨、13.90万吨、119.82万吨和142.20万吨，分别比上年下降2.62%、3.61%、4.45%和9.17%，均完成年度减排任务。2015年，河南省化学需氧量、氨氮、二氧化硫和氮氧化物排放量分别为128.72万吨、13.43万吨、114.43万吨和126.24万吨，比2014年分别削减2.39%、3.14%、4.50%和11.23%；比2010年分别削减13.17%、13.77%、20.55%和20.59%，分别完成"十二五"总量减排任务的133%、109%、173%和140%。2015年，共争取环保专项资金23.34亿元，其中环境污染治理20.38亿元、环境监管能力建设及其他2.96亿元，重点用于大气、水、重金属污染防治和农村环境综合整治工作，确保了三大工程的顺利实施。[1]

（5）贵州省、青海省

贵州省和青海省均位于我国西部地区，两省在"十二五"期间，环境福祉综合评价排名稳步上升，2015年贵州和青海两省分别位于第4位和第13位（见表16），与2011年相比分别提升11和14个位次。两省经济发达程度远不如东部地区，但其环境福祉高于东部地区大部分省份。从资源与环境质量得分来看（见表15），五年期间两省波动不大，但是排名情况每年都有提升，2015年两省资源与环境质量评价排名分别位于第4位和第10位，相较于2011年的第13位和第28位，提升显著。分析其原因，我们发现两省的城市空气质量达标率指标并未受2013年实施的空气质量新标准过

---

① 2011～2015年《河南省环境状况公报》。

多的影响，而全国大部分省份受到空气质量新标准的影响排名有所下滑，两省位于西部地区，也并非工业大省，可吸入颗粒物等主要污染物浓度低，城市空气质量达标率依然维持在较高的水平（见表17）。

表 15　2011～2015 年贵州、青海环境福祉评价得分

	省份	2011 年	2012 年	2013 年	2014 年	2015 年
资源与环境质量评价得分	贵州	0.8895	0.8917	0.8384	0.8584	0.8915
	青海	0.8561	0.8552	0.7774	0.8148	0.8436
环境污染及治理评价得分	贵州	0.6543	0.6577	0.6544	0.6572	0.6580
	青海	0.6567	0.6560	0.6511	0.6548	0.6536
环境福祉综合评价得分	贵州	1.5438	1.5494	1.4928	1.5155	1.5495
	青海	1.5128	1.5112	1.4285	1.4696	1.4972

表 16　2011～2015 年贵州、青海环境福祉评价排名

	省份	2011 年	2012 年	2013 年	2014 年	2015 年
资源与环境质量评价排名	贵州	13	14	7	7	4
	青海	28	29	19	14	10
环境污染及治理评价排名	贵州	16	13	21	21	17
	青海	10	16	24	22	24
环境福祉综合评价排名	贵州	15	13	8	9	4
	青海	27	28	21	14	13

表 17　贵州、青海主要环境指标原始数据

	省份	2011 年	2012 年	2013 年	2014 年	2015 年
城市空气质量达标率（%）	贵州	95.62	95.90	76.16	82.47	93.15
	青海	86.58	86.07	59.18	71.51	80.82
工业废气排放总量（亿立方米）	贵州	10820.00	14311.60	24467.00	23207.90	18288.00
	青海	5226.00	5507.60	5621.00	6439.40	5405.00
工业废水排放处理率（%）	贵州	20.57	25.24	20.57	30.78	34.93
	青海	51.72	45.07	33.49	31.42	32.23
城市生活垃圾无害化处理率（%）	贵州	88.56	91.92	92.23	93.26	93.81
	青海	89.46	89.21	77.83	86.27	87.18

2011年青海省主要污染物化学需氧量下降1.2%，氨氮排放总量增长0.2%，二氧化硫排放总量下降0.3%，氮氧化物排放总量增长7.3%，饮用水安全保障工作扎实推进，重金属污染防治全面展开，农村环境综合整治和环境保护工作得到加强。2012年，青海省深入推进湟水流域水污染防治；加大工业废水治理力度，完成工业废水治理项目投资3263万元；大力加强城镇生活污水处理厂建设，建成投入运行污水处理厂18座，总投资达到119519.8万元。2013年，青海省环境质量总体保持稳定，西宁市环境空气质量优良率为60.6%，三江源区域环境空气质量为优，青海湖流域、柴达木盆地环境空气质量良好。实施大气污染联合整治，青海省政府印发《以西宁为重点的东部城市群大气污染防治实施意见》；安排大气污染治理补助资金1亿元，建立联防联控工作机制，加快落后产能淘汰步伐。2014年，青海省继续推进水污染治理重点工程，完成国家《重点流域水污染防治规划（2011—2015年）》内重点工业污染治理项目12个；加强饮用水水源地保护，开展重点企业重金属污染防治。2015年，青海省印发实施《青海省水污染防治工作方案》，持续推进以湟水流域为重点的水污染防治，湟水水质得到持续改善；强化扬尘综合整治，推动机动车污染治理，累计淘汰黄标车1.81万辆；加快煤烟型污染治理，淘汰燃煤锅炉425.24蒸吨；深化工业污染治理，开展西宁市PM2.5来源解析研究。开展全省危险固体废物专项排查，进一步规范危险废物的管理和处理。①

2011年，贵州省加强污染防治和建设项目环境管理，大力实施污染减排，强化环境执法监督，深入开展城市环境综合整治，不断推进自然生态与农村环境保护，推动全省经济社会与环境保护协调发展，在经济、社会取得较快发展的同时，全省环境质量总体保持稳定，主要污染物减排各项目标、任务基本完成。城市环境空气质量与上年相比有较大改善。全省进行评价的12个城市中，有10个城市达到国家环境空气质量二级标准，有2个城市环境空气质量为国家三级标准。污染减排：化学需氧量下降1.77%、氨氮下降1.33%、二氧化硫下降4.95%、氮氧化物上升12.24%。2015年，贵州省污染物减排，废水中主要污染物：化学需氧量排放总量为31.83万

---

① 2011～2015年《青海省环境状况公报》。

吨，氨氮排放总量为 3.64 万吨；废气中主要污染物：二氧化硫排放总量为 85.3 万吨，氮氧化物排放总量为 41.91 万吨；固体废物：全省工业固体废物产生量为 7054.93 万吨，综合利用量为 4289.04 万吨，贮存量为 1051.71 万吨，处置量为 1901.53 万吨。"十二五"期间全省 9 个市（州）基本建成污水收集处理二期工程；全省经济强县基本建成污水处理二期工程；全省 3 万人以上的建制镇基本建成污水处理厂。认真贯彻落实国家《水污染防治行动计划》，省政府审定印发了《贵州省水污染防治行动计划工作方案》。2015 年全省完成淘汰煤化工、建材、钢铁等落后产能 110.5 万吨，24 万重量箱，超额完成国家下达年度目标任务。2015 年，全省 30 万千瓦以上的火电机组全部完成除尘升级改造，累计完成 1456 家加油站、11 个储油库、815 台油罐车油气污染治理。①

（6）陕西省

陕西省是我国西部地区的重要省份，是连接中国东、中部地区和西北、西南地区的重要枢纽。从陕西省环境福祉评价得分（见图 11）来看，除在 2013 年受城市空气质量达标率指标下降影响有小幅下降外，其他年份保持稳定。从陕西省环境福祉评价排名情况看，环境污染及治理排名（见图 12）基本稳定，资源与环境质量以及环境福祉综合评价排名在 2015 年有较大提高。分析其原因，从城市人均绿化覆盖面积、工业固体废物综合利用率以

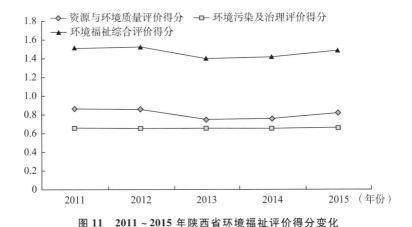

图 11　2011～2015 年陕西省环境福祉评价得分变化

---

① 2011～2015 年《贵州省环境状况公报》。

及城市生活垃圾无害化处理率指标（见表18）可以看出，陕西省"十二五"期间主要的环境指标稳步提高，在"十二五"收官之年有了质的飞跃，使环境福祉综合评价排名从2014年的第26位上升到2015年的第15位，环境福祉水平有较大提高。

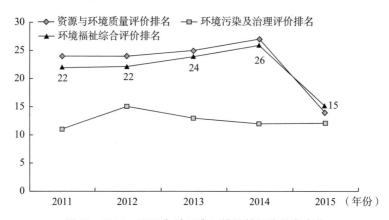

图12　2011～2015年陕西省环境福祉评价排名变化

表18　陕西省主要环境指标原始数据

	城市空气质量达标率（%）	城市人均绿化覆盖面积（平方米/人）	工业固体废物综合利用率（%）	城市生活垃圾无害化处理率（%）
2011年	83.56	46.57	59.90	90.27
2012年	83.61	49.40	61.10	88.49
2013年	43.01	49.97	63.40	96.44
2014年	47.12	52.62	62.90	95.78
2015年	68.49	76.25	65.31	98.02

2011年，陕西省把生态环境保护上台阶作为"十二五"期间"三个上台阶"发展目标之一，作为确保经济综合实力上台阶的保障和人民生活水平质量上台阶的重要内容，纳入目标责任考核体系，实行一票否决。全省环保工作以污染减排为总抓手，以改善环境质量为总目标，以解决"一山两水三大板块"突出环境问题为突破口，以蓝天、碧水、生态改善和环境安全为目标，全力实施城市环境保护、工业污染源治理、生态环境建设、水体环境改善、环保能力提升五大工程，大力实施污染减排，全面推进污染防治，加强建设项目环境管理，强化环境执法监督，深入开展城市环境

综合整治，不断推进自然生态与农村环境保护，在经济、社会取得较快发展的同时，全省环境质量总体保持稳定，部分重点流域、区域环境质量得到进一步改善，环境保护工作迈入全国先进行列。2014 年，陕西省打出"减煤、控车、抑尘、禁燃"组合拳，大气污染防治成效明显，关中城市群空气质量有效改善，西安市优良天数达到 211 天，同比上升 52.9%，PM10、PM2.5 平均浓度均下降两成以上，降幅居全国 74 个重点城市前列，摆脱"后十"排名。全省化学需氧量、氨氮、二氧化硫、氮氧化物分别削减 2.76%、2.18%、3.13%、7.00%，均超额完成年度任务，且前三项指标提前完成"十二五"任务。2015 年，陕西省环境空气质量持续改善，关中 5 市平均优良天数达到 263 天，比 2014 年增加 39 天，PM10 和 PM2.5 平均浓度分别下降 12.4% 和 18.1%，其中西安市优良天数达到 251 天，比 2014 年增加 40 天，PM10 和 PM2.5 平均浓度分别下降 14.3% 和 23.7%。农村环境整治和生态创建深入推进。完成 190 个乡镇的 1323 个行政村的环境连片整治示范建设，总投资 6.4 亿元。主要污染物减排圆满收官。全省主要污染物化学需氧量、氨氮、二氧化硫、氮氧化物分别削减 3.13%、4.45%、5.88%、11.11%，均超额完成 2015 年任务。环保改革与长效机制建设硕果累累。省人大审议通过《陕西省固体废物污染环境防治条例》。省政府办公厅印发《陕西省各级政府及部门环境保护工作责任规定（试行）》。全面完成 10 项省委改革任务，研究制定了《陕西省环境保护督察方案（试行）》等改革文件。全省环境管理能力明显增强，环评助力绿色发展作用凸显，环保科技创新力度加大，环境宣传引导机制不断创新，环保执法持续强化，环境应急工作更加有力，环境安全得到有效保障，全省环境安全形势平稳可控。①

三 中国环境福祉面临的问题与政策建议

（一）我国环境福祉所面临的主要问题

党的十九大在肯定生态文明建设取得的成效的同时，也指出了不足，

---

① 2011~2015 年《陕西省环境状况公报》。

即生态环境保护任重道远。结合上述实证分析，我们确实发现，当前我国环境福祉还存在一些突出的问题。

1. 环境福祉区域发展不平衡

环境污染及治理评价排名较靠前的省份主要为北京、上海、甘肃、宁夏，与"十一五"时期相比，西部地区在环境污染及治理方面有了很大的提升，这得益于国家对西部地区环境保护的重视与资金投入。东部地区依然是我国经济最为发达的地区，其环境污染及治理评价也最高。中部地区与东北地区的环境污染及治理评价排名较低，依然与东部地区有较大差距，东北地区资源型经济结构主要面临大气、水体污染，地表塌陷，尾矿堆积，资源利用效率低，资源低效开采和浪费现象严重，东北地区在经济结构转型的关键时期，政府部门应对环境污染及治理问题更加重视。中部地区的河北、山西等以重工业为代表的省份面临与东北地区同样的环境问题。

2. 环境污染治理投资过少，占 GDP 比重偏低

我国环境污染治理投资占 GDP 的比重与发达国家相比还存有一定差距，根据国际经验，当治理环境污染的投资占 GDP 的比例达到 1%～1.5% 时，可以控制环境恶化的趋势；当达到 2%～3% 时，环境质量可有所改善。发达国家在 20 世纪 70 年代环境保护投资已经占 GDP 的 1%～20%，其中美国为 2%，日本为 2%～3%，德国为 2.1%。[1] 与此相比，我国的环境污染治理投资占 GDP 的比重依然较低（见表 19）。

表 19　我国各时期环境污染治理投资总额及占 GDP 的比重

	"八五"时期	"九五"时期	"十五"时期	"十一五"时期	"十二五"时期
环境污染治理投资总额（亿元）	2000	3600	8388	16000	32000
环境污染治理投资占 GDP 的比重（%）	0.69	0.93	1.18	1.35	1.55

同时，我国的环境污染治理投资也出现了区域发展不平衡的现象。2014

---

[1]　环境保护部环境保护对外合作中心环境金融咨询服务中心：《绩效评价国际经验与实践研究》，中国环境出版社，2014。

年，东部地区北京市环境污染治理投资占 GDP 的比重达到 2.93%，西部地区甘肃省达到 2.10%，宁夏回族自治区为 2.86%，新疆维吾尔自治区为 4.24%，内蒙古自治区为 3.16%；与此相比，东北地区吉林省只有 0.71%，中部地区河北省为 1.55%。由此可见，东北地区与中部地区的环境污染治理投资依然有较大提升空间，环境脆弱不利于创造良好的经济投资环境，无法有效带动经济发展水平提高。

3. 污染物排放超标给我国污染治理带来严重困境

由表 20 可知，我国污染物排放量呈下降趋势，但是排放总量依然偏高。目前，我国环境污染主要有三类。一是水体污染。2015 年，我国三大湖泊太湖、巢湖、滇池的水质分别为轻度污染、中度污染、重度污染，主要原因是水体富营养化程度较高，主要污染指标总磷、化学需氧量和高锰酸盐指数偏高。二是大气污染。"十二五"期间主要是雾霾和酸雨污染较为严重。2015 年，全国共出现 11 次大范围、持续性雾霾过程，主要集中在 1 月和 11 ~ 12 月。受雾霾天气影响，大量航班停飞、多条高速公路关闭，雾霾天气给交通运输和人体健康带来不利影响。2015 年，酸雨城市比例为 22.5%，酸雨频率平均为 14.0%，酸雨类型总体仍为硫酸型，酸雨污染主要分布在长江以南到云贵高原以东地区。三是固体废弃物污染。相对于"十一五"期间，城市生活垃圾无害化处理率有较大提升，2015 年全国平均城市垃圾无害化处理率达到 93.7%，已有较大提升。

表 20　2011 ~ 2015 年我国主要污染物排放量

单位：万吨

年份	废水		废气		固体废物
	化学需氧量	氨氮排放总量	二氧化硫	氮氧化物	工业固体废物产生总量
2011 年	2499.9	260.4	2217.9	2404.3	322772
2012 年	2423.7	253.6	2117.6	2337.8	329044
2013 年	2352.7	245.7	2043.9	2227.3	327702
2014 年	2294.6	238.5	1974.4	2078	325620
2015 年	2223.5	229.9	1859.1	1851.8	327029

4. 生态环境破坏问题需引起重视，环境污染事件频发

一是我国耕地面积逐年减少（见图 13）且耕地质量偏低。2014 年，全国因建设占用、灾毁、生态退耕、农业结构调整等原因减少耕地面积38.80万公顷，通过土地整治、农业结构调整等增加耕地面积28.07万公顷，年内净减少耕地面积10.73万公顷。2014年，全国耕地质量评价成果显示，全国中等偏下质量的土地占到土地总面积的70.6%，耕地质量不容乐观。二是我国农业污染严重，目前，全国化肥当季利用率只有33%左右，普遍低于发达国家50%的水平；中国是世界农药生产和使用第一大国，但目前有效利用率同样只有35%左右；每年地膜使用量约130万吨，超过其他国家的总和，地膜的"白色革命"和"白色污染"并存。[①] 三是森林生物灾害严重，2015年，全国主要林业有害生物发生面积达1200.51万公顷，比2014年上升0.85%，整体偏重发生，局部成灾较重。其中，重度发生面积为80.31万公顷，比2014年略有上升。虫害和病害发生面积分别为846.64万公顷和139.05万公顷，比2014年分别上升0.70%和0.76%。入侵生物造成严重危害损失700多亿元，约占林业有害生物全部损失的64%。四是海洋污染严重，海洋天然重要渔业水域主要污染指标为无机氮和活性磷酸盐。东海部分渔业水域无机氮超标相对较重；舟山渔场和杭州湾活性磷酸盐超标相对较重。活性磷酸盐的超标范围有扩大的趋势。

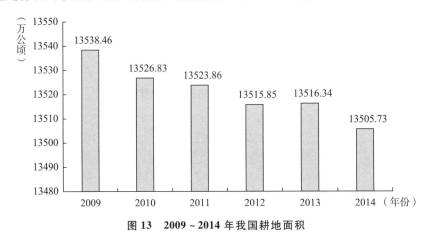

图13 2009～2014年我国耕地面积

---

① 中国生态文明研究与促进会：《中国生态文明论坛成都年会资料汇编2014》，中国环境科学出版社，2015。

5. 缺乏环境治理的长效机制

"十二五"期间，为了向世界各国展示改革开放的良好社会形象，在环境保护方面，党中央和政府部门采取了多种措施，改善生态环境，保证了各项活动的顺利进行，赢得了社会的广泛认可。为了"APEC 蓝"，北京周边 100 千米以内的钢铁企业，全都停工；山西的冶金、焦化等企业停产；天津、河北、山东等省份对污染企业重点管控；北京汽车单双号限行，学校放假，部分企业工地停工。与不采取措施相比，采取措施使 11 月 1 日至 12 日北京 PM2.5 日均浓度值平均降低 30% 以上，京津冀及周边地区 PM2.5 平均浓度同比下降 29% 左右。各项污染物浓度水平均为近几年的最低值。可见环境污染问题并不是无法解决，关键在于能否下决心，是否有执行力。需要把"临时减排"变成"真的不排"，将"可排可不排的"变成"坚决不排"，把"临时抱佛脚"变成"自觉"行动。2015 年 1 月 1 日，中国开始实施史上最严的环保法，仅 2015 年上半年，北京市环境监察部门就立案处罚环境违法行为 1773 起，处罚金额为 7828.48 万元，同比分别增长 21.8% 和 86.8%。其中，大气环境类立案处罚 1000 起，处罚金额为 2401.23 万元，分别占总数的 56.4% 和 30.7%。目前，我国环境保护已经进入一个新的历史阶段，国家面临前所未有的挑战。业内专家认为，环境优先应成常态，探索建立有利于环境保护的长效机制，加大环境执法力度，联防联控的长效机制对环境治理具有重要意义。

（二）增进环境福祉的政策建议

党的十九大指出，要坚持人与自然和谐共生。建设生态文明是中华民族永续发展的千年大计，必须树立和践行绿水青山就是金山银山的理念，坚持节约资源和保护环境的基本国策，像对待生命一样对待生态环境，统筹山水林田湖草系统治理，实行最严格的生态环境保护制度，形成绿色发展方式和生活方式，坚定走生产发展、生活富裕、生态良好的文明发展道路，建设美丽中国，为人民创造良好生产生活环境，为全球生态安全做出贡献。按照这一宏观战略，根据问题分析，在增进居民环境福祉方面的建议如下。

1. 开展跨区域环境污染治理合作，促进 PPP 模式在环境污染治理中的应用

环境污染具有很强的"负外部性"①，由于环境影响体现出时空差异，环境污染物具有累积、迁移、长期性等特点。比如北京遭遇沙尘暴与我国西北地区的植被破坏与荒漠化有关，所以环境在区域之间是相互影响的。但是区域内部污染情况存在的差异与其区域经济发展不同有关，所以面对区域性污染治理能力的差异，必须进行有针对性的治污工作才能收到良好的效果。我们提倡以灵活的治理横向网络代替单一僵化的管理模式，吸纳区域内其他非营利组织、商业社团和公民组织参与整体治理，强调通过跨区域各级政府或政府部门间的合作来实现跨区域污染治理资源的最佳配置。把传统的纵向型政府管理转换为现代化的横向型政府合作模式，可以弥补单个政府部门治理能力的不足，为解决跨区域环境污染治理问题提供一条新的道路。近年来，环境污染第三方治理成为热点话题，是推进环保设施运营专业化、产业化的重要途径，是促进环境服务业发展的有效措施。党的十八届三中全会以来，国家多部委出台政策文件推动发展 PPP 模式②。2014 年，财政部发布《财政部关于推广运用政府和社会资本合作模式有关问题的通知》，明确政府和社会资本合作模式是在基础设施及公共服务领域建立的一种长期合作关系。2014 年 12 月，国务院办公厅发布《国务院办公厅关于推行环境污染第三方治理的意见》，指出环境污染第三方治理是排污者通过缴纳或按合同约定支付费用、委托环境服务公司进行污染治理的新模式。在我国，PPP 模式已经在水污染治理领域广泛应用，下一步需要将此模式向大气污染治理领域和固体废弃物治理领域移植。③ 由于环境污染区域

---

① 负外部性，也称外部成本或外部不经济，是指人们从事经济活动时不注意对环境造成的影响，造成的环境成本不计算入产品和交易的成本中去。负外部性是某个经济行为个体的活动使他人或社会受损，而造成负外部性的人没有为此承担成本，这是导致环境污染问题产生的主要动因。

② PPP 模式是政府和社会合作模式，也叫作公私合作关系。旨在更有效地提供公共产品和服务，其中包括基础设施建设；政府和社会资本通过协议形成平等、风险共担、利益共享的合作伙伴关系，在项目的全生命周期内实施全程管理；政府和社会资本之间通过协议优化风险分配，使得所提供的公共产品和服务比传统提供方式更加物有所值。

③ 姜爱华、胡富捷：《以 PPP 治理京津冀大气污染的 SWOT 分析及模式设计研究》，《财政科学》2016 年第 4 期，第 112~121 页。

之间"搭便车"现象严重，许多地区在享受周边地区污染治理正外部性的同时，忽略了本辖区的治理力度，将自身的污染成本转移到其他地区，这一现象会使整个区域内的环境福祉下降。为避免这一现象，就必须建立区域联防联控机制，使各辖区的利益相关者在统一框架内行动，承担自身排污行为的负外部性，保证整个区域的利益最大化。环境污染联防联控涉及整个区域的协调同步，从环境监测、制定减排标准到引入减排技术、开展污染治理都需要大量资金，单靠财政资金的投入显然不足，而PPP模式能够解决环保产业融资不足和盈利周期长的问题。同时，PPP模式通过引入市场机制，有利于引导社会资本进入环保产业，推动环保企业商业模式的完善，提高环保产业效率，对经济的可持续发展具有积极意义。

2. 加强我国环境污染治理投资

第一，加大环境保护财政支出。环境保护财政支出是政府履行环境治理职能的重要保障。随着经济发展，中国的环境财政支出总额、环境支出占的比例以及占固定资产支出比例等均呈上升趋势。从发达国家经验来看，发达国家的环境保护支出占的比例一般为 1% ~2% ，例如，美国为 2% ，日本为 2% ~3% ，德国为 2.1% 。从表 21 可知，中国环境保护支出的增长率从 2012 年的 12.2% 到 2015 年的 25.9% ，中国环境保护财政支出规模虽然一直在增加，但是占 GDP 的比重与发达国家相比依然偏低。应逐步提高环保财政支出占总财政支出的比重。2015 年，累计一般公共预算支出总额为 17.59 万亿元，财政支出各项目中占比最高的前三项分别是：教育支出、社会保障和就业支出、农林水支出。节能与环境保护支出仅排在第 13 位。在现有的财政管理体制下可以拓宽资金来源，除政府财政拨款外增加其他融资渠道，用好民间融资模式，使环保财政支出满足环境治理的需求。

第二，财政转移支付。财政转移支付对于平衡中国地方经济发展、财政能力造成的人均环境财政支出差异和环保能力，具有重要的调节作用。"十二五"规划对绿色发展的要求和对环保投入的明确规定，是构建中国环境财政转移支付体系的重要依据，为有效开展环境保护工作奠定了坚实基础。在实施转移支付中，应充分考虑环境因素和地区差异，将环保功能区作为转移支付制度考虑的重要因素，逐步形成兼顾主体功能的财政转移支付框架。在中央对地方的一般性转移支付制度中，根据环境要素特点，增加国土面积、现代化指数、生态功能等内容。① 适当强化中央对地方专项转移支付中的环保支出比重，并且严禁地方政府挪作他用。加大地区间环境保护横向转移支付力度，开展地区间单向支援、对口帮扶，协调地区间的财政关系，处理好跨流域、跨地区的环境问题，有效应对跨地区的环境问题。加强地区间的横向转移支付，应由上级政府牵头，督促地方政府之间进行环保合作，克服地方保护主义对环境治理的制约，提高污染治理水平。

表 21　2011～2015 年环境保护财政支出

单位：亿元

年份	国家环保支出	中央环保支出	地方环保支出
2011 年	2640.98	74.19	2566.79
2012 年	2963.46	63.65	2899.81
2013 年	3435.15	100.26	3334.89
2014 年	3815.64	344.74	3470.90
2015 年	4802.89	400.41	4402.48

第三，完善税收政策。一是完善现有的环境税体系，提高资源税的税率，合理改变计税依据，扩大资源税的征税范围。二是进行消费税的改革，消费税税率要对高污染、高能耗产品征收重税，低能耗低污染的节能产品则征收轻税，以体现消费税的环境治理效应。三是完善税收优惠政策，激励环保产业发展。未来中国的环境税制以对环保产业的优惠为主，降低相关环保设备和环保服务的价格，减轻环境治理成本；投入环节给予投资税收优惠，降低投资成本；研发环节，对研发设备购置、研发人员工资等，允许加计扣除，对环境研发设备允许加速折旧，对职工教育经费允许提高提取比例；成果转让环节，支持科技企业孵化器的发展，并进一步扩大技术转让收入的减免范围。②

---

① 逯元堂、吴舜泽、苏明、刘军民、赵央：《中国环境保护财税政策分析》，《环境保护》2008 年第 15 期，第 33～43 页。

② 张玉：《财税政策的环境治理效应研究》，博士学位论文，山东大学，2014。

3. 改善水环境质量

第一，综合运用行政手段与经济手段，加强水污染的管理与水资源的保护。国家应积极加强宏观调控，调整工农业产业结构，建立健全适合我国水资源现状的产业结构。与此同时，政府也要减少行政直接干预，不能简单地对企业推行"关停并转"，搞阶段性、突击式集中整治，应采用激励措施，使企业产生控制污染的积极性。对企业提供指导，抓好资源开采、资源消耗、废物产生、再生资源产生、消费五大环节的要求。要继续推进清洁生产，凡是污染物排放超过排放标准的企业，都应实施清洁生产审核。对工业企业中高耗水行业，强制进行技术改造，提高水资源利用率；对投入项目进行审批时，不仅考虑经济效益，还应考虑环境生态效益。增强社会监督企业的力量，发动群众参与保护河流湖泊等水域健康行动。增强企业的社会责任感，宣传与可持续发展相互适应的企业，对爱护河流、节约水、保护水的先进典型予以褒扬，对破坏河流、浪费水、污染水的事例予以曝光。

第二，强化水污染防治的政府责任，运用经济刺激手段综合防治。政府要守住水资源红线就要落实责任制，按照最严格的水资源管理规定，确立水功能区限制纳污红线；进一步落实属地原则，严格控制河流污染物，加强农村综合整治引导，加大河流治理与保护力度。强化政府对水环境的责任，督查属地责任主体认真履行河流建设、管理的职责，积极开展河道疏浚、绿化养护、渔业资源管理等水生态修复措施，强化河流保护和水利设施日常维护。加大河流生态保护。将河道岸线与陆地间一定保护区域作为河岸生态保护缓冲地带，作为各级政府规划、国土等部门在制定和实施城乡总体规划、土地利用总体规划、产业布局时的蓝线，不得侵占。对设有饮用水源地的水库、河道，要制定饮用水水源保护区域，依法划定饮用水水源保护区、准保护区，向社会公布，接受公众监督。加大信息公开力度。加大信息整合力度，环保、水利、渔洋、国土、住建等部门按照"统一规划、各负其责、资源整合、共建共享"的统筹管理原则，推进流域水质、水量、水生态、河道状况、入河排污口、污染源等信息整合。支持环保能力建设，认定并支持一批民间环保监测机构，对河流水质进行监测并公布，对河流健康状况进行评价，加大社会公众对河道的关注度。建立水资源预报预警机制。合理布点，加大对水源地、供水点、工业用水点、水资源变化情况进行监测和预报。

第三，大力推进 PPP 模式在水污染治理中的应用。对于当前我国水污染防治来讲，由于 PPP 模式发展较晚，立法工作也不成熟，处于正在加快推进的过程中，结合我国特殊的经济、社会、政治国情，国家应采用统一立法和专项立法相结合的模式，在国家统一 PPP 法律法规的指导下，各部门和地方因地制宜制定适合当地的水污染防治 PPP 模式有关的法规。政府做好产业的培育和政策引导工作。PPP 模式具备了其他合作模式不具备的优势，对于我国来讲还是处于一个引进吸收的阶段，从政府的角度来讲，政府应该承担起 PPP 模式在我国的引导和推广的责任，要做好人才的培养工作。①

4. 提高大气环境质量

第一，完善政策法规，构建政府间协同治理。从 20 世纪 70 年代末我国的大气环境问题引起关注，到 2012 年雾霾问题影响大众生活，大气环境质量一直是环境问题的焦点。三十多年来，大气污染防治工作经历了从点源治理到集中控制、从城市环境综合整治到区域污染控制的转变，大气污染防治的法规、标准及管理体系已初步形成，大气颗粒物污染加重的趋势在一定程度上已有所缓解，取得了一定的治理效果。但大气污染治理是一项长期系统的工程，需要地方政府协同治理，更需要不同层级政府区域合作。从区域发展的经济发展模式，从区域公共政策的协同制定，从区域利益的协同妥协等层面，构建地方政府防治大气污染的协同治理机制，构建大气污染区域联动防治体系。大气污染联合立法的功能在于统一地方立法目标、保持地方立法的一致与协调。首先，创建区域共同立法协作机制。对于大气污染协同防治的条文中，必须界定重污染地区防治的统一机制，即监测机制、预警机制、应急机制的统一。其次，建立法律责任衔接制度。法律责任是有效治理区域大气污染的主要屏障，因此，区域协同的法律条文中，务必涉及各相关治理主体的责任，激发地方政府协同的集体行动动力。最后，制定个体违法行动的惩处制度。必须加大对违法排污行为的处罚力度，

---

① 赵宝庆：《水污染防治项目 PPP 模式研究》，博士学位论文，山东财经大学，2016。

增加处罚种类，细化环境监管人员的法律责任等。政府协同下的重点区域大气污染防治，必须有严格统一的执行机制作为依托，尤其在执法、应急、监测等方面有较好的衔接机制，在污染治理方面有比较具体细化的市场化治理体制。首先，执行信息共享常态化机制，建立信息化的气象信息共享平台。其次，建设区域重大污染源的解析与应急机制。防治大气污染，最有效的方式是污染源的源头预防与末端治理协同用力，建立省市之间的联动应急机制。再次，优化污染源的结构体系。提高工业用地的价格机制，围堵大范围的工程项目，确保自然生态的修复周期；提高煤炭资源税的税率，减少大气污染的排污源，提升清洁能源的逐渐普及率；改革轨道交通的融资体制，减少汽车污染源，建立减排区间补贴机制。最后，健全国家环境审计制度。这是中央政府主动适应当前生态文明建设和环境保护新常态的一项重大制度创新，有助于提高大气污染防治的执行效能和地方政府协同治理的效率。

第二，加快供给侧改革，促进经济结构转型。首先，调整产业结构，工业合理布局，划分控制区域，进行分区治理。工业布局是生产布局体系和清洁生产的重中之重，因此需要制定好产业政策和相应的行业政策，引导和鼓励符合产业政策和清洁生产的项目进入，形成集中和集群之势，从源头上控制大气污染源。同时，不同城市和区域由于产业结构和能源结构的不同，其大气污染物的种类和污染状况也存在着显著的差异，因此，需要对空气质量不同的城市和区域实行差异控制。其次，优化能源结构，进行清洁生产，减少颗粒物排放。我国的能源消费结构以煤为主，能源浪费严重，燃烧效率低下。为此，应不断积极改进设计、使用清洁的能源和原料，采用先进的工艺技术与设备，改善管理，减少生产、服务和产品使用过程中大气污染物的产生和排放，以无毒、低毒的原辅材料替代原有材料，以此改善大气环境质量。最后，完善城市和区域空气质量的监测管理体系。各级政府应加强对大气污染物的特征和源解析的研究，完善城市和区域空气质量的监测管理体系。政策实施的关键是对连续达标排放的监控，监控方案必须在管理能力和承受能力的范围之内，通过政策的威慑作用保障污染源的连续达标排放。我国大气污染控制工作应从单一的目标管理转向综合目标管理，提高我国城市大气污染控制综合管理能力。

附录　本部分主要指标解释

1. 城市人均绿化覆盖面积指城市建成区绿化覆盖面积/城市人口数。绿化覆盖面积是指向公众开放的，以游憩为主要功能，有一定的游憩设施和服务设施，同时兼有健全生态、美化景观、防灾减灾等综合作用的绿化用地。

2. 工业废气排放总量指报告期内企业厂区内燃料燃烧和生产工艺过程中产生的各种排入大气的含有污染物的气体总量。

3. 工业废水排放处理率指城市（地区）工业废水排放量/工业废水处理量×100%。

4. 工业固体废物综合利用率指工业固体废物综合利用量，占固体废物产生量和综合利用往年贮存量总和的百分比。

5. 环境污染治理投资占GDP的比重=环境污染治理投资/GDP。环境污染治理投资指在污染源治理和城市环境基础设施建设的资金投入中，用于形成固定资产的资金，其中污染源治理投资包括工业污染源治理投资和"三同时"项目环保投资两部分。

6. 城市生活垃圾无害化处理率指报告期内城市生活垃圾无害化处理量与生活垃圾产生量的比例。

7. 单位GDP能耗指在一定时期内（通常为一年），每生产万元GDP消耗多少吨标准煤的能源，按可比价格计算。单位GDP能耗=能源消耗量（吨标准煤）/国内生产总值（万元）。

8. 城市空气质量达标率指城市空气质量达到二级以上的天数占全年的比重。

（执笔人：石绍斌　姚旺）

图书在版编目（CIP）数据

中国幸福指数报告. 2011－2015 / 邢占军主编. --
北京：社会科学文献出版社，2018.10
ISBN 978－7－5201－3203－9

Ⅰ.①中… Ⅱ.①邢… Ⅲ.①幸福－社会心理学－研
究报告－中国－2011－2015　Ⅳ.①B841②C912.6

中国版本图书馆 CIP 数据核字（2018）第 174531 号

中国幸福指数报告（2011～2015）

主　　　编／邢占军

出　版　人／谢寿光
项目统筹／胡　亮　童根兴
责任编辑／胡　亮　张真真

出　　　版／社会科学文献出版社·社会学出版中心（010）59367159
　　　　　　地址：北京市北三环中路甲 29 号院华龙大厦　邮编：100029
　　　　　　网址：www.ssap.com.cn
发　　　行／市场营销中心（010）59367081　59367018
印　　　装／天津千鹤文化传播有限公司

规　　　格／开　本：787mm×1092mm　1/16
　　　　　　印　张：14.75　字　数：235 千字
版　　　次／2018 年 10 月第 1 版　2018 年 10 月第 1 次印刷
书　　　号／ISBN 978－7－5201－3203－9
定　　　价／69.00 元

本书如有印装质量问题，请与读者服务中心（010－59367028）联系